把房子倒过来，将地面当作天花板，一切能掉下来的东西，均属于软装范畴！

作为软装设计师，所追求的应该不仅仅是满足视觉的美观，而是一种品质生活方式的获取。

内 容 简 介

本书依照室内陈设流程，从主流装饰风格（开场篇）入手，分为基础篇、空间篇、家具篇、布艺篇、灯具篇、饰品篇七部分，系统讲解了与软装设计密切相关的知识要点。重点阐述家具、布艺、灯具、饰品等软装元素的陈设特点和搭配技巧，创造性地总结出定位房主生活方式的有效方法，论述了空间布局与软装之间的重要关系、经典名椅可呈现家居文化内涵等具体内容。全书包括近千幅精美图片，图文并茂地揭示"软装可以改变生活"的空间设计魅力，既适合热爱生活的读者普及性趣味阅读，又利于室内设计从业人员学习参考、总结提高，具有很强的知识性与实用性，也是很好的居住空间软装全案设计学习教程。

图书在版编目(CIP)数据

软装设计宝典：居住空间软装全案设计教程 / 薛然编著. — 北京：电子工业出版社，2016.10

ISBN 978-7-121-30051-6

Ⅰ.①软… Ⅱ.①薛… Ⅲ.①住宅－室内装饰设计－教材 Ⅳ.①TU241

中国版本图书馆CIP数据核字（2016）第242114号

策划编辑：胡先福
责任编辑：胡先福
印　　刷：北京盛通印刷股份有限公司
装　　订：北京盛通印刷股份有限公司
出版发行：电子工业出版社
　　　　　北京市海淀区万寿路173信箱　邮编 100036
开　　本：880×1230　1/16　印张：23.25　字数：600千字
版　　次：2016年10月第1版
印　　次：2016年10月第1次印刷
定　　价：258.00元

凡所购买电子工业出版社图书有缺损问题，请向购买书店调换。若书店售缺，请与本社发行部联系，联系及邮购电话：（010）88254888，88258888。

质量投诉请发邮件至zlts@phei.com.cn，盗版侵权举报请发邮件至dbqq@phei.com.cn。

本书咨询联系方式：电话（010）88254201；信箱hxf@phei.com.cn；QQ158850714；AA书友会QQ群118911708；微信号Architecture-Art

软装设计宝典

居住空间软装全案设计教程

薛 然 编著

电子工业出版社·
Publishing House of Electronics Industry
北京·BEIJING

目录
Contents

序 一

室内陈设这门新兴艺术，是人们追求生活品位、体现时尚个性、彰显审美素养的必然产物。好的室内陈设搭配，无疑会让居住空间看起来更有内涵和层次感。以高品质生活为主线，兼具原创性与实用性的软装配饰，可以通过丰富的视觉元素，把富有人文精神的亮点和谐地展示在设计中，表现出居室主人与众不同的文化内涵和审美情趣。

随着人们物质生活和精神需求的不断提升，"轻装修、重装饰"的环保理念，早已成为家居装饰界的共识。纵观近年来国内家装市场的发展状况，不难发现众多业主在装修观念上发生了巨大变化。几年前，很多人还只是粗略地认为"家居装饰"也就是选选灯具、换换窗帘……而如今，"软装"这个包含了家具、灯饰、布艺、饰品等诸多元素的专业术语，已然变成了耳熟能详的热词，受到越来越多追求个性时尚以及高品位生活的消费者追捧。

与大动干戈的硬装施工相比，软装配饰可以说更利于表现家居风格和个性品味。在欧美日等发达国家，硬装和软装虽然没有什么明显的分界线，但优秀的设计师一定会从房主及其家庭成员的生活习惯和兴趣爱好入手，按照他们心中所憧憬的家的模样，细心地挑选每件家具，搭配符合主人审美的饰

东易日盛装饰集团董事长
中央国家机关青联委员
中国建筑装饰协会常务理事
中装协专家委员会委员
中国建筑学会竞赛委员会委员
北京市装协家装委员会副会长
中国青年企业家协会理事

品。有时甚至会考虑到家中的宠物，询问他们是否热爱旅行，有没有一些纪念品或照片需要在空间中呈现出来，等等。由此可见，软装设计更重视的应该是房主的生活方式，以及全家人的喜好和品味，与奢华堆砌并无太多关系。

欣然接受为薛然先生所著新书作序的主要原因在于，这本书从软装设计的实用角度出发，突破了传统工具书的写作架构。全书通过开场篇、基础篇、空间篇、家具篇、布艺篇、灯具篇和饰品篇七大章节，条理清晰地全面介绍了软装配饰中所涉及的知识要点，并首次生动地概括出七种具有代表性的生活方式（见"基础篇：找对生活方式并不困难"），为初学者着手软装设计提供了切实可行的定位方法。此外，书中还根据作者自己在日本留学和工作的经验，创造性地阐述了舒适生活空间的布局理念，并以多个实际案例毫无保留地分享了他积累多年的配饰技巧，抛开花拳绣腿，直击设计本真。相信本书的出版，一定能如作者所愿，为有兴趣从事软装设计的专业人士，以及热衷于装饰家居的人群，全方位地提供可资精进的软装知识。

家对于很多人来说，具有超乎寻常的意义。因此我认为：居住空间的软装陈设，不仅要布置得舒适漂亮，更要表现出主人所喜欢的个性风格和文化品位，这样才能体现出软装的魅力，营造出高品质的空间格调。基于对国内软装业快速发展的厚望，在此借用薛先生在题记中所写的那句话作为本文结尾，并祝愿所有的业内同仁百尺竿头更进一步，运用自己所学，为广大消费者提供真正可以改变生活的软装服务。

"作为软装设计师，所追求的应该不仅仅是满足视觉的美观，而是一种品质生活方式的获取。"

陈辉

东易日盛®
家居装饰集团

序　二

设计领域包罗万象，但外交官出身的薛然先生却在留学日本后成功跨界，凭借自己对室内设计的敏锐天赋和潜心钻研，经过多年的学习和积累，华丽转身成为一名资深的空间设计师。其专著《软装设计宝典：居住空间软装全案设计教程》近日即将出版，作为媒体人，我很高兴看到有这样一本关于软装的专业书籍在国内问世。

在高品质生活空间以及时尚个性化家居装饰越来越受到居住者重视的当下，薛先生的这本专著，可以说是一本不可多得的实用型工具书。书中所涵盖的丰富内容和专业技巧，相信不仅能使国内设计界的同仁们受益匪浅，还能让所有喜欢家居装饰的读者轻松掌握很多实用的软装知识。

"把房子倒过来，将地面当作天花板，一切能掉下来的东西，均属于软装范畴！"这个流行于业内人士和消费者口中的软装谚语，看似简单，实则表达了一种扩大空间、改善整体家居环境、突出房主个性风格的陈设装饰艺术。现代家居中，软装设计不仅能在丰富空间层次、强化装饰风格、创造生活意境等方面发挥重要作用，还可以扩展二次空间层次，有效地弥补建筑结构上的缺陷，在增加居住舒适功能的基础上，最大限度地满足房主体现生活品位和艺术审美的视觉感受。

《INTERNI设计时代》中文版执行出版人
《中国国家地理》杂志原制作总监

其实早在半个世纪前，欧美等发达国家就已经开始在住宅中推行软装模式。如今其软装设计产业已发展得非常完善，那些有需求的客户，不但可以直接去大型家居馆挑选各种配套产品，还能便捷地邀请有经验的设计师上门提供专业的软装服务。与国外同行相比，国内的软装业可以说刚刚起步，目前大部分从事软装配饰的设计师不但年轻，还存在生活阅历不足和专业知识匮乏的普遍问题。面对这个前景无限的软装市场，设计界的当务之急是尽快提高设计师的专业水平与综合素养。相信这本《软装设计宝典》的出版，能为众多软装从业者拓展出一个全新的提升空间。

由于职业的关系，我接触过很多设计师，但从薛然先生的书里，除了读懂不少软装知识与专业技巧外，还在字里行间深深感受到他身为设计师的职业自豪感以及对生活的热爱。诚然，在家居空间设计这个涉猎广泛的领域中，作为软装设计师，不仅需要全面掌握专业知识，还要有丰富的阅历，以及对生活的深刻感悟。如此，才能真正了解不同阶层消费者的喜好和需求，在设计方案中将业主内心对家的感觉，通过各种元素淋漓尽致地表现出来。

这是一本关于设计的书，也是一本全面解读家居软装技巧的工具书，更是一本关于

提升生活品位的书，内容全面、图文并茂、浅显易懂、可读性强。因此，我愿意向所有喜欢软装配饰的朋友们推荐这本书，因为这样一本既有知识性又有技巧性的著作并不多见；我也愿意向设计界的同仁们推荐这本书，因为当您在为客户构思创意或制作方案时，书中丰富的内容会启发您的灵感，使设计细节更加完善。

INTERNI
设计时代

自　序

从筹划编写这本软装书到今天，屈指数来已有两个年头了。想当初，完成初稿仅仅用了不到5个月的时间，后来随着公司接单量的激增，每每需要绞尽脑汁为客户创意方案时，再回头审视自己准备付梓的书稿，才发现初稿中所涉猎的内容，远不够打造一本所谓"设计宝典"。于是自惭之余，又继续潜心钻研总结，经再三补充、反复修改，才在出版社编辑的催促之下交出此稿，文中如有未尽事宜，也只能留到本书修订再版时再做详尽阐述了。

尽管本书已涵盖了不少内容，但内心仍有惶恐之处，因为"软装"这个目前国内还不是很成熟的行业，所涉猎的领域实在太广泛了。其设计构成远不止摆几件家具、挂几块窗帘那么简单。好的室内陈设，除了要充分考虑空间的使用功能外，还要在满足生活方式的基础上，运用物品的色彩、材质、造型等要素，合理并巧妙地搭配"八大元素"后，才能完美地呈现出房主特有的生活格调和文化品位……正所谓"功夫在诗外"。因此，要想成为一名出色的设计师，只有追求"纸上得来终觉浅，绝知此事要躬行"的境界，方能修成正果。

近几年来，人们越来越重视居住空间的室内陈设，究其理由，是因为大家终于发现，与以往流行的"豪华硬装"相比，软装

设计更容易营造出以人为本的家居氛围。作为世界上最让人感觉温暖的地方，在家中我们除了可以感受亲情、全身心地放松和休息外，有时还要招待亲朋、SOHO办公，或者举办Party等各种活动。为此，家居的最终陈设效果，对于很多人来说，都具有超乎寻常的意义。因为这个极具重要性的空间，不仅需要布置得舒适漂亮，更要表现出你所喜欢的风格，乃至文化品位与人生态度。

了解时尚的人们都知道，会打扮的女士出席盛大晚宴，就算只是穿一件设计简单的礼服，如果佩戴的首饰和手包相得益彰，同样可以优雅出众、光彩照人，这就是搭配的魅力。这个道理同样适用于软装设计。实践证明，室内陈设只要根据房主的气质、爱好及整体环境进行艺术构思，并在空间中善用家居饰品（即软装八大元素），一定可以装饰出个性鲜明的空间。由于软装的显著特点就在于使用可移动的物品来装饰空间，所以，对于真正的设计师而言，"世上没有丑陋的家，只有不会打理的人"。

其实，室内陈设与装修远非一个概念。陈设讲究搭配，装修注重实用；而软装设计师则更像艺术家，除了掌握专业知识外，更需要的是创意和灵感。比如，刷一面墙用几桶涂料算起来并不难，但用什么颜色、产生哪种质感，才能达到超凡的视觉效果？这就

要从审美的角度出发，不仅考虑家具布艺的整体搭配，还要注重营造空间氛围，如此才能将房主内心对家的感觉，通过各种元素淋漓尽致地表现出来。室内设计追求的是有品味的生活态度，作为设计师，心中必须有为"完美"付出努力的信念。笔者始终相信，这种付出是值得的，因为空间中美的享受虽然归属客户，但创意的快乐永远属于设计师！

本书即将出版之际，谨以此与所有热爱软装设计的同行们共勉！最后，特别感谢东易日盛董事长陈辉先生和《INTERNI设计时代》出版人尹杰女士在百忙之中为本书作序。

作者微信

SPACE DESIGN FIRM
CTM 空間設計

引　言

何谓软装?

"**软**装"全称为"软装配饰设计"（Soft assembly act the role of design），据考证产生于19世纪70年代的美国，源自某贵妇组织倡导的"让家更艺术，使男人爱上回家"的初衷。随着经济交流和大众审美意识的普遍觉醒，这个概念在20世纪早期传入欧洲，经过十多年的发展，在30年代形成了颇具影响的软装配饰艺术。虽然二战前后曾一度中断，但从60年代开始，软装配饰艺术得以复兴并快速发展，现在欧美各国均已达到十分普及的程度。

中国在2007年前后才出现"软装"这个概念。由于起步较晚，目前国内的软装配饰设计师从业经验算起来应该比美国的同行晚了130多年；而我国台湾和香港地区的室内设计师，则早在20多年前就涉猎了这一领域，先行一步将"软装"的理念植入家装行业，目前已发展到了比较成熟的阶段。

针对前些年国内家装市场普遍流行的硬装而言，"软装"与"硬装"是两个相辅相成的室内装饰概念。如果说"硬装"是指对空间进行分割，以及墙面、地面、天花及水电管线铺设等不可移动的工程进行"功能化"基础装修，那么"软装"是指在商业与居住空间中，用所有可移动的八大元素（即家具、布艺、灯具、工艺摆件、画品、花品、日用品和收藏品）进行空间陈设及搭配组合的统称。

构建在硬装基础上的软装陈设，除了要求设计师利用可移动或可更换的物品对室内空间进行二度装饰布置外，更重要的是要充分运用这些物品的色彩、材质及所蕴含的文化信息，使其设计起到烘托室内气氛、创造意境、丰富层次、强化风格和调节心情等重要作用，以满足房主及家人提升其生活品质的精神需求。因此，业内曾有人贴切地总结道："硬装可满足功能，而软装改变生活。"

其实，室内装饰的本质就是要创造一个为人所用的新环境。与完善居住功能的硬装施工不同，由于软装设计是以满足房主的生活方式为主要目的，因此要求设计师不但要具备很强的文化底蕴、生活阅历及丰富的知识，同时还要有较好的沟通与理解能力。一个优秀的软装设计师在构思方案前，首先应详细了解房主与家庭成员的生活习惯和兴趣爱好，并从整体的空间设计角度和生活细节入手，结合空间布局、装饰材料、色彩环境等要素进行合理搭配，这样设计出来的室内装饰方案，才能让人一进房门，就能感受到主人特有的生活格调和文化品位。

在欧、美、日等发达国家，毛坯房早已被精装房所取代，因此软装配饰一直占据着家装市场的主导地位。所以，提到室内陈设，绝大多数国外的房主都会认为，有个性的家居就应该通过适合自己的配饰产品来具体呈现。这就像目前全球流行的时尚智能手机iPhone一样，出厂时只有单纯的两种颜色，而客户的个性化装饰需求，则要通过可另购的缤纷外壳来体现。

如今，随着国内人们生活水平的提高，以及80后、90后消费群体的快速崛起，个性化家居装饰越来越受到欢迎。特别是从2010年起，北京、上海、广州等地实行精装修交房以来，为避免"千家一面"的尴尬，家居装饰的需求已悄然发生巨大改变，一些对生活品质要求较高的人群，早已不再满足自购家居产品的陈设效果，而是希望能根据自己的生活方式，通过专业的软装设计，为家人营造出更为舒适的家居氛围，赋予居室更多的文化内涵，从而彰显出独具个性的生活品位。

然而，要陈设出舒适和谐的室内环境并非一件易事。这要求设计师不仅要拥有对空间整体把握的能力，还要具备将家具、布艺、灯具、饰品等陈设元素，进行合理化搭配组合的技巧。只有这样，才能完美地结合室内风格与色彩，为房主打造出以人为本的家居氛围。

尽管目前市面上有不少关于软装的书籍，但多数是一些图片精美的案例，缺乏系统介绍软装各大要素的相关内容。为此，笔者希望编写一本工具书，既能较为详尽地阐述空间与陈设品之间的关系，又能解析出八大元素的各自特点和搭配技巧。使有兴趣从事软装设计的专业人士及热衷于装饰家居的人群，都能或多或少地从中找到有所参考的内容，进而拾阶而上步入软装的门槛，充分利用那些可以移动的物件，为您陈设出理想的家居空间。

PROLOGUE
开场篇

从主流风格浅谈软装陈设

新古典风格
现代风格
美式乡村风格
新中式风格
地中海风格
东南亚风格
日式极简风格
混搭装饰

很多装修公司在为客户设计施工方案时，总习惯以"××风格"来冠名。确切地说，这是一种不太负责任的说法，因为他们有意忽略了房屋硬装后还要进行室内陈设与装饰美化方能形成家居风格这一重要环节。我们都知道，所谓"装饰风格"，是指以不同的文化背景或地域特色作为依据，通过各种配饰元素来营造一种特有的室内环境和气氛。因此，在"轻装修、重装饰"的家居理念日益成熟的当下，家居装饰风格不通过软装陈设是很难体现的。

室内装修和软装配饰的本质区别在于，装修主要针对建筑内部结构，如天棚、墙面、水电管线及地面等不可移动的物体进行美化；而软装则是在硬装后，通过对家具、布艺及饰品等元素的合理摆放，来完成最终的空间陈设。尽管每个人的喜好不尽相同，在目前的家居中也鲜有纯粹的风格。但主流装饰风格的确立，将十分有助于房主表达自己对新家的感觉，使设计师在做方案时有章可循。因此，了解各主流装饰风格的软装配饰特点，通常是软装的第一步。

下面就让笔者带着大家进入软装这个大楼盘，图文并茂地巡视一下目前国内家居主流装饰风格的样板间，以便快速拿到进入软装世界的大门钥匙。

新古典风格 / New classical style

欧式新古典主义兴盛于18世纪中期，最早起源于文艺复兴运动在建筑界的反映和延续，是西方艺术现代变革的产物。它反对贵族社会推崇的巴洛克（Baroque）和洛可可（Rococo）艺术风格中的过度烦琐及造作，提倡复兴古希腊和古罗马的建筑艺术装饰；在形式上与古典主义风格相仿，追求构图规则，以及经典且传统的建筑符号，意在用简单和典雅的艺术形式，表现对古代文明的向往和怀旧感。可以说，简化了线条的新古典主义，从整体到局部依旧保留着精雕细琢，让人强烈地感受到传统的历史痕迹与浑厚的文化底蕴。

改良后的新古典主义风格更像一种多元化的思考方式。它虽然源自17世纪以普桑为代表的古典主义艺术，但又摒弃了其中过于复杂的装饰，使奢华而繁复的装饰凝练得更为含蓄典雅，为硬而直的线条配上温婉雅致的软性装饰；将精雕细琢的古典主义注入简洁实用的现代设计，使得家居装饰更有灵性，将怀古的浪漫情怀与现代人对生活的需求相结合，具有文化丰富的艺术底蕴，反映出后工业时代个性化的美学观点和文化品位。

如今，以低调奢华而著称的新古典主义，已成为国内高端住宅市场较受欢迎的装饰风格之一。设计师们通过精炼而朴素的造型，适度的雕饰，将古典与现代风格融为一体，借以表现居室主人对典雅品味和理性生活态度的追求。在欧式新古典主义风格的装饰空间里，无论家具还是配饰，均以其优雅及唯美的姿态，平和而富有内涵的气韵，描绘出崇尚文化的尊贵气质，带给人们一种全新的浪漫感受，使得欧式古典穿透岁月，在我们的身边活色生香！

俄罗斯新古典主义建筑的典范——圣彼得堡海军部大楼，外观庄重典雅、具有鲜明的现实主义倾向。

上海汇丰银行大楼，大厅中央的半圆形穹顶仿万神庙而建，基座为三角形山花，横间两边呈对称形式，彰显出新古典主义特有的优雅与厚重。

空间特点

新古典主义空间分布是严格对称的，室内空间主要以方形、矩形为主，多边形等不规则的户型最好进行墙体改造，否则做出来的效果会显得不伦不类，有失稳重和大气。在现代欧式住宅中，虽然壁炉的取暖功能已弱化，但其对整体家居氛围的装饰意义十分重要。壁炉在新古典的空间中，能呈现出错落有致的曲线，使空间富有生动、跳跃的层次感，体现欧洲古典的文化特征与典雅气质。

天津Ritz-Carlton酒店大堂，高耸的拱形大门与直线条罗马柱相呼应，表现出欧洲古典文化的纵深感。

新古典主义建筑与其他风格的不同之处，在于重点表现出一种历史感，一种文化纵深感。在这类建筑中，我们通常可以感受到一种厚重的文化意蕴。同样，它的室内空间也多给人以开放、宽容的非凡气度，让人丝毫不显局促。因此，在空间分隔方面，新古典主义多用拱形垭口或罗马柱来进行划分，木质门套、垭口、窗套、房门一般以白色混油为主。而墙面则减掉复杂的欧式护墙板，使用石膏线勾勒出线框，细节线条以弧线为主，讲究通过线与线的交织、拼接形成不同的图案，力求在线条、比例设计上充分展现丰富的艺术气息，营造出雍容淡雅的韵律感。

天津Ritz-Carlton酒店内豪华套房，对称的空间布局呈现出典雅非凡的气度。

家具特点

新古典主义风格的家具，摒弃了巴洛克式图案与金粉装饰，取而代之的是简单线条与几何图形：以直线为基调不进行过密的细部雕饰，以方形为主体，追求整体比例的和谐与呼应；既保留了古典家具材质、色彩的大致风格，又将古朴与时尚融为一体，风格多样、做工考究，造型流畅而朴素，表现出注意理性、讲究节制、避免繁杂雕刻和矫揉堆砌的显著特点。

新古典主义家具造型稳重，强调表现结构的力度，桌椅腿一般为上粗下细的垂直式样，以线条简洁、带有装饰凹槽的圆柱或方柱为主。椅背多为规则的方形、椭圆形或盾形，内镶简洁而雅致的透空花板，或包蒙绣花天鹅绒与锦缎软垫；面料颜色常以金色、黄色和褐色为主色调，讲究精细的裁切及镶工。总之，去繁从简的新古典主义家具，具有现代与古典的双重审美效果，既有浓厚的欧洲文化气息，又兼具造型精炼的实用性，在家居装饰中以优雅的气度令人赏心悦目。

意大利Angelo弧形高背椅（宝纳瑞国际家居供图）

新古典家具
（宝纳瑞国际家居供图）

新古典家具
（宝纳瑞国际家居供图）

意大利Angelo沙发与圆几（宝纳瑞国际家居供图）

新古典家具（宝纳瑞国际家居供图）

配饰特点

　　白色、金色、黄色和暗红等颜色，是欧式新古典风格中常见的主色调；有时少量与白色糅合，色彩看起来更明朗大气。墙面则根据家具的颜色，选用与之色相协调的欧风壁纸，让空间更有层次感，使人丝毫不显局促，显示出开放和宽容的非凡气度。

　　为营造出欧式特有的厚重与优雅，装饰壁炉、水晶吊灯、盾牌式壁灯、复古镜子、织花地毯已成为欧式新古典的构成要素。而室内配饰一般选用富有西方风情、可烘托复古氛围的蕾丝垂幔、帽式台灯、金属烛台、石雕饰品、厚重画框、玫瑰花饰等视觉符号，来渲染整体装饰效果，营造出唯美而又不乏贵气的居室文化品味。

　　此外，在陈设新古典风格空间时，根据房主的需求进行适度创意搭配，有时更容易产生优雅且富有内涵的装饰效果。比如，在众多的欧式古典家具中摆上几件中式古典家具，中西合璧，让东方的内敛与西方的浪漫相融合，别有一番尊贵的感觉。

精美的圆柱、繁复的浮雕，海蓝色墙面为室内带来轻盈的梦幻效果，罗伯特·亚当的新古典装饰风格，以柔和色彩营造古典惬意的氛围。

天津Ritz-Carlton酒店内颇具代表性的新古典风格房间，以欧式壁炉、水晶吊灯、帽式台灯和东方瓷器等软装元素，与欧式家具完美融合，营造出一种尊贵且唯美的文化品位。

现代风格 / Modern style

起源于1919年德国包豪斯（Bauhaus）学派的现代主义，是工业社会的产物，创始人是包豪斯首任校长格罗皮乌斯（Walter Gropius）。他主张空间设计要突破传统，力求在有限的空间内发挥最大的使用效能。家具设计方面，则强调要遵循美学和实用标准，崇尚合理的构成工艺，反对多余装饰，提倡形式服从功能。

现在通常说的现代主义风格大体包括后现代主义和新现代主义两个流派，是目前国际上广为流行的一种装饰风格。其主要特点是：从理性出发，突出强调功能主义，即"形式服从功能"。空间上讲究设计的科学性，坚持整体考虑，注重居室的布局与使用功能的完美结合；而设计形式上，则提倡用简单的几何造型，追求实用和个性化，摒弃多余的装饰来降低成本，为大众服务。

随着工业技术的进一步发展，源自现代主义设计理念的简约风格家具由此诞生。与造型复杂的古典家具相比，现代风格家具更注重人体工学的研究和新材料的开发，讲究设计的科学性与使用的便利性。无论是造型独特的椅子，还是强调舒适感的沙发，其设计特点都表现出对色彩和质感的严格要求，那就是将元素简化到最少的程度，力求达到以少胜多、以简胜繁的设计效果。借用德国建筑大师密斯•凡•德•罗（Mies van der Rohe）的名言来说，"少即是多"，就是对现代简约主义的高度概括。

由美国建筑大师赖特设计的流水别墅，不仅让建筑与景观融为一体，而且室内外空间也能相互穿插，实现了在自然中寻求一种自由的生活理想，堪称现代主义建筑的典范。

日本东京东方文华酒店大堂，洗炼空间感与未来风格交融，置身空中享受奢华，呈现出以简胜繁的美学设计精髓。

空间特点

现代主义家居风格中，除家具外，主要以简洁时尚的家用电器为陈设体，注重现代居室的视听功能或设备科技含量。室内线条简约流畅，强调运用高品质材料和精致做工呈现空间美感。居室色调一般以中性色系为主，家具或饰品有时采用强烈的对比颜色，具有很强的空间感。其突出特点是简约、实用、美观、质感、有内涵，给人以前卫和不受约束的感觉。很多设计师都曾表示，与其他风格相比，现代简约风格看上去简单，做起来其实很难，很容易被搞得不伦不类。因为现代主义不像其他风格那样，有明确不容易忽视的特征，它所追求的是一种有品位的随意，看似不经意，其实要下很多功夫。

现代主义以简约的界面空间为主导，擅长使用不锈钢、铝塑板和玻璃等新材料作为室内装修的主材。设计风格追求的是空间的实用性和灵活性，居室空间则根据功能关系进行相互渗透和组合，使空间的利用率达到最高。在空间上也不再局限于硬质墙体，常常通过家具、吊顶、地面材料、陈列品甚至光线的变化来实现不同空间的划分，使会客、餐饮、学习、睡眠等生活起居功能获得自由拓展和互补。

大气的布局、简约的家具、质感的搭配，便能构建家居空间的现代美感，即便俯视也是如此。（宝纳瑞国际家居供图）

由于现代主义风格线条简单、装饰元素少，所以在软装配饰方面，一定要遵循"简约不仅是一种生活方式，更是一种生活哲学"的原则，在重视空间有效利用的同时，以功能分区进行室内布置为原则，在色彩和造型上追随流行时尚，舍弃多余及繁琐的附加装饰，合理搭配家具、布艺、饰品等软装元素，才能成功打造出具有现代美感的简约空间。

以黑白为主色调的空间中，和谐地搭配上颇具自然质感的原木色家具，体现出主人对现代时尚理性的思考和个性追求。

家具特点

现代风格家具强调形式服从功能，一切从实用角度出发。除了擅长使用新技术和新工艺进行制作外，与古典家具相比，其显著特点主要表现在非常注重功能设计、线条简约流畅、大量采用玻璃和不锈钢等新型材料方面。因此，现代家具不仅具有简洁明快的款式特点，其流行色的变化速度也比较快，在色彩上对比较为强烈，常常给人以前卫时尚和无拘无束的自在感觉。

造型简洁但舒适实用的家具，通常是现代风格空间的首选。无论是线条简单的皮质或布艺沙发，还是玻璃和不锈钢制作的前卫桌椅，在摆放过程中，一定要注意空间布局与使用功能方面的完美结合。因此，无论房间多大，尽量不要选购数量过多和装饰多余的家具。另外，在挑选家具外观和材质的同时，应更多地注重其多功能性和实用性，最好要有强大的收纳空间，保证家中的各种杂物都能被巧妙地藏起来，以便最大限度地体现出空间的整洁性。

玻璃与实木组成的餐桌，散发着浓厚的后现代气息，在不锈钢吊灯的照射下，呈现出时尚前卫且通透自在的韵味。（宝纳瑞国际家居供图）

在现代风格家具中，北欧家具以简约著称，具有浓厚的后现代主义特色。其突出特点是讲求功能性，设计以人为本，注重流畅的线条设计，强调简单结构与舒适功能的完美结合，美观实用兼具个性化。它代表了一种回归自然的时尚，崇尚原木的韵味，体现出都市人对现代的理性思考，以及对高品质生活的追求。

摆在房中的巴塞罗那椅，既是功能舒适的家具，又是室内的视觉焦点，在整洁时尚的现代空间彰显不凡的气度。（松下电器公司供图）

现代风格家具（宝纳瑞国际家居供图）

配饰特点

在现代风格的家居里，布艺和饰品的柔美点缀，可以打破空间线条的过度刚硬，赋予居室全新的视觉感受。而线条简单、装饰元素较少的家具，只有在软装元素的灵活搭配下，方能显示出个性和时尚的美感。另外，在线条简洁、室内颜色多以白、黑、灰为主色调的现代风格家居空间中，有时大胆而灵活地运用一些纯度较高的色彩，并使其在空间中跳跃出来，不仅是对现代风格家居的遵循，也是表现个性的一种突出展示。比如，可以适当选择一些色彩跳跃的沙发靠垫、桌布、窗帘等来装饰空间；但布艺产品在花色的选择上，应以图案抽象为考虑方向。

色彩跳跃的红色装饰画，在凸凹抽象的壁纸映衬下，营造出一种颇具个性的时尚感觉。

装饰品方面，则可以较多地运用几何元素，让人去感受简洁明快的时代感和抽象之美。比如，简洁抽象的挂画、变形的陶器、玻璃制品、金属器皿的插花，以及具有实用功能的前卫灯具、造型奇特的摆件、新工艺材料的烛台等，都具有很强的个性展示效果，在空间内与简洁的家具相互呼应，给人耳目一新的时尚感觉。

彩色跳跃的沙发靠垫，冷峻抽象的金属饰品，无疑是这个黑白色调空间中最吸引人眼球的装饰。

美式乡村风格 / American country style

作为世界上最大的移民国家，美国是一个多元化的社会。由于历史较短，植根于欧洲文化的美式家居风格，也自然融合了各国文化特点，从多方面反映出欧洲文艺复兴后期各国移民所带来的生活方式。在历经了殖民、联邦帝国和维多利亚不同时期后，美国人逐渐找到了适合自己生活方式的家居风格。他们将欧洲皇室格调平民化，强调复古及回归自然，突出浪漫和古典气息，形成了以乡村（田园）风格为代表的独特装饰风格。

开放式客厅与餐厅连成一体，石材墙面、布艺沙发、实木家具，空间中虽然没有什么奢华的装饰，但自然与舒适感油然而生，洋溢着一种温馨而自在的家庭氛围。

美式乡村风格，实际上是美国西部乡村生活方式演变到今日的一种形式。与其他家居风格不同，它既有欧罗巴古典文化的典雅与贵气，又有美洲大陆追求粗犷与自由的不羁。在找寻对根基文化的怀旧时，古典中添加了一些随意，不经意成就了一种质朴。在摒弃过多的烦琐与奢华后，更注重居住空间的自然与舒适性，体现出不拘一格的美国人对历史文化的包容，以及在空间设计上对享受生活的浪漫追求。

简朴自然而不失高雅的美式乡村风格，在某种程度上，正好迎合了国内时下的中产阶层，以及文化资产者对生活方式的需求。他们具备一定经济基础，偏爱西方生活方式，既有贵气感，注重自在而舒适的起居品质，又兼顾文化感，不会缺乏情调而过分张扬。

阳光、绿树、露台、鲜花，美式乡村不仅是装饰风格，更是一种回归自然、追求质朴随意与享受舒适的生活方式。

空间特点

宽敞的开放式厨房，不仅是女主人备餐的地方，更是一家人日常交流的重要场所。

　　由于美式乡村风格源自亲近自然的田园生活，因此装饰材料上偏爱使用具有天然纹理的石材和木材，强调运用手工元素来表现自然氛围，空间中一般也较少使用过于复杂的线条装饰和绚丽的色彩。在室内布局方面，非常注重家庭的温馨感和舒适度。那些体现移民文化的欧式装饰元素，比如拱门、壁炉、廊柱等造型，虽然在乡村风格的硬装中都有所表现，但其装饰线条大多相对简洁，体积也有明显缩小。

厅、餐厅和厨房用于家人团聚，而阳台、门廊则用于邻居和亲朋好友闲聊叙旧。客厅作为家中待客区域，一般宽敞而富有历史气息，墙面与地面多采用仿古石材和天然木材加以装饰，天棚喜欢用实木方料和木板进行吊顶。开敞式厨房和餐厅合为一体，厨具设备功能强大且简单耐用，十分便于女主人备餐和全家人日常交流。

古朴的砖墙与欧式护墙板和谐地融为一体，复古铁艺楼梯蜿蜒而上，表现出对欧洲古典文化的怀旧和自然质朴生活的追求。

在崇尚随性的美国人看来，家是释放压力和缓解疲劳的地方。所以，在空间布局上，美式乡村风格十分强调家庭成员间的相互交流；在功能区域划分方面，重视家中私密与开放空间的区分。通常，客

家具特点

在继承巴洛克和洛可可风格的基础上，美国设计师将古典风范与现代精神相结合，建立起一种对古典文化的重新认识。因此，相对精雕细琢的欧式家具而言，美式家具显得粗犷大气，强调宽大舒适和多功能性，来适应现代生活空间，表达了美国人追求自由和崇尚创新的精神。从造型方面看，美式家具主要可以分为仿古、新古典和乡村风格三大类，其中以乡村风格的家具特点较为突出。

美式乡村风格的家具生活化味道很浓，其总体特点为：造型简单、色调明快、用料自然、结实耐用，体现出美国移民的开拓精神和喜爱大自然的个性。家居中除了主要摆放实木家具外，也常搭配一些铁艺和藤制家具，以便在空间中体现出最本质的田园风情。

美式木质家具多采用胡桃木和橡木等实木材料，以突出其天然的质感。虽然没有过于复杂的雕刻和线条装饰，但十分注重细节的处理；有时还在家具表面故意"做旧"，营造出一种岁月磨砺过的痕迹，如虫蚀的木眼、火燎的痕迹、锉刀痕、铁锤印等，以迎合人们怀旧之情与向往自然的内心渴求。

美国Ctanley餐桌椅（宝纳瑞国际家居供图）

美国Ctanley书桌书椅（宝纳瑞国际家居供图）

美国Ctanley双人床（宝纳瑞国际家居供图）

通透的客厅与户外花园连成一体，摆放在室内外的实木桌几与藤编沙发，洋溢出一种融入大自然的休闲气息。

美国Ctanley布艺沙发（宝纳瑞国际家居供图）

美国Ctanley橡木书柜（宝纳瑞国际家居供图）

配饰特点

软装配饰方面，美式乡村风格偏爱选用具有自然气息的饰品来装点空间。凡是有特色的铁艺和藤制物品、高大的绿植，以及那些天然质朴、厚重怀旧、带有岁月沧桑感的配饰，都是美式乡村风格的不错选择。比如，北美大陆的麋鹿角制作的吊灯、大型动物的头部标本、木制或铁艺雕塑，以及用红砖或石头垒砌的壁炉等，都是突显北美风情的代表装饰物。

在布艺搭配上，美式乡村风格非常注重布料的天然质感，讲究生活的舒适性和雅致的休闲性。窗帘在花色上比较喜欢选用枝繁叶茂的大朵花卉、生动鲜活的花鸟鱼虫和亮丽的异域风情等图案；沙发大多为布艺面料，但非常注重织布的配色，常用大花图案和格子条纹来表现美式田园的自然情调。而家居陈设中的装饰品，则可高度地表现出美国文化的兼容性，无须刻意坚持某种固化的形式，只要灵活地在空间中营造出随性的美国味道即可。

乡村风格的卧室，通常布置得较为温馨，主要以舒适实用为主。卧室大多不设顶灯，窗帘及床品经常使用统一色调的成套布艺来装点，而书房的装修虽然简单，但饰品颇为丰富，各种象征主人生活经历的陈设一应俱全，体现出男主人丰富的阅历和文化品味。

突显北美风情的麋鹿标本，在石材和砖墙装饰的空间中，营造出一种自然典雅的乡村氛围。（CTM空间设计事务所作品）

花色雅致的床品、玲珑清透的玻璃花瓶以及颇具质感的家具，在白色的卧室中彰显主人随性而自然的生活情调。

新中式风格 / New Chinese style

由已故顶级酒店设计大师Jaya设计的北京颐和安缦酒店，深得中式传统精髓。室内装饰与整体建筑完美融合，明式家具硬朗朴实、线条流畅，大堂外风景隐约可见，仿佛含蓄的水墨画一般。

中式风格分为古典中式风格与现代中式风格。古典中式主要指以中国宫廷建筑为代表的艺术风格，其主要特征是：中式园林格局、明清传统家具、空间气势恢弘、仰首雕梁画栋、环视龙凤呈祥……总之，古典中式布局讲究端庄对称，色彩讲究浓重对比，格调讲究高雅大气，具有很高的工艺水平和审美情趣，是社会地位和财力非凡的象征。

现代中式风格又称"新中式风格"，是中国古典风格在空间设计方面的文化传承与现代演绎。即设计师通过对传统文化的理解和提炼，将现代元素与传统元素相结合，在空间布局和家具陈设等方面，吸取传统装饰"形"与"神"的特征；以传统文化内涵为设计元素，摒弃原有空间布局的等级思想，革除古典家具的稀缺弊端，从现代人的生活需求出发，对传统元素进行简化与调整，以现代人的审美需求来打造富有传统韵味的居住空间，展现中国古典家居文化的独特魅力。

在中国文化风靡全球的当今时代，颇具"禅味"的新中式风格，正以其简洁明快的空间线条，以及内涵丰富的文化元素，改写人们观念中对古色古香和雕梁画栋的刻板印象。取而代之的是通过仿古家具、旧窗棂、中国结、字画、瓷瓶、屏风等诸多传统元素，与现代材质进行巧妙兼容，起到画龙点睛般的室内装饰作用，给空间带来丰富的视觉效果，表达出对东方式精神境界中清雅含蓄的追求。

空间特点

　　新中式风格作为古典中式的延续，非常讲究空间的层次感，习惯运用虚实结合的隔断，比如垭口或博古架来分割功能区域，并在需要隔绝视线的地方，使用中式隔窗或屏风来进行分割。室内装饰中多采用简洁硬朗的直线条，来反映现代人追求内敛和质朴的设计风格，实用并且富于现代感。陈设布局方面，通常采用对称式方式来摆放家具和饰品，这样不但可以减少视觉上的冲击力，还会给人带来一种整洁大气的视觉感受。

　　新中式空间多采用简洁硬朗的直线装饰，以反映中式风格追求内敛质朴的设计风格。室内墙面通常会大面积留白，而地面常采用深邃的黑洞石或深灰色的瓷砖铺设；做旧的门窗一般以棂子做成方格或其他传统图案，既有立体感又可增添曲径通幽的禅意。天花常以木条相交成方格形，上覆木板，亦可做简单的环形吊顶，层次清晰，漆成花梨木色。饰品则习惯运用字画、古玩、卷轴、盆景等工艺品加以点缀，彰显主人的品位与尊贵，体现出中国传统文化的独特魅力。

杭州法云安缦酒店内客房，挑高的木椽整齐地排列在屋顶，营造出优雅古朴的室内氛围。

通透的木制屏风把空间分隔成不同的功能区域，对称摆放的圈椅与L形木框沙发，给人带来整洁大气的布局感受。

家具特点

西方设计界有种说法"没有中国元素，往往缺少贵气"。因此，时下较为时髦的家居风格，就是在西方装饰风格中，混搭上一两件中式古典家具，往往能产生惊艳的视觉效果。由此可见中式古典家具的设计美感和极高的融合性。

中式风格的家具构成，主要体现在以明清样式为主的传统家具上。其中以圈椅和官帽椅等最为著名，它们造型简洁、沉稳大气，是中式家居风格中极具代表性的家具种类。但由于所用木料稀缺、造价昂贵，所以喜欢中式风格的房主，不妨可选购几样经典家具的仿制品，摆在家中作为元素点缀。

由于新中式风格设计融合了庄重与优雅的双重气质，所以除了选用传统样式的家具外，也可以运用后现代手法，把传统的结构形式重新组合，以另一种民族特色的符号呈现出来。比如，中式客厅中也常用到沙发，虽为西式家具，但通过靠垫图案或花色搭配，同样可以表现出新中式风格的古朴，使之呈现出一种传统中透着现代、现代中糅合着古典的文化氛围。

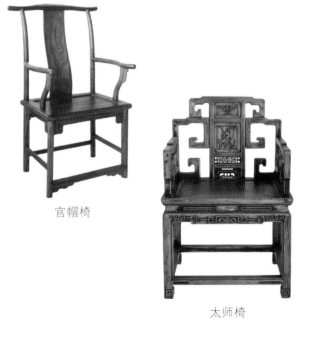

官帽椅

太师椅

稳重大气的硬木书房家具

罗汉床（又称坐榻）

陈设洗炼的新中式客厅中，现代风格沙发与仿古实木圈椅和谐地搭配在一起，体现出现代与传统交融的文化品位。

配饰特点

新中式风格在配色上通常以沉稳的黑、白、灰色为基调，局部采用有中国代表性的红色、黄色和蓝色进行点缀。但不宜选用过多的色彩装饰，以免打破优雅的居室情调。空间中的绿色，最好以植物来代替，如吊兰、文竹、大叶盆栽等，可表现出清雅脱俗的室内氛围。

具有吉祥寓意的纹样，是中式风格中不可或缺的表现元素。因此，在软装搭配时，不妨可以选择一些带有祥云纹、菱花纹及水波纹的布艺产品来装饰空间。另外，源自大自然的花、鸟、虫、鱼等图案，也是体现中式风情的典型花色，如象征富贵的牡丹、优雅飘逸的梅花，以及挺拔清秀的竹子，都是窗帘或抱枕等布艺饰品的不错选择。

家居中的日用品、收藏品和装饰品，最好从中国悠久的历史文化中寻找。凡是带有中式元素的字画、匾幅、瓷器、摆件、古玩等物品，应该都是很好的搭配，所表现的就是一种修身养性的生活境界和喜爱传统的文化气息。

饰品在室内空间具有强烈的风格导向。图中的青瓷花瓶、花鸟挂画以及床头台灯，轻易地就能表现出中式风格特有的味道。

质感滑美的床品、青瓷花瓶的台灯以及花鸟写意画屏风，构成了中式风格最和谐的搭配，彰显清雅脱俗的室内氛围。

地中海风格 / Mediterranean style

地中海源自拉丁文Mediterranean，意为地球的中心。自古以来，它不仅是欧洲的重要贸易中心，还是基督教、犹太教和伊斯兰教三大宗教的发源地，更是西方古文明的摇篮。地中海风格起源于希腊雅典，因富有浓郁的海洋风情和地域特征而闻名，是最富有人文精神和艺术气质的装修风格之一。

地中海风格的美，犹如它纯美浪漫的自然景观。就像西班牙的蔚蓝海岸与沙滩、希腊被水冲刷过后的村庄白墙、法国薰衣草飘来的紫色香气、意大利向日葵在阳光下闪烁的金黄，以及北非土黄色的沙漠、红褐色的岩石……艳阳高照、碧海蓝天、绿蔓白墙，这些丰富的色彩元素，构成了地中海风格以蓝白为基色的特点，呈现出自由奔放、明亮多彩的自然美感。

受日照强烈和终年少雨的气候影响，住地居民出于庇荫的需求，在空间设计上主要通过半户外回廊、连续拱门以及马蹄形窗等来表现空间的通透，房间布局也多采用开放式功能分区。地中海风格装饰材料取材天然，由于盛产灰岩，造就了灰白手刷墙面绵延的风貌。地面装饰多为陶砖或石板，木质家具线条简单且修边浑圆，布艺多以低彩度色调的棉织品为主，室内常用爬藤类植物和盆栽来点缀。所有这些回归自然的生活元素，都表现出地中海风格崇尚自在的精神内涵。

希腊圣托里尼岛海边建筑，外立面线条简单且修边浑圆，绚丽的色彩与碧海白墙相呼应，体现出阳光下最自然的质感。

希腊圣托里尼岛上酒店客房，白灰岩粉刷的空间简洁通透，窗外碧海蓝天给人以自由浪漫的美感。

空间特点

基于对闲适意境的生活追求，地中海风格的最大特点就是：集浪漫与温馨于一体，阳光灿烂而不失色彩柔和，质朴而温暖，休闲且自得。对于久居喧嚣都市、终日忙碌的现代人而言，地中海风格带给我们的不仅是简单的蓝瓦白墙、拱门凹窗，以及家居中极少有浮华和刻意的装饰，而是对返璞归真的自然感受和慵懒轻松的生活方式的追求。

在空间造型上，地中海风格广泛运用拱门、半拱门及马蹄状门窗，给人延伸般的透视感。墙面则运用半穿凿或全穿凿的方式，来塑造室内的景中窗。建筑结构与家具的线条随意自然，墙角造型浑圆。在装修材质上，一般选用原木和石材来营造自然形态。比如，用粗加工的木梁排列吊顶，手工粉刷的灰白墙壁，顺其自然地呈现一些凹凸之感，地面铺石板或仿古地砖，有时也用贝壳、马赛克、鹅卵石等拼贴镶嵌，以显示清新自然的生活氛围。

希腊Porto Kea Suites酒店客房中手工粉刷的白色拱形墙面与内置壁炉。

采用粗加工的木料平行排列吊顶，是地中海家居中较为普遍的装饰手法。

广泛运用在地中海风格空间中的白色连拱门、仿古地砖和鹅卵石拼贴。

家具特点

地中海风格的家居中多为低彩度木质家具，线条简单、修边浑圆。单从家具设计和制造方面来看，虽然没有太多的技巧，却体现出一种简单的意念，具有明显的区域特色。家具的颜色一般以蓝白、土黄、棕褐等古旧色泽为主，其最为明显的特征，就是家具上的擦漆做旧处理。这种处理方法不但可以较好地彰显出木制家具的古朴质感，更能表现出被海风吹蚀的自然印迹，颇具海边风吹日晒的地域特点。

在希腊的爱琴半岛，由于手工艺术盛行，当地人对自然竹藤编织物非常喜爱，因此竹藤家具在地中海家居陈设中同样占有很大的比重。此外，卷曲植物纹样的锻打铁艺家具，也是地中海家具中常见的种类之一，它与线条优雅的铁艺灯具遥相呼应，诠释出浓郁的复古情怀。

造型简单的木制低彩度家具，一直都是地中海家居中的主角。

锻打铁艺高凳

法式木制长桌

擦漆做旧矮柜

棉麻布艺沙发

配饰特点

地中海地区由于光照充足，所有颜色的饱和度都很高，体现出最绚烂的一面。所以，地中海风格的颜色特点就是：捕捉光线无须造作，大胆运用本色呈现，给人一种阳光而自然的感觉即可。按地域特点区分，其颜色搭配主要有以下三种类型。

蓝白色搭配

◇ 蓝+白，经典地中海
 （代表国家：希腊、西班牙）

特点阐释：蓝与白，是比较典型的地中海颜色搭配。常见于西班牙和地中海东岸的希腊。由于该地区大多数信仰伊斯兰教，因此常用其主色调来表现白色村庄在碧海蓝天下的纯美景观。

（注：该地区大多数信仰伊斯兰教，而伊斯兰教的主色调为蓝白两色。）

绿黄色搭配

◇ 黄+绿，情调地中海
 （代表国家：南意大利、法国南部）

特点阐释：南意大利的向日葵，法国南部的薰衣草花田，黄花、紫蔓与绿叶相映，形成别有情调的色彩组合，黄绿搭配使得空间不会沉闷乏味，非常具有自然的美感。

黄褐色搭配

◇ 土黄+红褐，质朴地中海
 （代表国家：埃及、摩洛哥）

特点阐释：土黄及红褐为主要色调，这是北非的沙漠、岩石、泥、沙等天然景观颜色，再辅以北非特有植物的深红、靛蓝，加上黄铜，带来一种大地般的浩瀚感觉。

低彩度木制家具、玻璃花瓶彩绘瓷盘，以及蓝白花窗帘和靠垫，足以传递出地中海家居那种最古朴自然的味道。

　　地中海风格的布艺制品多为棉麻材质，窗帘、壁毯、桌布和沙发套的花色，应以低彩度条纹和格子等素雅图案为主。有时也可以选择一些小花或植物纹样，这样使家居的味道更加古朴，突出蓝白两色所营造出的和谐氛围。

　　饰品是地中海家居中必不可少的陈设元素。那些地域特点较强的陶罐、玻璃制品，以及与海洋和宗教有关的摆件，都是家居装饰中不错的选择。而室内绿化，适合选用爬藤类小叶植物和小巧盆栽，常见花品有小向日葵、鸢尾花、茉莉、薰衣草等。

东南亚风格 / Southeast Asia style

东南亚风格中有种说不清道不明的神秘情调。究其原因，不仅在于与泰国、印度尼西亚等这些佛教国家密切相关，主要还是因为它在逐渐融合西方现代概念和亚洲传统文化的过程中，通过不同的材料和色调搭配，在保留自身特色之余，产生了更丰富的变化。当这些元素和谐地兼容在同一空间时，我们便能准确无误地感受到那种在清雅的氛围中享受生活的精致文化品味。

西方社会普遍认为，东方文化的魅力具有持久性，它的美不受时代潮流限制。因此，设计界常有人凭借东方器物所特有的恬静和含蓄气质，来表现居室的装饰主题。可以说，东南亚风格正是这样一种极具热带民族岛屿风情和亚洲文化特点的设计。

早期的东南亚风格强调香艳和妖媚，但是随着东西方文化交流的深入，东南亚风格逐渐摒弃了一些浮华，把经典的文化元素沉淀下来，逐渐发展成如今的"新东南亚风"。在这种风格下，家居物品更多地融入了现代简约手法，装饰上则将亚洲特色凝结成意味浓郁的符号，通过细节和软装来演绎出原始自然的热带风情，形成别树一帜的风格。

三亚文华东方酒店别墅套房，典雅的柚木家具与木制吊顶相呼应，望海大床荡漾着异域风情，无处不在的鲜花点缀在空间中，充满了迷人的热带岛屿气息。

东南亚风格的室内装饰中，布艺是体现浓郁热带风情的利器，无论是窗帘还是床品，在色彩搭配方面尤为重要。

空间特点

东南亚风格继承了休闲的特质,大到空间打造,小到细节装饰,都体现了对自然的尊重,以及对手工艺制作的崇尚。有人形容东南亚风格是"绚丽的自然主义",笔者认为这个说法很恰当。虽然说东南亚家居风格的装修材料与家具样式都很朴实,但善于使用各种丰富的色彩,通过对比来营造氛围,恰到好处地运用软装元素来表现其绚烂与华丽、沉静与热烈,使得总体效果看起来主次分明,既不奢华过度,也不素寡无味,体现出一种在质朴的空间中享受异国情调的舒适生活态度。

东南亚风格空间在装饰线条表达方面类似于现代风格,常常以冷静的直线分割空间。室内装饰多以自然美感取胜,空间内从大到小的细部构建都体现了自然、健康和休闲的特质。土建及装修材料主要使用该地区盛产的自然材料,如石头、浮木、竹子、热带硬木和藤草编织品等。室内顶部空间较高,结构一般比较暴露,习惯采用秩序排列的原木吊顶。而地面为光洁的木板铺地,局部搭配地毯,图案色彩较为丰富。硬装材料多以木材、藤制品、石板、硅藻泥、砂岩等为主。这样不但在色泽上可以保持自然材质的原色调,在视觉上还能给人以泥土与质朴的气息,体现出时下人们追求原汁原味、健康环保以及崇尚自然的个性化家装理念。

东南亚风格室内生机盎然的绿色必不可少,以木材为主的装饰空间中,高大的绿植在柚木吊顶的映衬下,充满了自然美感。

迪拜凯宾斯基酒店客房,虽然装修材料和家具样式都很朴实,但通过对空间氛围的营造,体现出一种低调奢华的异国情调。

家具特点

与欧美家具所不同的是，东南亚的传统家具非常崇尚自然，取材多以木皮、麻绳、椰壳等纯天然材料为主。色泽上喜欢保持自然材质的原色调，多为褐色等深色系，而在感觉上则给人以质朴的气息，充满热带丛林的意味。

后来因受殖民文化的长期影响，东南亚家具在设计上逐渐融合了西方的现代理念和亚洲的传统文化，使东南亚家具在保留自身特色之余，通过不同的材料和色调搭配，产生更加丰富多彩的变化。如今，东南亚各国所制作的家具，大多以实木为主；款式造型方面，或欧式曲线，或现代直线，少数还饰以包铜和精雕细刻。而在工艺制作上，则较为注重手工工艺，主要以纯手工编织或打磨为主，因此其家具颇有纯朴韵味。

此外，东南亚地区所生产的藤制家具，常常采用两种以上材料混合编织而成，比如，藤条与木片、藤条与竹条等。而且在编制过程中，还让材料之间的宽、窄、深、浅形成有趣的对比。这种复杂编织手法的混合运用，使藤制家具就像手工艺品一样精美，极具观赏和使用价值。

热带庭院中的户外实木家具，诠释出一种与自然融合的休闲理念。

天然质朴的藤编对椅，配上炫目的红色坐垫，洋溢着炽热的东南亚风情。

仿中国风木柜

竹藤编制沙发

藤木混编矮柜

竹木混编餐椅

配饰特点

孔雀造型饰品

精致佛像摆件

在陈设配饰方面，颇具热带文化特点的东南亚，给我们提供了大量而丰富的空间装饰元素。无论是具有地域民族特色的轻柔纱幔、泰国特色的绣花鞋、色彩妖媚的丝绸靠垫，还是水中花漂浮的烛台，以及藤草编结的花篮和随处可见的大株热带绿植，都足以充分体现出东南亚风格中那浓浓的异域风情。

色彩方面，东南亚风格没有什么限制，但大多数以深色调为主，局部点缀鲜艳浓丽的色调，如温暖的深棕色、耀眼的金色、妖媚的暗红色、神秘的藕紫色、沉着的墨绿色等。无论选择什么颜色，都要注意把握原则，应大面积使用协调色，小范围使用对比色，才能营造出沉稳大气、富丽堂皇的异国情调。

纺织工艺发达的东南亚各国，为软装布艺提供了极其丰富的面料选择。柔滑的泰国丝、略带光感的越南麻、绚丽的印尼绸缎、精美的印度刺绣⋯⋯这些充满地域风情的布艺产品，只要使用得当，都能为空间营造出流光溢彩的妖媚和不露痕迹的贵族气息。

色彩浓郁、充满异国风情的饰品，在东南亚风格中起着十分重要的作用，有时一件饰品就能为空间定性。富有禅意的石雕、人像、陶瓷、金银铜器等独具民族特色的工艺品，都是很好的选择；如印尼的木雕，泰国的锡器，甚至可用来作为重点装饰，即使随意摆放，也能为居室平添几分神秘气质。

佛手香薰烛台

色彩浓郁的东南亚布艺制品，可在空间中不动声色地营造出流光溢彩的浪漫异国情调。

日式极简风格 / Japanese minimalist style

极简主义起源于20世纪60年代的美国，是从早期的结构主义发展而来的一种艺术风格。室内设计方面，强调以功能为中心，讲究空间的单纯性，主张除去一切多余的装饰，崇尚运用最简单的构成原理，营造空间的流动与不同层次的穿透性，呈现出物体本身的质感与美感，从简单与整洁中体现生活的精致。

日式极简风格，除了具有极简主义的特点之外，设计理念还深受日本禅宗哲学的影响。室内装饰上力求渗入自然深处，崇尚一种质朴和优雅的生活方式，在自然简约中追求完美意境，并主张通过不经意的手法，表现出空间的含蓄和空灵之美，将人带入宁静致远的禅宗境界。因此，在家装风格中，日式极简风格有时也被称为"日式禅风"。其设计宗旨是：以回归生活本质为出发点，运用简单线条造型、天然环保材料，呈现空间的简素之美。

在众多风格的表达中，近几年来，"日式极简"逐渐成为家装的热点。溯其原因，可能是因为终日忙碌的都市人，渴望享受一种去除繁芜的生活方式。在这种淡泊简单却又不失时尚的家居氛围中，以"化繁为简"的心态，回避拥挤家居的干扰，抒发自己对人生的认知和感悟，以及崇尚自然美的独特气质。

乍看简单的日式极简设计，其实内在联系极具逻辑性。空间中原生态的水泥裸露墙面，与质朴的实木餐桌椅构成强烈的对比，使人联想到一家人聚餐的情景，创造出简洁却又温暖的家居氛围。

现代日式风格，室内装饰崇尚在自然中追求极简，强调素材的肌理效果，常用大量天然环保的木材来表现质朴与优雅的生活方式，呈现空间的简素之美。

空间特点

受传统和式建筑格局的影响,在空间设计上,日式极简风格力求虚实变化但隔而不断,主张以人的"实"来填充空间的"虚",并经常通过非对称的造型来表现自然的灵动和随意性。室内分隔既有一定的透明度,也有不打造成太过直白的开放式空间,以免丧失引人思考的韵味。总之,空间布局不需要太多变化,只要能将生活功能融入其中、让人住得舒服就足矣。在空间配色方面,通常选用白、灰白、暖灰、深咖等禅风色系,避免使用过多色块;墙面常大面积留白,这样不仅能使空间显得纯粹,还会产生更深远的意境。

日式风格自古以来就崇尚将自然界的天然材料运用在居室的装饰之中,排斥豪华奢侈,以体现淡雅节制的独特品味,彰显主人宁静致远的优雅心态。在此基础上,日式极简风格又注入了深邃的禅学理念。秉承日本传统美学中对原始形态的推崇,在室内的天地墙面上原封不动地表露出水泥酷感、木材质地或金属饰面,经过精细的打磨后,着意显示素材的本来面目,力求表现出素材的独特肌理。这种不加修饰的空间呈现,不但具有冷静和光滑的视觉效果,还能深切地表现出主人追求简单自然的生活态度。在这样的空间,人可以静静地思考,使久居城市的烦躁情绪得到回归自然的补偿。

深受禅宗哲学影响的日式极简设计,始终主张去除多余的装饰,崇尚家居环境最大程度地融入自然,以开阔的布局与通透的光线来营造空间美感。

愈是简单的物质,往往隐藏着深奥的道理。建筑大师安藤忠雄所创新的清水模,已成为极简空间中具有代表性的表现素材。室内的清水模电视墙,冷静光滑静谧如水,象征一种至诚至朴的反装饰理念,体现主人淡雅节制的独特品味。

日式的和室空间，多以原木门窗、榻榻米和木制推拉门构建，体现出传统文化与现代生活的相融性。这种开合自如的布局形式，不仅能让空间产生虚实意境，还颇具简洁明快的时代感。

家具特点

提起日式家具，很多人会很自然地联想到和式建筑中的"榻榻米"，以及日本人习惯跪坐的生活方式。传统日本家具中的低床矮案，固然是日式极简家居中极具代表性的种类，但除此之外，符合现代家居生活特点的必备家具，如客厅的沙发、餐厅的桌椅等，同样也是极简风格居室中不可缺少的组成部分。

日式极简空间中陈设的家具，总体上说以现代简约为主，但在注重实用性的同时，还特别讲究材料的质感。造型上最好用简洁明快的直线条，追求一种清新自然、简洁淡雅的独特品味，这样才有利于诉求原汁原味的古朴和味道。此外，由于日式空间讲究空旷而沉静，所以家居中要最大限度地减少非功能性的设计，让所有的家具都能自然地与空间融为一体，这样才不会显得突兀，使空间呈现出一种闲适写意和悠然自得的生活本质。

最为重要的是，在日式极简空间中，家具贵精不贵多，切记满足基本功能即可。在此基础上，室内所陈设的家具应尽量浓缩，尺度也要缩小到最低程度，这样才能保证入室后视线不受阻碍，让人在凝练且通透的氛围中感受禅意空间中"宁静致远"的悠远意境。

洗炼原木矮柜

现代简约木椅

榻榻米靠背椅

从唐朝传入日本的榻榻米，是几千年席居文化的完美结晶。和室中"家徒四壁"的感觉，恰好符合极简主义风格的设计理念，低矮的木桌十分方便席地使用，简洁明快、古朴自然。

传统工艺家具

日式家具在注重实用性的同时，还十分讲究材料的质感，简洁时尚的黑色蛋椅、以及椅子大师魏格纳设计的经典叉骨椅，无疑是空间中诉求现代极简味道的最好元素。

配饰特点

与"欧美极简"不同之处在于,"日式极简"空间中不仅要有禅风,还要辅以具有现代感的日式时尚来表现极简风格。因为在传统的日式家居中,视觉元素通常比较简单,装饰上感觉十分低调,无论建筑结构还是室内陈设的物品,都很少出现绚丽的色彩或夸张的装饰,而家具和饰品也讲究一切回归物体的本色,给人一种单纯、舒适的视觉体验。

日式空间讲究禅意、淡泊宁静和清新脱俗,所以选择饰品要特别注重自然质感,或想办法借用户外自然景色,为室内带来盎然生机。另外,在室内摆放饰品时,要特别重视空间各物体的相关性,陈设时不仅要慎重选择物件的品类,更要着眼考虑该物件放置的场所,以及它与空间发生关系时所能产生的意境。比如,放在角落里的日式插花,就是还原"禅宗"思想的一种贴切表达,以"重视生命"为基础,用鲜活的植物,为恬静的室内带来强烈的视觉反差。

总而言之,日式极简风格的空间配饰只有"极简",方能体现出"幽雅和朴素"的精神内涵。因为在我们所崇尚的"禅风"概念中,还涵盖了静谧氛围给身体与心灵带来的空灵感受,即从"无"中生出"有"来!说句直白一点的话,就是在空间内你可以看不到,但要能感受得到!

借用日本设计大师原研哉的话来说:"只有空的容器,才有收藏无穷东西的可能性。"

中庭与卫浴完美地融为一体,白色的石子、葱绿的散竹,在天窗洒落的自然光线下,与通透的玻璃隔断营造出一个清新宁静的禅意空间。

简洁的原木家具,朴素的布艺沙发,构成了舒适的生活空间。装饰上除了运用家具材质来表现肌理效果外,一盆绿植足以体现朴素的精神内涵。

原生态去皮树干巧妙地运用在空间，既有支撑结构的作用，又表现出前卫时尚的现代感，尽管装饰上感觉十分低调，却给人以质朴的视觉冲击。

混搭装饰 / Mix decoration

很多人习惯地以为"混搭"是一种装修风格，但笔者认为，"混搭"只是家居装饰中的一种新型理念，虽然表面上看与风格有关联，实则更像一种较为特殊的软装形式。它不但可以因人而异，不再墨守陈规地按照某种固定模式进行空间装饰，还能有重点地将房主喜欢的产品元素和某种格调融入空间设计之中，以摆脱单一风格所带来的沉闷，创造出新的空间活力与视觉动感，符合当今人们追求自我、随性而居的生活方式。

各种色彩的大胆碰撞，传统与现代元素交相辉映，使室内空间多彩而有序，别具混搭韵味。

作为一种目前较受欢迎的家居装饰形式，"混搭"在一定程度上虽然可以有效突出室内视觉焦点，满足当今人们追求个性、表现自我喜好的陈设意愿；但需要强调的是，"混搭"不是"百搭"或者"乱搭"，绝不能将之误认为可以简单或随意地把多种风格的元素摆放在一起，人为地制造出一个"四不像"的空间。

真正成功的"混搭"，应该有主次地把两种或两种以上的风格有机地组合在一起，达到1+1＞2的装饰效果。事实证明，混搭能否成功，关键在于整体空间呈现是否和谐！因此，无论用什么风格来搭配，只要围绕着元素和谐这一宗旨，都会达到出人意料的惊艳效果。

"混搭"陈设的家居环境中，尽管既有欧式风格的家具，也可摆放纯中式的饰品，既可以坐在客厅古典的沙发里体会怀旧的感觉，也能躺在阳台的休闲椅上享受轻松的时光，但是无论怎样包容，绝不可生拉硬配，切记"和谐统一"和"相得益彰"永远都是成功混搭不变的定律。因此，不管是哪种混搭，最不容易失败的办法就是，确定好重要家具的主风格后，再用适合的布艺或饰品来搭配，切不可信手拈来胡搭乱配。对于软装设计师来说，有时围绕一个空间主题，能够做到主次分明地选好装饰元素，不仅需要有成熟装饰风格的借鉴能力，还需具备对室内装饰的准确理解。因此，"混搭装饰"看似简单实则不易，可以说它是娴熟运用不同装饰风格技巧的升华。

在目前较为常见的混搭类型中，主要分为"中西混搭"和"古今混搭"两种表现方式。

"中西混搭"指糅合东西方美学精华，巧妙地将中国和欧美的视觉元素结合起来，充分利用空间特点与文化特性，创造出个性化的家居环境。而"古今混搭"可以理解为传统与现代的时空穿越，即在同一空间内，既有古典的唯美主义，又兼具现代的简约时尚，体现出博古通今的居室文化氛围。需要注意的是，不管是"古今穿越"还是"中西合璧"，都要以一种风格为主，靠局部的巧妙设计增添空间层次，以家具或配饰等软装元素来画龙点睛，呈现出奇制胜的空间意境。

造型极简的现代家具与满墙的大幅欧洲油画混搭在一起，使空间中既有古典的唯美，又有时尚的简约，古今元素混搭，给人以强烈的视觉冲击。（宝纳瑞国际家居供图）

黑白灰的现代居室中，时尚前卫的电器、落地灯与古典中式绘画混搭，营造出具有唯美品味、追求个性的空间氛围。

混搭设计原则

出色的混搭设计可以不守陈规，但最后呈现的效果一定是相互补充、相互承托的，使看似对立的风格元素完美地融合在同一空间内。然而，如何才能做到混而不乱呢？笔者认为，在加强对家居装饰准确理解的基础上，应注意遵循以下几个原则：

混搭绝不是乱搭，这个充满南美风情的房间，并没有因为用色缤纷而杂乱无章，相反却能多处产生惊喜。多种风格家具在同一主题的把控下，混搭出令人惊艳的空间效果。

（1）　首先以符合房主生活习惯为前提，不要本末倒置成为风格的奴隶。如果过于强烈地追求某种个性化装饰，而不考虑其实用性及生活感受，肯定会给人带来视觉和心理上的不舒服感。

（2）　注重整体风格的统一，不能客厅是欧式古典，卧室为中式风格，洗手间变成地中海风情。如果把三种以上的风格混在一起，不但达不到预期效果，而且会把房间弄得纷杂混乱。

（3）　突出主色调，避免色彩太多。通常混搭的室内家具和配饰较多，在考虑整体风格时，一定要在突出主色调的基础上，再添加同色系的家具和配饰，并注意使用中间色来体现内敛。

（4）　忌盲目堆砌或配饰太杂。混搭讲究"形散而神不散"，其宗旨就是营造一个相得益彰的空间风格。但包容不是生拉硬配，要遵循搭配比例，与主题无关的堆砌只会毫无美感可言。

（5）　适当加入感性化的人文元素，会使混搭锦上添花。如有特色的旅游纪念品和个人收藏品等，只要陈设的物品有故事，与空间风格有所关联，都可以当成特殊的元素，成为混搭装饰中具有特质和个人情感的优选对象，使居家风格呈现出不凡的文化内涵。

实木装饰的古典风格房间中，摆在欧式木制餐桌旁的现代感的不锈钢椅，不但没有让人感觉不伦不类，相反还给室内环境带来一种摩登的时尚感觉。

基礎篇

PART 1

步入软装设计的门槛

软装设计中的美学原则
六大步骤搞掂软装配饰
找对生活方式并不困难
与软装相关的色彩知识
软装元素及其搭配技巧

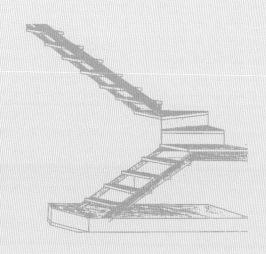

软装设计中的美学原则

很多人在新居装修之前，总是习惯到处去参考别人家的装饰，并精心挑选出其中的"亮点"想挪为己用；在与设计师沟通时，他们通常都很固执地请设计师根据这些所找的"亮点"照方抓药。但是新居装成后往往大失所望，因为完工后的效果，多半与自己想要的空间感觉存在很大差异。那么，为什么会出现这样的现象呢？

笔者认为，音乐和噪声的区别，就在于一个有韵律而另一个没有。美同样如此。不管在什么情况下，"统一和谐"永远是空间设计的美学原则。在室内装饰中，不管是低调奢华的新古典，还是时尚简约的现代主义，因为空间条件不同，长宽之比、高低之比、点面之比及色调之比皆有讲究，正所谓"牵一发而动全身"。所以，在单纯模仿中所呈现的任何一处败笔，都会影响到室内装饰的整体效果。

为了减少软装配饰中的各种失误，在学习室内陈设内容之前，了解一下软装设计中较为常用的美学原则很有必要。

软装搭配中选对物品十分重要，房间中的藤椅既符合美式乡村风格，又突出了悠闲的味道。

无论选择什么样的装饰风格，让空间呈现"统一和谐"，永远是软装设计成功的不二法则。

统一与变化

统一是形式美的根本出发点，它意味着视觉上的力量集合；而变化则是为了避免单调和沉闷。室内陈设中，统一与变化绝不是相互对立的，而应该是统一中有变化，在变化中求统一，彼此是有机的互补关系。

空间软装配饰，首先应遵循"寓多样于统一"的美学原则。即在居室布置的初始就应该有一个完整的构思，根据空间结构，将家具、布艺等主要元素的款式、色彩和材质规划在一个大基调中，这样才不会出现较大的纰漏。

软装设计中，如果过于强调元素间的统一，则会让人感到沉闷和单调；所以还应在尺度或色彩上加以变化，这样才会产生丰富的空间层次。例如，颜色和式样一致的家具，摆放时要错落有致，人为造成一些高低的反差；具有现代风格的窗帘，只有在图案或色彩上进行调整，才会使人产生新奇的美感，等等。

协调与对比

室内装饰的协调性是指各种构成材料之间、部分与部分之间、部分与整体之间形成的共鸣。各种家具要有适当的比例，空间布局才会协调，而各种元素的颜色要协调，房间内才会呈现出令人愉悦的色彩。

"对比"是美学中重要的表现形式之一。在家居布置中，对比手法的运用可以说无处不在，它几乎涉及空间的各个角落。室内装饰中，通过光线的明暗对比、色彩的冷暖对比、材料的质地对比、传统与现代的对比……可以使家居风格产生更多层次和样式的变化，从而演绎出各种不同节奏的生活方式。

"协调"则是对比双方进行缓冲与融合的有效手段，它可以有效缓解空间中过于强烈的对比。比如，在视觉上，黑色与白色可以形成强烈的对比反差，如果运用得当，不仅能体现出特立独行的风格，更能增加空间的趣味性。

靠窗的两把扶手椅，面料上与沙发和谐统一，但设计师仅运用了外框上的颜色和材质变化，就轻松地打破室内陈设的单调，丰富了空间层次。

尽管深灰色的欧式边柜与原木色的简约圆桌在风格和颜色上产生强烈对比，但通过中式挂画和瓷器摆件的协调，使室内陈设表现出丰富的变化。

对称与均衡

空间均衡是指色彩或物体形状所形成的重量感与视觉相符合，即视觉上的力学平衡关系，包括对称和非对称两种表现形式。在居室装饰中，家具及饰品的摆放不一定要对称，但必须有平衡感，这样才不会在色彩和形式上使视觉偏重，符合美学的均衡原理。

对称具有稳定感，但在软装设计中，如果过于强调对称，肯定会给人平淡呆板的视觉印象。所以，在基本对称的基础上，根据需要局部打破对称，或缩小对称的应用范围，即可自然产生动感，呈现出有个性表情的空间氛围。例如，餐桌两边摆放的椅子中，如有意地将其颜色或造型进行变化，就是一种有变化的对称手法。

对称与均衡手法在我国古典建筑中较为常见。而现代家居装饰中，人们比较喜欢在基本对称的基础上进行变化，运用一些方法来打破居室陈设中上小下大或上轻下重的稳定形式，以便营造出局部的对比，使之产生一种有变化的对称美。这种能打破均衡与稳定的技巧，通常可以带来新颖的视觉感觉，但如果过多地采用，则可能会让人产生失控的感觉，造成心理上的不快。

墙面上方挂的木制饰品，有效地均衡了视觉比例，让两边摆放的椅子呈现出稳定的对称关系。

比例与尺度

    比例是物与物的整体之间或部分与整体之间的数量比例关系。在美学中，最常用的经典比例分割方法，莫过于古希腊时代提出的"黄金比"[*]；而尺度指在某个固定的空间中，陈设的物休与人之间相比，一般无需涉及具体尺寸，完全凭感觉来把握。

    比例是理性和具体的，尺度却是感性和抽象的。在室内软装中，假如所有的物品都采用同种比例，而缺少大小高低的变化，肯定会显得十分刻板。通常在没有完全掌握比例与尺度前提下，可采用1：0.618（黄金分割）的完美比例来规划空间，这应该是一个非常讨巧的办法。因为根据这种比例来摆放家具，一般都会得到良好的视觉效果。

---

[*] 黄金比是一种数学上的比例关系。即将整体一分为二，较小与较大部分之比，等于较大部分与整体之比，取其近似值为0.618。由于按此比例进行设计既科学又合理，因此国际上又称其为"黄金分割"（Golden Section）。黄金分割具有严格的比例性、艺术性、和谐性，蕴藏着丰富的美学价值。

比例适中的大小挂画，巧妙地平衡了高低家具的视觉比例，使卧室内的陈设和谐而有序。

焦点与从属

居室装饰中，可以说有很多办法能打破单调沉闷的空间氛围，其中较为有效的表现手法，则是在正常视线内陈设引人注意的物体，即打造空间的视觉焦点。有时装饰有品位的住宅，既不需要昂贵的物品堆砌，也不用绚丽多彩的布艺点缀，只需要根据空间主题，在醒目位置摆一盏灯、挂一幅画、放把椅子，就足以点亮整个空间的灵魂。这就是制造视觉焦点的作用。

我们都知道，在舞台上演戏，当主角和配角关系明确时，所有演员都会按部就班地各司其职；反之则无所适从。室内陈设同样如此。在居室装饰中，首先要明确焦点元素与从属元素之间的关系，因为只有这样，才便于确定视觉中心，进而打造主次分明的空间层次。需要注意的是，同一空间内，视觉中心一个足矣！如果焦点过多，就会变成没有重点，正如在舞台上配角的行为是为了突出主角一样，在软装配饰中同样忌讳喧宾夺主。

孔雀椅上方没有从属装饰的话，视觉焦点效果一定会大打折扣！

节奏与韵律

节奏与韵律是密不可分的统一体，是创作和感受的关键。在室内装饰中，空间的构成元素呈有规律的变化就是节奏。与音乐节奏相似，好的装饰节奏一样可以愉悦身心。德国文豪歌德名言"建筑是凝固的音乐"，其内涵就是二者都通过节奏与韵律，来体现共通的美学原则。

节奏与韵律通过空间虚实的交替、构件排列的疏密以及曲柔刚直的穿插等变化来实现。其主要表现手法有重复、递增、抑扬顿挫等。在软装配饰中，可以因地制宜地采用不同的方法，来增加房间的流动感和活力感。但同一个居室切忌使用两种以上的节奏，否则容易让人产生无所适从和心烦意乱的情绪。在复式和别墅的设计中，楼梯是最能体现节奏与韵律之所在：或盘旋而上，或蜿蜒起伏，运用节奏与韵律手法，每部楼梯都变为生动的旋律，在家居中轻歌曼舞。

蜿蜒而上的楼梯，与厚重的木制圆桌构成了室内场景的虚实变化，使空间富有节奏与韵律。

过渡与呼应

软装陈设在色调及风格上做到彼此协调其实不难，难度在于如何让二者产生联系，所以运用过渡手法就显得十分重要。过渡与呼应属于均衡的美学形式，是艺术表现中常用的手法之一。在室内设计中，过渡与呼应总是形影相伴的，具体到顶棚与地面、墙面与家具之间……物体与色彩之间如能过渡自然、呼应巧妙，往往能取得意想不到的视觉效果。

所谓"过渡"，就是把处于相邻位置的不同元素有机地结合在一起，使之形成一个整体，共同为表现主题服务；而"呼应"则是把不相邻的同类元素间沟通起来，使相关内容超越距离集中在一起，从而达到突出主题的目的。

在软装配饰方面，运用好"过渡与呼应"手法，具有十分重要的意义。它不仅能使空间整体布局变得流畅，还可以增强装饰元素的美感；但是在实际陈设中不宜过分使用，否则会给人造成杂乱无章或过于烦琐的空间感觉。

在这个浅色调的房间中，虽然地板的颜色有些过重，但通过床头墙面同色系抽象花纹壁纸的过渡，不但没有出现脚重头轻的感觉，反而让整体陈设变得异常生动。

比拟与联想

　　"比拟"是文学上常用的一种修辞方法，就是通过丰富的想象，通过拟人或拟物，借以抒发内在情感；而"联想"指根据事物间的某种潜在联系，将抽象的意识活动与具体形象相结合，来引发深入的思考。因此，比拟和联想是相辅相成的，缺一不可。在室内设计方面，一般所需的联想内容都是客观存在的，而比拟则是较为具象化的色彩或布景，在联想的展开下，表现出创意上的审美情趣。

　　运用"比拟与联想"美学原则进行家居设计时，需要注意的是：比拟与联想不应该是没有目的、没有根据的胡思乱想，它所营造的空间感觉，应该是房主曾拥有过、经历过或非常向往的生活氛围。比如，家中摆上具有各国特色的纪念品，就会使人联想到房主丰富的旅游阅历；观看挂在墙上的摄影作品，通过该场景画面则能引发访客对拍摄对象的深入想象，并从中了解主人的兴趣爱好。

软装中没有联想就无法进行创意。作为设计师，从客厅扶手椅旁的那套老式音响，就应该能联想到房主喜欢坐在落地窗前欣赏音乐的场景，进而根据他的爱好与品位来考虑整体搭配。（CTM空间设计事务所作品）

六大步骤搞掂软装配饰

此前之所以采用一些篇幅，概要性地介绍了主流家居风格和软装美学原则，确切地说，是为了让大家在阅读后续的内容前，对软装设计思路有个总体上的认识。因为任何一种家居装饰风格，如果在设计中找不到与之匹配的、具有普遍性的搭配方法，那么很难将这些陈设要点落实到具体方案当中。所以，只有事先大致了解这些基础知识和搭配原则，才能更好地在实际操作中灵活利用。

接下来所要讲述的内容，打个比方来说，更像一张进入软装这个貌似神秘景区的导游图。笔者下面总结出来的六个步骤，可以视为通往终点的重要路标，按照它所标注的方向拾阶而上，或许你会发现，表面上看似复杂的软装设计还是有规律可循，并没有想象中那么高不可攀。

基础篇

要想搞掂软装配饰，并非学会搭配图中的家具、布艺、灯具等"八大元素"即可，还必须掌握设计步骤。

定位生活方式

　　正如本书题记中所说的那样，软装设计师所追求的不仅仅是满足视觉的美观，而是一种品质生活方式的获取。因此，只有以高品质生活方式为出发点，合理搭配家具、布艺、灯具和饰品等软装元素，方能全面满足居住者物质与精神层面的需求。

　　而国内目前的现状是，在模式化建造的商品住宅里，无论地产商设计的户型多么完美，业主们入住后都会有很多人感觉不适。因为这种千篇一律的空间布局和室内装修，都不是按照房主的生活方式量身定制的。在这种情况下，作为最能体现居住者的个性想法与生活情趣的软装陈设，就显得尤为重要。然而，如何才能设计出让房主倍感舒适的装饰方案呢？

　　如果把硬装比作居室的身躯，软装则是其精髓和灵魂所在。室内装饰的最终目的，就是要为人所用，打造出一个满足居住者的物质及精神层面双需求的空间环境。为此，详细了解居住者及家人的兴趣爱好、生活习惯、身份阅历、文化品位、生活态度等信息，并从其崇尚的生活方式入手，结合风格、色彩、光线等，为其营造独属于客户自身的居家生活空间，才是进行软装配饰的根本出发点，是设计过程中不容忽视的关键步骤。

拥有这样一个露天泳池，相信会是很多高端人士的生活目标。

定位生活方式的关键是要了解居住者精神层面的需求，图中户外花园的营造就是个很好的例子。

合理布局空间

　　空间布局无疑是进行软装的必要前提。对于装饰所服务的主体——人们活动的室内场所，因为不同的空间功能需求不同，所以必须有适合的软装配饰。比如，卧室作为休憩空间，需要安静温馨；客厅因接待访客，要求宽敞整洁……因此，如何利用家具等元素进行合理的空间布局，对于软装来说就显得十分重要。

　　就住宅而言，满足房主及家庭成员对空间的功能需求、设法回避建筑结构上存在的弊端、消除影响生活起居的不适之处等，都是软装设计在空间布局中需要解决的问题。比如，"玄关光线暗"，那就需要考虑增加入户照明；"客厅面积小"，就不能推荐大沙发。试想一下，如果在狭小的空间摆放高大家具，想必样式再漂亮的东西也无法展现其魅力。

　　无论安排生活动线，还是配置家具，软装在空间布局方面可谓能力超凡。如果运用得当，它不仅可以解决许多貌似"不能改变的东西"，还能最大程度地合理利用和美化空间，满足房主的生活及品位需求，达到增加居室功能、丰富空间层次的装饰效果。

室内设计平面决定立面，软装亦是如此。到位的软装设计，一定可以根据居住者使用需求，弥补并美化硬装结构上的缺陷，达到合理利用空间的目的。

确定装饰风格

所谓室内装饰风格，是以不同的文化背景和不同的地域特色为依据，通过各种设计元素来表现的一种特有的空间表情。时下，随着"轻装修重装饰"理念的形成，很多人已认识到家居风格靠硬装是无法呈现的，而需要通过各种软装配饰来体现。

只有在确定中式风格的前提下，客厅中的家具及饰品才会搭配得如此和谐。

好的室内陈设不仅要给人舒适实用的感觉，更要体现出主人的文化修养和性格爱好。由于每个人的喜好不尽相同，有人喜欢古典奢华、有人偏爱时尚简洁，有人崇尚自然朴实、有人沉醉浪漫温馨……在众多的装饰风格之中，究竟首选哪种作为软装主题，是关系到空间感觉如何定位的大问题，不可等闲视之。

软装陈设中，"风格"往往是决定装饰方向的标尺。尽管现在的居室很少用单纯的风格来装饰，但根据房主的文化品位和对风格的偏好去定位，应该是较为稳妥的选择方法。选对房主喜欢的装饰风格，并按照该风格的软装特点，来合理搭配家具、布艺、灯具、饰品等元素，对设计师在配饰过程中把握整体感觉、打造房主所期盼的家居氛围十分有益。

定位于新古典风格的客厅，软装设计从拉扣沙发、帽式壁灯到饰品摆件，无论整体效果还是局部搭配，都给人一丝不苟的感觉。

科学搭配色彩

　　世上没有难看的颜色，只有不和谐的配色。科学家认为，空间中的颜色对人的情绪和心理状态具有极大的影响。对于需要长期生活于此的居室陈设而言，色彩搭配的效果，会直接影响到人的感官和情绪，进而产生不同的心理影响。因此，软装中的"色彩搭配"具有举足轻重的作用，如果颜色搭配不当，不仅空间视觉效果会大打折扣，更不利于人的身心健康。

　　现代家居颜色早已不再局限于过去单调的"灰与白"，运用色彩的属性，合理进行空间色彩搭配，不仅可以带来舒心的视觉感受，还有助于改善居住条件和调节情绪，对提高生活质量具有十分重要的辅助作用。例如：大居室采用暖色调装饰，可避免房间的空旷感；小房间采用冷色调装饰，视觉上会感觉大一些；卧室用暖色调

浅冷色调让小卧室变大了很多，再佐以蓝色与紫色的和谐点缀，使空间显得格外宁静和雅致。

装饰，有利于增进夫妻情感；书房用浅冷色调，易于集中精力学习和工作；等等。

在软装设计中，色彩更像表达家居氛围的"官方语言"。为避免出现七嘴八舌的跑题现象，在进行色彩搭配之前，确定空间装饰的主体色调尤为重要。在搭配空间色彩时，设计师一定要注意色彩所带来的感觉，因为不同色彩给人的心理感受会截然不同。比如，白色代表时尚、红色让人振奋、绿色寓意生机、粉红彰显浪漫、蓝色体现宁静……另外，与服饰搭配的道理相同，设计师在进行色彩搭配时，不可过多地使用自己喜欢的颜色，一定要注意色彩的搭配平衡、明暗的对比、色彩面积的比例调节等。

由于搭配得当，图中空间内的缤纷色彩，不但没有让人眼花缭乱，反而产生一种赏心悦目的视觉效果。

点缀个性饰品

学过美术的人都知道，"点"、"线"、"面"是构成画面的三大基本要素。在室内装饰中，"点"同样具有非常突出的作用，它可以起到强烈的聚焦效果，成为室内的视觉中心。我们这里所说的"点"，即软装元素中的"饰品"。在现代家居陈设中，"点"可谓无处不在，一个摆件、一盆绿植、一幅画或一盏烛光，都可以看成点缀空间的"亮点"，它可以彰显主人的生活情趣，给室内带去韵律和动感。

"饰品"应该是软装元素中所有能起到装饰作用的物品总称。由于在实际运用中很难明确分类，在此笔者只能大体将它们归纳为：摆件、画品、花品、收藏品、部分有装饰效果的日用品等。对于家居装饰来说，室内空间除了布局合理外，总要体现出一种文化氛围或者突出某个主题风格。因此，作为可以多方面体现出房主的气质与爱好的"饰品"，以其丰富的种类和表现性，能十分到位地完成这一重任，起到画龙点睛的装饰作用，并大大提升居室的丰盈感。

由于家居饰品范畴广泛、种类繁多，并有较强的视觉感知度，如果搭配不好，往往给人凌乱的视觉感受。因此在选择饰品时，一定要根据空间整体风格和房主的兴趣爱好来考虑，这样才能达到烘托环境氛围、强化空间风格、突出居室个性品位的效果。例如：房主喜欢旅行或摄影，可以将他拍摄的照片做成相框挂在墙上；如果偏爱运动或音乐，则可以选择相关造型的工艺摆件，陈设在室内显著位置。

蝴蝶标本与沙发背景图案颜色上相互点缀呼应，在提升空间丰盈感的同时，体现出画龙点睛的装饰效果。

简约大气的现代风格房间中，除了墙上那幅摄影作品外，书架上琳琅满目的书刊摆件同样也起着装饰空间的作用，使人感受到浓厚的文化氛围。（宝纳瑞国际家居供图）

巧妙营造光线

在传统意识中，光线向来是家居装饰中最容易被忽视的科目。甚至很多人认为，家中所选灯具只要有个漂亮的造型，入夜后可以照明就足矣。所以长时间以来，灯火通明便成了对光的装饰要求。其实不然，在生活中，灯光不仅有照明的功能，更有营造空间效果的重要作用。随着人们对高品质生活的精神需求，巧妙利用光线营造家居氛围，已悄然成为软装设计中的重要环节，光线为此也赢得了"空间魔术师"的美誉。

我们这里所说的"光线"，指的不只是灯具所形成的人工光源，还有自然入户的太阳光，同样也是装饰家居空间的重要组成部分。自然光和人工光源的交错运用，可以使家居环境产生意想不到的光影效果。在软装配饰过程中，高水平的设计师可以根据房主需要利用许多介质，如窗帘、百叶窗、玻璃砖，以及造型各异的灯具，并通过不同的角度来营造丰富的光影变化，潜移默化地凝聚或引发人的情绪，为点缀浪漫生活情调而服务。

如今，琳琅满目的灯具产品为家居装饰提供了巨大的选择空间。所以进行室内光线设计时，一定要根据空间的整体风格和使用功能进行艺术构思，倘若家中所有的房间都采用千篇一律的灯光设计，恐怕再好的室内陈设，也难以让人感受到有独运匠心之处。在软装配饰中，灯光设计包括布局形式、光源类型、灯具样式、照明层次、射光角度等多方面知识，但无论如何搭配，其最终效果如能达成客厅明朗化、卧室幽静化、书房聚焦化、饰品重点化等目标，就是较为成功的方案。

午后的阳光透过百叶窗，为静谧的室内带来丰富的光影变化。

层次丰富的洗墙光映射在颇有质感的砖墙上，与发烧音响一道，引发人的情绪，营造出一种浪漫的空间情调。

基础篇

找对生活方式并不困难

前面我们谈到了软装设计首先要从房主的生活方式入手，才能为人所用，营造出一个满足居住者的物质及精神双重需求的空间环境。由此可见定位生活方式的重要性。然而，什么是"生活方式"？如何才能找对房主的生活方式呢？

可以说，生活方式（lifestyle）是个内涵广泛的概念，主要指人们的物质消费方式、精神生活方式以及闲暇娱乐方式等内容。它通常可以反映出一个人的情趣、爱好和价值观，以及对居住、服饰、饮食、休闲、事业等方面的具体要求。

大千世界、芸芸众生，由于教育背景、社会地位、收入状况、生活经历等主客观条件的差异，不同的人群肯定拥有千差万别的生活方式。虽然表面看来，生活方式与地域文化及个人修养有很大关系，人与人之间也存在巨大差别，但在崇尚健康舒适、追求精神意境的当下，人们对家居软装的观念，实际上已逐渐形成一个共同的认知，那就是家应该是一个享受生活和展现自我的地方。

世上的事皆有规律可循，既然家居空间要为享受生活和展现个性提供服务，那么软装设计的重点，就必须与房主的生活情趣息息相关。从这一观点出发，把当下大多数人喜爱的生活模式进行筛选归纳，总结出具有代表性的类型，相信绝大多数房主都能定位其中，这样对于定位他们的生活方式，并投其所好地设计软装方案会很有帮助。

经过反复研究归纳，笔者尝试总结出自然、运动、欣赏、派对、收藏、手工、烹饪这七种与当代人的兴趣爱好密切相关、具有代表性的生活方式类型。虽然这些分类尚不够全面，有时也会有交叉，还可能衍生出更多样化的复合派别，但对以下具有代表性的生活方式派别特点有所了解后，再排列组合起来就会容易很多。因此，希望本文能起到抛砖引玉的作用，为大家定位"千差万别"的生活方式，进而着手进行家居软装设计，提供一些切实有益的参考。

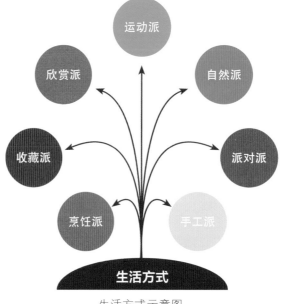

生活方式示意图

简约自然派

所谓自然派，顾名思义就是比较喜欢亲近大自然、欣赏自然状态下一切美好事物的人。他们不愿把问题复杂化，或承受过多的外界压力，崇尚天然质朴和无拘无束，希望按自己的愿望随心所欲地生活。

"自然派"人群所代表的是一种"随遇而安无不可，人间处处有花香"的生活态度。他们一般生活得较为真实、慵懒、低调、简约且随性，心中对自然元素充满向往，追求舒适与自在的空间环境，只渴望在家中放松身心，不喜欢复杂且难打理的家居装饰。

软装特点

为"自然派"进行家居设计，建议选材上多用实木、藤、竹等天然环保材料，以便营造一种自然、简朴、悠闲和不刻意修饰的空间氛围。比如，利用阳台打造一个自然景观，或在布局上想办法让窗外的景色融入空间，这样可为室内带来无限生机。

室内布局应注重窗明几净，让自然光线洒满通透空间；家具尽量选择具有自然纹理的竹木制品；窗帘等布艺制品宜选棉麻质地，花色以低彩度素雅图案为主；饰品方面，造型质朴的摆件、线条简洁的挂画、插入陶器中的绿植、DIY手工艺品等都是很好的选择。

通透的房间摆满了绿植，无需多余的装饰，窗明几净就好，唯求生机盎然。

悠闲的摇椅、舒适的沙发，懒散地摆在房中，随性装饰的简约白色空间，传达出一种顺其自然的乐活态度。

风格倾向

地中海、美式乡村、现代主义、日式极简、东南亚等

热情派对派

派对，源自英文Party，意思是为了寻找快乐而举行的宴会或聚会。现在已成为人们聚在一起用于举行庆祝或休闲活动的代名词。简单地说，"派对"的主要目的在于放松身心和结交朋友。在此，笔者专指的是那些喜欢经常邀请亲朋好友来家中小聚、积极地与他人接触、业余生活丰富的家庭聚会派。这种"派对派"人群普遍性格开朗，热情好客，喜欢社交并愿意与人交流，追求一种轻松自在、品位时尚、乐活当下的生活态度。

软装特点

由于"派对派"的住所需要经常用于大家聚会，所以家中至少要有一处可容纳多人的宽敞空间，而且隔音效果较好，以免喧闹扰民。家中如有较大的露台或庭院，可添置一些室外烧烤设备，则会更方便亲朋好友聚餐。另外，考虑到经常来访的客人较多，室内布局最好通透并能灵活组合，确保有足够的空间供大家用餐、聊天和娱乐。家具配置方面，

户外餐桌椅与专业的烧烤炉，无疑会成为亲朋好友庭院聚会时最给力的道具。

收纳性强大、功能多样的家具理当首选，如玄关中的大衣帽柜、餐厅里可伸缩的长条桌、平时能折叠收纳起来的椅子等。

除了方便多人使用的家具外，在家中举行派对时，夜晚的烛光以及可以制造聚会氛围的道具也是必不可少的。因此，事先准备一些烛台、花瓶、漂亮的桌布、成套的茶具、餐具、酒具等，到时都可作为表现主人生活品位的饰品，在进行软装搭配时予以呈现。

家中能拥有如此气派的聚餐空间，想必是绝大多数热爱Party人士的梦想。

风格倾向

美式乡村、现代主义、东南亚、地中海等

时尚运动派

运动派就是积极地将户外活动、养生、旅行、身体锻炼等一切对健康有益的行为，皆纳入自己生活中的人。他们一般喜欢从事具有挑战性的工作或活动，渴望在都市的快节奏生活中不断充实自己。

"运动派"人群普遍乐于接受新鲜事物，愿意接触大自然，热衷时尚，充满个性，崇尚健康快乐、无拘无束的生活态度，喜欢对外展示自我并标新立异，追求一种轻松自在且新潮前卫的居室环境。

软装特点

"运动派"在家居装饰方面，空间布局要开阔通透，居室功能最好可以相互渗透，使生活起居功能得到自由拓展和互补，给人一种时尚动感的空间感受。装饰材料可选用不锈钢、玻璃或铝塑板等新型材质，家具应注重舒适及实用功能，以线条简洁明快、收纳功能强大的柜子作为首选，便于存放经常使用的运动器械或旅行箱包。

窗帘及靠垫等布艺产品，颜色可以跳跃，但最好选择较为抽象的几何图案，以免破坏整体的空间感觉；饰品方面，酷感十足的雕塑、抽象夸张的挂画、运动造型的摆件、运动或旅行照片、摩托车及汽车模型等，均能表现出房主独具品位的个性化风格。

简单舒适的房间，不要过多的家具摆设，挂在墙上的自行车既是运动工具，又是超喜欢的饰品。

以满墙的滑板作为室内的特有装饰，足以表现房主酷爱运动的时尚个性与爱好。

风格倾向

现代主义、新中式、地中海、东南亚等

唯美欣赏派

欣赏派指那些乐于专注某种喜欢的事物，通过欣赏文学或艺术作品，感受内心世界的互通和交流，从中领略某种境界的人。

"欣赏派"大多数由比较喜欢艺术的人群构成，因此他们所涉猎的欣赏范围也就十分广泛，如喜欢音乐、绘画、电影、阅读、书法等人均在此列。应该说作为业余爱好，其欣赏方面的专业水平高低不是判断该派人士的标准，在此意在泛指这种追求品位、内心淡泊、注重精神享受、讲究情调的唯美生活态度。

软装特点

"欣赏派"一般对自己家中空间的要求较高，大多需要有相对封闭的居室来享受自己的爱好。因此，在房间布局及功能性方面，对遮光性和隔音性应该特别重视。另外，由于该群体普遍注重个人修养，讲究生活品位，所以搭配软装元素应选用高品质的家具及陈设品来装饰空间，以便营造出优雅的文化氛围。

做工精细的实木家具是"欣赏派"家居首选，空间整体搭配应追求比例和谐的装饰效果。窗帘等布艺制品在花色上应力求素雅，要充分发挥灯光具有调整角度与丰富层次的功效，为居室增添丰富多彩的情趣与艺术感受。装饰品方面，内涵深厚的画品、温润如玉的瓷器，以及带有复古怀旧味道的物品，如老式挂钟、古典烛台等，都是可以表现唯美气质的不错选择。

高雅的瓷器以及考究的家具，通常表现欣赏派家中文化品位和艺术审美的重要软装元素。

风格倾向

新古典、新中式、现代主义、美式乡村、东南亚等

洗炼而优雅的影音室一角，嵌墙的碟架上有序地摆满了DVD光盘，彰显欣赏派房主讲究品味、注重精神享受的生活态度。（CTM空间设计事务所作品）

典雅收藏派

收藏派是指对于自己喜欢的物品有收集、储存和赏玩的强烈嗜好。与投资不同，纯粹的收藏不限于有价值的古董，如书画、邮票、文献、钱币、徽章等都是较为常见的项目。由于收藏领域都承载着较深的文化内涵，所以，当收藏与盈利无关时，便有了丰富文化、见证历史、把玩享受的乐趣。因此，真正"收藏派"所追求的是一种自得其乐、安适闲淡、附庸风雅和陶冶情操的生活态度。

沙发后面的展架上摆满了各种小艺术品，虽然看上去不成系列，依然可以从中感受到热爱收藏、追求自得其乐与文化内涵的生活态度。

软装特点

"收藏派"的住所，如果空间条件允许，首先选一个避免阳光直射和通风性好的房间，作为储藏室。其次考虑房主的藏品会不断增多，配置具有分类收纳功能的家具、家装陈列及观赏使用的射灯，也是软装设计中不可忽视的环节。整体风格上，布艺及家具的配置原则，最好与收藏品的特有文化特质相呼应。例如：收集瓷器和书画类的人，配置中式家具较为妥当；而收藏老式钟表的人，搭配欧式家具在风格上更为适宜。

由于藏品本身就是很好的饰品，所以在"收藏派"的家中，无需画蛇添足地添置过多的物品，只要适当地搭配些绿植，即可丰富空间层次，打造出符合主人意愿的家居氛围。

> **风格倾向**
>
> 美式乡村、现代主义、东南亚、地中海等

DIY手工派

DIY是英文Do It Yourself的缩写，意为"自己动手做"，泛指那些具有创意并喜欢自己动手制作各种物品的人群。

据考证，DIY在20世纪60年代起源于西方，如今在欧、美、韩、日等国已十分流行。自己动手不仅可以节省费用，还能与他人分享将创意变成现实的乐趣。如今，DIY手工派十分提倡节能环保与品味相结合，传递崇尚自然、彰显个性的精神追求，体现出一种展示才艺、挑战自我和以静养心的轻松生活方式。

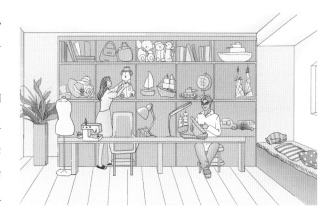

软装特点

为"手工派"布置住所时，首先要搞清楚房主喜欢的项目类型，并根据需求安排适合的工作空间。例如：从事陶艺、雕刻和模型制作等活动，需要摆放大型工具和堆放原料的场地，因此在室内布局时，要考虑噪声以及材料或作品的搬运问题，最好选择有作业空间、隔音和通风效果好的房间；如果只是制作一些不会弄脏环境的工艺品，则可以考虑在客厅或书房设置一个工作台，配好使用方便的电源插座和照明器具即可。

软装配饰方面，家具和布艺的整体风格应尽量与手工制品的特点相吻合，同时预留出墙面或柜架来摆放DIY作品，秀出房主多才多艺的个性品味，突出空间的装饰主题。

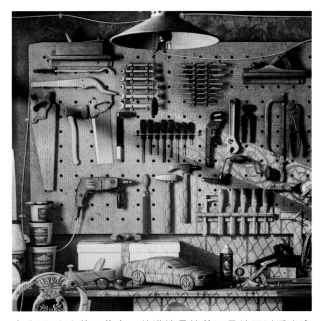

专业DIY人士的工作台，从满墙悬挂的工具就可以看出房主热爱手工的程度，以及动手制作带给他的生活乐趣。

闲暇时光扎起围裙，享受一下在家玩泥巴的乐趣！陶艺DIY由于设备简单、操作性强，深受人们的喜欢。

风格倾向

新中式、新古典、现代主义、美式乡村等

浪漫烹饪派

　　烹饪派是指那些乐于烹饪菜肴和品尝各种美食、喜欢在家下厨的人群。他们热衷探讨食物的营养搭配，以及菜品的色香味调和。

　　在"民以食为天"的国内，"吃"已然成为一种文化，孔子曰"食不厌精，脍不厌细"，指的就是烹饪的境界。一般来说，喜欢在家烹饪的人，绝大多数都比较注重亲情，倡导健康生活。因为烹饪除了能满足口腹之欲外，还是表达内心爱意、增进家人感情、热爱生活的具体体现，它代表着一种浪漫的生活方式。

软装特点

　　布置"烹饪派"的家居，厨房与餐厅无疑是软装设计的重点，收纳功能齐全的橱柜、宽敞温馨的就餐空间，一般是主人十分重视的场所。鉴于家人要在厨房经常制作美食，所以便于操作的空间布局、厨电的合理摆放就显得十分重要。一个住宅空间，正因为有了餐、厨的存在，才会充满生活的浪漫气息，这一点，对于"烹饪派"来说，更具有重要意义。

　　美食配美器，选择一套适合空间主题氛围的考究餐具，不但可以调节进餐心情，更能彰显主人对美食的鉴赏水平和热爱生活的浪漫品位。

> **风格倾向**
> 地中海、美式乡村、现代主义、东南亚等

美食配美器，烹饪派的家中考究的餐具必不可少，因为只有这样，才能完美地彰显生活品味。

宽大的操作台、丰富的调料罐，以及功能齐全的各种小厨电，无疑是热爱烹饪人士的最爱。

与软装相关的色彩知识

绚丽的色彩具有营造室内环境的神奇功效，但要想搭配出具有美感的空间颜色，首先要从了解色彩开始。

我们在日常生活中使用各种颜色，并享受色彩变化带来的欢愉。

色彩，可以说是视觉效果中最强烈的语言符号，在空间环境中具有超强的表现力和感染力。与形状相比，它更能引起人的视觉反应，并对人们的心理和情绪产生直接的影响。随着人们对色彩的认识不断深入，以及对色彩应用的要求不断提高，使色彩在室内设计中逐渐占据举足轻重的地位。为此，就要求设计师在进行软装设计时，一定要了解色彩的特性，并利用人们对色彩的视觉感受，来创造富有个性与情调的居室环境，从而达到事半功倍的装饰效果。

软装的目的，就在于营造出使人感到舒适和美感的空间环境。由于色彩具有改变空间氛围、唤起人们内心丰富情感的巨大作用，所以在学习中了解色彩的基本常识，掌握它的特性及搭配规律，并在设计中加以恰当的运用，是十分必要的。

荷兰印象派大师梵高曾说过，"没有不好的颜色，只有不好的搭配"。因此，在软装设计中，如何根据整体风格选择房主偏爱的颜色？如何根据居室的主色调来搭配软装元素？要想解决这些具体问题，首先要从色彩的基本常识谈起。

素雅简洁的房间中，设计师反常规地搭配了一块红色窗帘，并通过帘布上图案与颜色的局部变化，为室内营造出丰富的视觉感受。

了解色彩——基础常识概述

色彩是一种视觉的现象。产生视觉的主要条件是光线，物体受到光线的照射，才会产生出形状与色彩。眼睛之所以能看见色彩，是因为有光线的作用，才得以看清四周的景物。所以，色彩是光线产生的现象，没有光线，眼睛无法产生视觉，也就没有色彩。

色彩的构成

色彩的构成是色彩相互作用而产生的结果。色彩一般分为"无彩色"和"有彩色"两大类。"无彩色"指白、灰、黑等不带颜色的色彩，即反射白光的色彩，如图1所示。而"有彩色"指红、黄、蓝、绿等带有颜色的色彩，如图2中的色彩。

图1：无彩色，指黑/灰/白不带颜色的色彩。

图2：有彩色，指红/黄/蓝/绿等带颜色的色彩。

原色：又称第一次色，或基色，即用以调配其他色彩的基本色。理论上讲，原色只有三种：红、黄、蓝；三种颜色是构成其他颜色的母色。原色不能由其他颜色调出，却可以调配出任何颜色。

间色：由三原色中两种原色调配而成的颜色，又称二次色。即：红色+黄色=橙色、黄色+蓝色=绿色、红色+蓝色=紫色；由此而产生的橙色、绿色和紫色就是三种间色。

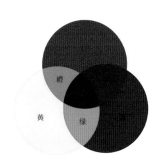

三原色

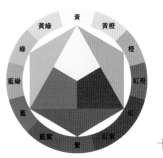

十二色相环

补色：又称互补色，色环的任何直径两端相对之色都称为互补色。在色环中，不仅红与黑是补色关系，一切在对角线90°以内包括的颜色，比如黄绿、绿、蓝绿三色，都与红色构成补色关系。

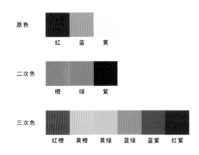

色彩的属性

色彩的属性，指色彩具有的色相、明度和纯度三种性质，这三个属性是界定色彩感官辨认的基础。也就是说，人们之所以能看到千变万化的色彩，是由于色相、明度或纯度发生了变化。只要是色彩，就一定具备这三种性质，而能否灵活应用三属性的变化，则是色彩设计的基础。对于经常使用电脑的人来说，以下的屏幕画面一定不会陌生，如果想更直观地了解色彩的这三个属性，那么看一眼这两张截图，马上就能明白三者之间的关系。

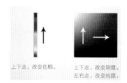

上下走，改变色相。　上下走，改变明度。
　　　　　　　　　左右走，改变纯度。

色相（hue）：色相指色彩的相貌，在色彩的三个属性中，色相被用来区分颜色。根据光的不同波长，色彩具有红色、黄色或绿色等性质，这被称为色相，如海蓝、天蓝等。黑白色因为没有色相而被视为中性。

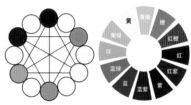

六色相环　　　十二色相环
色相示意图

明度（value）：物体表面反射光程度不同，色彩的明暗程度就会不同，这种色彩的明暗程度称为明度。在蒙赛尔*色相环上，黑色的明度被定义为0，而白色被定义为10。明度一般用高低来表示，明度高颜色显得轻浅，明度低颜色显得深重。

明度示意图

纯度（chroma）：纯度又称色彩的饱和度，指色彩本身的鲜艳程度或艳浊关系。原色纯度最高，它与任何颜色混合后，纯度都会降低。在蒙赛尔色彩体系中，无纯度被设定为0，随着纯度的增长数值渐渐增长。纯度高的颜色显得鲜艳，纯度低的颜色显得暗浊。

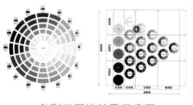

色彩三属性关系示意图

** **蒙赛尔色相体系** 由美国色彩学家蒙赛尔（Albert H. Munsell）发明制作。他将色彩三属性的色相、明度和纯度分别按等距离分类，以色相、明度和纯度的数值来表示色彩。如5R5/14代表纯红色、中明度及最高纯度。该体系后经美国国家标准局和光学学会的反复修订，成为色彩界公认的标准色系之一。*

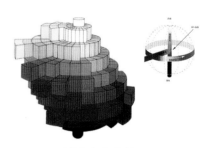

蒙赛尔色立体

色彩的对比

色相是色彩的首要特征，是区别各种不同色彩最准确的标准。从光学层面上讲，色相的差别是由光波的长短产生的。虽然在光谱中只有红、橙、黄、绿、蓝、紫六种基本色，但人的眼睛可以分辨出约180种不同色相的颜色。这是因为即便是同一类颜色，也能分为几种色相，比如，黄色可分为中黄、土黄、柠檬黄等多种颜色。因此，只要我们在红、橙、黄、绿、蓝、紫这些基色中加插一两个中间色，并将它们组成环形，就可以产生十二或二十四个色相环。

各彩调在色相环中按不同角度排列，其色相对比的强弱，取决于色彩在色相环上的位置，通常色相距离在15°以内的色彩，均属于同色系的不同倾向。因此，为搭配方便，人们习惯将不同距离、角度由小到大的色相关系分为同类色、邻近色、对比色和互补色。

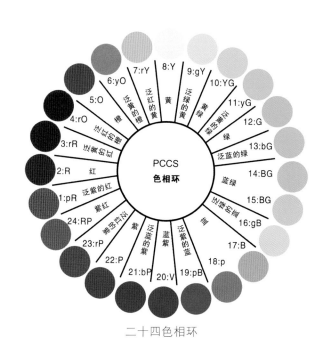

二十四色相环

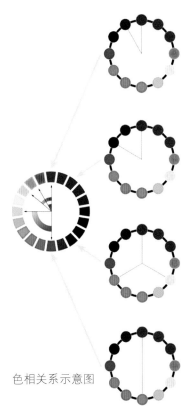

色相关系示意图

同类色：指色相性质相同而色度有深浅之分的颜色，在色相环中15°夹角内的颜色都是同类色，如深红与浅红色、深蓝与浅蓝色等。同类色对比指同一色相里的不同明度与纯度的对比，其色相感较为单纯、柔和，色调容易统一协调。

邻近色：又称"类似色"，指在色相环中60°夹角内相邻近的颜色，如绿色和蓝色、红色和黄色就互为邻近色。邻近色之间往往你中有我，我中有你。尽管它们在色相上有一定差别，但由于相互融合了对方的颜色，因此在视觉上通常比较接近。

对比色：指在色相环上相距120°到180°之间的两种颜色。这些可以明显区分的颜色，对比范围十分广泛，除色相外，还有明度、纯度、面积、冷暖等方面的多种对比方式（其中包括互补色对比）。它们通常色彩对比强烈，视觉冲击力强，是体现空间色彩效果和表现力的重要方法。

互补色：色相环上所有处于180°对应位置的两种色彩，皆互为补色，如红与绿、橙与蓝、黄与紫，就是互补色的关系。互补色和对比色不完全相同，确切地说，互补色只是对比色的一种。由于补色有强烈的分离性，如搭配得当，不仅能加强色彩的对比，还能表现出特殊的视觉平衡效果。

色彩的调性

简单地说，调性就是色彩的倾向性，即某种色彩在空间中所占的主导性。不同的主导色彩可以形成不同的色调，如冷调、暖调、灰调、蓝调、红调等。调性的构成并非由某种单独的颜色所形成，而是包括了色相、明度和纯度方面的综合因素，其目的是创造不同的色彩氛围和色彩风格。

何谓色调？

色调就是色彩的总体倾向，由画面上占主要面积的色彩决定。色调是颜色的重要特征，它决定了色彩本质的根本特征。例如，一幅画尽管用了多种颜色，但总体上肯定有一种倾向，偏蓝或偏红，偏暖或偏冷，通常我们把这种颜色上的倾向，称为这幅画的色调。

同画面冷暖色调对比

俗话说"远看颜色近看花"，空间中只有被颜色所吸引，才能使人进一步去欣赏室内的装饰细节。由于色彩具备冷暖感受的空间表性，在相互作用下能直接影响人们的情绪，因此在进行软装设计时，选择以"红、黄、橙"为主的暖色调，还是选择以"蓝、绿、紫"为主的冷色调，来作为空间主色调，是关系到营造整体氛围的关键问题。

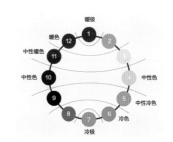

十二色相调性示意图

暖色调：颜色的一个重要特性是"色温"，这是人对颜色的本能反应。对于大多数人来说，桔红、黄色以及红色一端的色系总是与"温暖"或"热烈"等感觉相关，因而称之为暖色调。暖色调又可细分为"深暖"和"浅暖"两个色调：深暖色调主要以调整纯度获得和谐，给人一种稳重成熟的华丽感觉；而浅暖色调较为柔和，给人以一种明快和生动的感觉。

冷色调：指给人以凉爽感觉的青、蓝、紫色以及由它们构成的色调。与暖色调"温暖和热烈"的感觉相反，冷色系给人以"冷静安宁"或"清新爽快"的感觉。冷色调同样也可以细分成"深冷"和"浅冷"两个色调。深冷色调整体上常使用纯正的冷色，表现一种时尚的酷感；而浅冷色调整体偏向浅淡，给人一种雅致和恬淡的感觉。

深暖色调空间

浅暖色调空间

深冷色调空间

浅冷色调空间

色彩的感觉

色彩是居室设计中最具表现力和感染力的因素，它可以通过人们的视觉，产生一系列如冷暖、轻重、膨胀与收缩、前进与后退的印象感受。因此，有经验的设计师都十分重视色彩对人们生理、心理以及类似物理方面的反应，扬长避短地运用色彩的不同感觉，来满足人们在居室装饰上的功能和审美需求，使空间设计大放异彩。

冷暖感觉：虽然温度的感觉是通过触感而得，但在色彩学中，借助视觉和物体的颜色，同样可以给人带来或温暖、或寒冷、或凉爽的感觉。例如：红、橙、黄等颜色，容易使人联想到阳光或火焰，故称"暖色"；而绿、青、蓝等颜色，常与黑夜及寒冷等相关，所以被称为"冷色"。根据这种感觉，居室内所搭配的色调不同，就会给人带来差异较大的冷暖感觉。

色彩冷暖感觉，橙色温暖、蓝色冷峻。

色彩的轻重感觉，浅色较轻、深色偏重。

轻重感觉：色彩的轻重感觉主要取决于明度和纯度，明度和纯度高显得轻，相反则显得重。一般我们从色彩中得到的重量感，是质感与色感的复合感觉。比如，对两个体积和重量相同的行李箱进行目测，结果普遍认为：浅色的感觉较轻，而深色的份量较重。根据这种感觉，房间顶面用浅色，地面用深色，才会产生上轻下重的稳定感，反之会有头重脚轻的压抑感。

膨胀与收缩：色彩对物体大小的表现作用，可以包括色相和明度两个因素。通常情况下，由于暖色调和明度高的色彩具有扩散作用，所以被称为"膨胀色"。而冷色和暗色具有内聚作用，被称为"收缩色"。在室内装饰中，根据这种膨胀和收缩的感觉，就可以利用色彩来改变体积和空间感，使室内各部分之间的关系更为协调。

膨胀色与收缩色，黄色显胖、绿色显瘦。

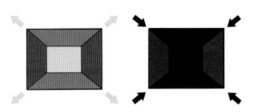

前进色与后退色，暖色靠近、冷色偏远。

前进与后退：如果等距离地看两种颜色，视觉的远近感受会截然不同。一般来说，暖色系和明度高的色彩具有凸出的效果，而冷色系和明度较低的色彩，则会产生凹入的效果。由于色彩的前进和后退有时与背景色密切相关，所以进行室内装饰时，利用色彩在不同背景下具有前进与后退的特性进行配色，可以达到视觉上改变空间大小的目的。

色彩的分类

　　由于室内陈设物品的种类繁多，它们的材质和样式也五花八门，在空间内可以呈现出色彩的多样性和复杂性。所以在软装设计中，如何协调室内的装饰色调，分配各种物件的颜色比例，具有十分重要的作用。一般来说，室内色彩按所占空间面积大小可以分为背景色、主体色、配角色和点缀色这四大类。根据黄金分配法则，室内装饰中的主体色彩、次要色彩与点缀色彩，最好按照60:30:10的原则进行比重分配，如此方利于营造出和谐的空间色彩感觉。

背景色 / 主体色 / 配角色 / 点缀色空间搭配示意图

背景色

指那些占室内面积较大的色彩，如地板、墙面、天棚等的颜色。它是决定空间整体印象的重要颜色，是室内陈设的基调，起着不可或缺的衬托作用。

主体色

专指空间内占有较大位置的家具和布艺等大面积色块，如沙发、柜架、窗帘、床品等饰品。为突出视觉效果，主体色选用背景色的对比色或互补色较为适宜。

配角色

配角色的视觉重要性仅次于主体色，它常用于陪衬主体家具，使主体角色更加突出。房间内如椅子、茶几、床头柜等体积较小的家具，都可视为配角色。

点缀色

指那些室内装饰重点、面积虽小却非常突出的色块，如灯具和饰品等颜色。点缀色主要用于打破沉闷环境，为此常常选用与背景色反差较大的颜色。

背景色、主体色、配角色和点缀色之间，背景色作为室内的基本色调，通常选用低纯度、含灰色成分较高的颜色，以增加空间的稳定感；主体色是室内色彩的主旋律，空间氛围和装饰风格皆由它来体现。另外，主体色还可以根据装饰需要，既可受背景色的衬托，又能与背景色一起变成点缀色的衬托。

例如：面积较小的房间，主体色的选择最好与背景色相似，这样可以融为一体，使空间显得宽敞；而面积较大的房间，可选用背景色的对比色作为主体色，以突出家具或饰品的视觉效果，改善大房间的空旷感；而配角色通常会与主体色保持一定的色彩差异，这样既能突显主体色，又能令空间产生动感，丰富空间的视觉效果；点缀色作为协调室内色彩关系的中间角色，具有不可或缺的重要作用。不少成功的软装案例中，都得益于点缀色的巧妙穿插，使空间色彩组合能产生增加层次和丰富对比的效果。

一般来说，虽然室内色彩设计的出彩之处在于主体色，但笔者认为，主体色、配角色、背景色和点缀色之间的合理搭配更为重要，四者之间应当和谐中有变化、统一中有对比，才能突出整体装饰效果，打造出一个赏心悦目的个性化居住空间。

在这个轻奢简约格调的样板间中，设计师选用了简洁大气的黑/白/灰/金色来装饰空间，并通过摆件饰品与绿植花品的亮色点缀，营造出一种优雅的香奈儿风格。（CTM空间设计事务所作品）

橘红色的靠垫摆放在沙发和靠椅上，湖蓝色的花瓶与椅垫遥相呼应，在这个米白色的沉稳房间，设计师大胆运用靓丽的点缀色，打造出丰富的视觉动感。

搭配色彩——空间配色方法

　　配色指对单个色彩进行的搭配组合。室内陈设配色是否成功的标准，就在于其色彩组合后的效果，能否使人的视觉和心理上产生愉悦感及满足感。在软装设计中，不管采用什么样的配色方案，首先应以符合房主的心理感受为原则，其次就是能否呈现出整体和谐的空间效果。所以，只有科学地掌握配色原则，因地制宜地运用好同类色、对比色、互补色等搭配手法，才能让色彩真正起到美化空间氛围的作用。

图中房间的配色并非人人喜欢！因此居住空间的色彩搭配，首先要以符合居住者的心理感受为原则，正确地选择室内装饰主色调，然后科学运用同类、对比和互补等方法，方能打造出赏心悦目的宜居空间。

同类色搭配

　　同类色搭配指采用同一种色相的深浅变化来进行装饰的配色方法。

　　同类色搭配是较为常见、简便且易于掌握的配色方法，具有整体协调的特点。由于同类色搭配的颜色都出自同一色相，只是明度或纯度上有些变化，因此搭配后，很容易达成居室软装元素的色彩一致，利于取得统一且协调的装饰效果，所以常用于小空间的配色。但是因为该色调单一缺乏变化，容易陷入混沌的色彩局面，很难表现出鲜明的层次，不利于突出空间装饰主题。

同类色搭配，利于取得统一协调的装饰效果。

邻近色搭配

邻近色搭配又称类似色搭配，指用近似色之间的配色进行装饰的搭配方法。

邻近色搭配既能保持整体基调上的共同倾向，又有色相上的冷暖变化，是一种低对比度的和谐，具有稳重和睦的特点。与同类色搭配相比，邻近色搭配易于体现色彩的性格变化和节奏起伏，色彩表现上相对丰富且具有美感，可呈现不错的视觉效果。与同类色一样，用邻近色搭配时，一定要注意在和谐中产生对比，整体色调才会丰富多彩。

邻近色搭配，色彩丰富，易表现空间层次节奏。

对比色搭配

对比色搭配指采用色调效果差别较大的色彩进行装饰组合的搭配方法。

使用两个相隔较远的颜色进行组合，特别是色相环上正三角位置的色相搭配，如黄色与紫色、红色与绿色等，是有醒目对比效果的配色方法，可营造鲜明、活泼的空间气氛，具有强烈的视觉冲击。对比色搭配由于颜色差异较大，处理不好会出现生硬、俗气的感觉，因此常使用黑白灰进行过渡，或者注意调整颜色间的面积大小和明度比例。

对比色搭配，颜色差异大，需用黑白灰色过渡。

互补色搭配

互补色搭配指运用在色相环上直线相对的两种色彩进行装饰组合的方法。

由于互补色中的双方颜色不含对方的色相，所以很容易形成鲜明的对照，产生强烈的视觉效果。因此，在软装设计中，可以通过醒目的互补色来突出重点，强化室内空间层次。通常小面积的互补色，对色调统一的空间具有画龙点睛的装饰效果。但进行搭配时，应注意调整颜色间的面积及纯度变化，否则会产生强烈的视觉刺激，让人感觉不舒适。

互补色搭配，重点突出，可产生强烈的视觉效果。

大面积配色要点

在室内装饰中，应该说色彩是个极其重要的"利器"。通常，如果室内颜色搭配得好，那么再贵的饰物，也比不上色彩所能营造出来的迷人氛围。而作为主宰空间基调的背景色，其材料成本虽然只占总装饰费用的很小一部分，但有时能直接决定室内整体装饰效果的好坏。因此，家居空间中面积较大的墙面、地面及天棚，其配色成功与否，会关系到室内陈设的装饰效果，具有至关重要的作用。

为了让读者在空间配色过程中有据可依，有效避免背景色和主体色之间的错误搭配，笔者根据实际经验总结了以下几个大面积配色要点，提供给大家以作参考。

要点1：使用色卡选择涂料或地面颜色时，最好从确定的色卡往浅色方向走1~2个色阶。因为进行大面积配色，施工后的效果通常会比在色卡上看到的色彩更浓一些。

要点2：根据色卡选择颜色，最好分别在阳光和灯光下进行对比后再定。因为色彩在不同的光线下视觉效果会有差异，只有经过不同光源进行比对，才会避免较大的色差。

要点3：为居室进行大面积配色时，天棚和墙面建议选用浅色系，然后用深色系做局部点缀。天棚的颜色最好浅于墙面颜色，稳妥的配色规则是：墙面浅、地面中、家具深。

要点4：同一封闭空间内，除黑白灰三大安全色外，包括天棚、墙面、地面和家具在内，所搭配的颜色（即背景色和主体色）最好不要超过3种。如果客厅、餐厅相连，可视为同一空间。

要点5：白色、乳白色和象牙色通常被称为色彩里的"万金油"。这三种颜色非常适合人的视觉神经，是家居配色中较为经典的保险色，作为居室的背景色是不错的选择。

要点6：明度或纯度较高的红色系，一般不宜作为空间的主色调。虽说有时可以渲染出喜庆与浪漫的气息，但作为居室的主色调，会让眼睛负担过重，使人产生烦躁情绪而有损健康。

运用色彩——配色设计技巧

研究表明，人们进入空间后产生的第一印象中，约有75%以上来自视网膜对色彩的总体感觉。因此，在与生活息息相关的家居软装陈设中，空间配色和谐与否，是决定室内装饰能否成功的重要因素之一。

作为主宰空间情绪的"灵魂要素"，好的色彩搭配，不仅会给人带来视觉上的舒适享受，还能在室内设计中起着改变或创造空间格调的作用。在实际运用中，只有准确把握色彩的感觉功能，遵循色彩组合的基本原则，才能创造出富有个性和美感的室内色彩环境。

由于色彩搭配得当，该客厅内所有的软装元素都呈现出十分舒适的视觉感受，家具与窗帘的彼此呼应，画品和绿植的相互点缀，让室内空间充满了生机和美感。

配色"潜规则"

随着人们审美水平的不断提高，在家居空间中，消费者对设计师色彩搭配的要求也越来越高，因此，很多家居装饰早已不再满足于以往单调的颜色。软装配饰过程中，那些五颜六色的涂料、墙纸以及各种装饰品，运用得当不仅能将沉闷的房间变得生机盎然，使室内空间呈现丰富的变化和层次，甚至可以起到修正和掩饰空间结构上的不足的作用。尽管色彩在空间中的作用很大，然而在搭配过程中，如果忽视与整体环境的协调，有意或无意间触犯了色彩搭配的忌讳，不但不能产生绚丽的视觉效果，反而会显得很怪异，严重的还会影响身心健康。下面就来看看在配色中有哪些"潜规则"需要加以注意。

采用冷色调装饰的朝南客厅，其配色成功之处在于，空间中所有物品的颜色都非孤立存在，它们相互点缀、彼此呼应，呈现出宽敞优雅且浪漫清新的居室氛围。

规则1：由于色彩的基调一般由室内面积较大、吸引视线最多的色块所决定，因此从室内整体风格出发，首先选好地面、墙面、天棚以及窗帘的颜色尤为重要，然后再根据所选定的主色调进行其他元素的配色。

规则2：根据冷暖色调的不同特点，暖色系容易创造出亲切、舒适和温暖的气氛，因此较为适宜装饰朝北或较为阴冷的房间；而冷色系利于表现出宽敞、优雅的环境，所以比较适合装饰朝南、阳光充足的房间。

规则3：天棚的颜色在空间中极其重要，总体而言其配色最好浅于墙面，否则会产生很强的压抑感。通常色彩浓重的颜色，适合装饰面积较大的房间，而色彩浅淡的颜色，比较适宜装饰面积较小的空间。

规则4：前进色、对比色以及高明度的色彩可以创造刺激、活泼的环境，多用于装饰餐厅和儿童房；而后退色、无彩色以及较为浅淡的色彩，适宜营造宁静、和谐的气氛，多用于卧室、书房和老年人的房间。

规则5：选择对比色装饰居室应尽量避免色彩过杂，在同一空间内最好不要超过3种主要颜色。尤其是运用对比色搭配时，要注意明暗对比、纯度对比及冷暖对比，强调反差效果，以达到点缀环境的作用。

规则6：空间中无彩系列的颜色，如黑色、白色、灰色、金色、银色，以及其他彩度较低的色系，由于本身没有强烈的个性，容易与大多数色彩进行调和，所以特别适合用作背景色，来烘托室内装饰主体。

家居色彩搭配原则

色彩搭配是最终呈现室内效果的关键所在。任何颜色都没有高低贵贱之分，更没有美与丑的差别，因此，家居色彩的搭配原则，首先要考虑到使用者的目的，根据空间特点和功能需求进行合理搭配。只有这样，才能满足房主的使用功能和审美情趣，使人感到身心愉快。

根据空间功能

在空间功能方面，家居色彩搭配首先要考虑使用者的年龄和性别等差异，并从色彩的基本原理出发，进行有针对性的选择。比如，儿童房和客厅、老人房与新婚夫妇的居室，由于使用对象和功能不同，色彩搭配就必须有所区别。

粉色调的女孩房

根据房间朝向

房间朝向不同，色彩搭配也要随之变化。例如：东向房午后光线变暗，使用浅暖色会感觉较为明亮；南向房日照时间长，采用冷色调较为舒适；西向房西晒强烈，深冷色调能减弱刺眼的光线；北向房长年缺少日照，深暖色调应是较好的选择。

暖色调的北向房

根据房间用途

房间的用途会直接影响色彩的搭配取向。例如：客厅多用于聚会和交谈，是活动性空间，色彩效果应体现明亮或温暖；卧室用于休息和睡眠，具有安静和舒适的要求，因此在色彩的选择上，采用纯度较低的颜色，使人产生放松的感觉。

彩度较低的书房

根据构图需要

色彩搭配只有符合构图美学，才能处理好主体和背景的关系，发挥出色彩对空间的美化作用。例如：大面积色块不宜过于鲜艳，小面积色块可适当提高明度和纯度，起伏变化忌杂乱无章，空间色彩的稳定感可采用上轻下重的色彩搭配方法。

配色稳重的沙发

根据空间效果

利用色彩可以在视觉上改变空间尺度和比例，可以弥补结构上存在的某种缺陷。例如：房间过于宽敞时，可采用具有前进性的暖色来处理墙面，这样会使空间显得紧凑；当居室天棚过高时，可采用下沉色装饰顶棚，减弱空间的空旷感。

冷色调扩展空间

设计师巧用布艺的装饰特点，以搭配和谐的地毯与靠垫的色彩，就让简洁的客厅变成了一个具有视觉动感的靓丽空间。
（CTM空间设计事务所 作品）

软装元素及其搭配技巧

按陈设物品的种类划分，图中的家具、布艺、灯具、工艺摆件、画品、花品、日用品和收藏品，简称为软装八大元素。

在软装领域，室内空间中所有可移动位置的物品，皆称为软装配饰元素。虽然业内的提法略有差异，但根据陈设品种类划分大致可以归纳成八类，即通常所说的家具、布艺、灯具、工艺摆件、画品、花品、日用品和收藏品，简称为"软装八大元素"。

"工欲善其事，必先利其器"，设计师要想做好软装，首先需要了解这些元素的作用，这样才能进行合理使用、巧妙搭配。在八大元素中，如果按所占比重划分，家具、布艺和灯具作为主体部分，在完善空间功能方面，起着至关重要的作用。饰品、画品和花品作为装饰部分，在视觉效果呈现方面，有着烘托气氛和点缀空间的关键作用。收藏品和日用品虽为补充部分，但在满足客户的个性化需求方面，同样具有不可或缺和突出主题的作用。

运用软装元素搭配家居空间时，一定要从整体装饰效果入手，注意风格定位、格调氛围、色彩效果、家具款式、所占空间体积等多方面因素，这样才能打造出独具特色的居室表情。软装元素各有特色，搭配起来看似复杂，但仔细研究还是有规律可循。其实，各种元素之间能否协调统一、合理搭配的关键，主要在于物品的大小及色调的组合。为便于大家掌握，笔者将家居空间软装元素的搭配技巧，做简要介绍。

家具、布艺、灯具与饰品和谐地搭配在一起，诠释出典雅而柔和的美式风格空间。

风格统一色彩和谐

在摆放软装元素时，首先要确定居室的整体风格和色调，并按照这个基调来选择家具和布艺等元素，空间氛围就会很和谐。比如，如果所确定的风格是现代简约，那么就应根据现代风格的装饰特点，进行八大元素的搭配组合。

布局合理摆放对称

在软装陈设过程中，空间布局尤为重要。切记不要在室内摆放过多的家具和饰品，家具的平衡感和对称感，是决定视觉效果的关键。再漂亮的物件，如果摆放位置不对或相互比例失调，都会让人产生压迫感并且造成活动不便。

分清主次明确焦点

所谓"焦点"，就是进门后最引人注目的物品，可以是一件家具，也可以是一幅画。总之，视觉焦点的确定，不仅能突出居室的主题风格，更便于掌握软装元素摆放的位置和搭配的条理性，对打造出主次分明的空间氛围十分有益。

以画品为视觉焦点，突出房间装饰主题。

巧用布艺多彩颜色和墙上画品相互呼应，既软化了简约风格的棱角，又体现出现代空间的生动。

巧用布艺彰显格调

布艺材质和颜色的多变性，决定了它在八大元素中不可替代的作用。布艺不仅能软化空间的棱角、活跃室内气氛、增加生活舒适度，还可以根据花色的变化，营造出不同感受的家居格调，或清新自然，或华丽典雅，或浪漫温馨⋯⋯

饰品对路突出个性

饰品的种类很多，但是要想体现出家居特有的文化氛围，所选饰品最好与室内整体风格相吻合，并和房主的气质及爱好"对路"。只有投其所好，方能突显主人的个性，在室内空间起到画龙点睛的装饰作用。

绿植增色营造生机

在软装元素中，绿色植物和花品不可忽视。根据空间的大小、光线的强弱和季节变化，因地制宜地摆放绿植，不仅能改善建筑线条的单调感，增加空间立体美感，还可以表现出房主热爱生活的情趣，具有净化空气和营造绿色生机的双重作用。

芭蕾少女摆件与家具风格吻合，彰显家居文化内涵。

利用软装元素特征打造出来的空间格调与色彩表情。

PART 2

决定功能与舒适的前提

功能规划是软装的前提
平面图与空间区域设置
起居空间中的布局要点
生活习惯与厨卫之布局
破解住宅中的收纳空间

空间是建筑的主角，但是在以往的传统装修中，大多数室内设计师更多关注的是结构上墙、地、顶三围一体的装饰，而常常忽略室内空间的合理布局，以及房主未来可能对使用功能产生的潜在需求。

其实，室内空间不仅是建筑形式上由墙面、地面、屋顶和门窗的围合，更是人类生存与活动的重要场所。因此，空间具有物质和精神的双重功能需求。住宅中空间的物质功能，主要体现在对面积大小、通风采光、功能布局、动线通行等方面的安排；而精神需求，则要求设计师以房主的生活方式和兴趣爱好为出发点，在满足空间功能要求的基础上，通过软装陈设来实现美化居室环境并彰显主人个性的要求，二者相辅相成缺一不可。

由于城市中模式化商品房建筑设计所产生的弊端，如今国内绝大多数住宅楼都呈现出较为单一的空间布局。这样千篇一律的设计，不仅无法满足人们追求多样化和个性化的生活需求，还造成很多无效空间存在于室内，其结果不仅无形中增加了购买者的经济支出，也为入住后的生活带来诸多不便。所以，如何根据房主的生活方式和使用需求，对原有建筑的室内布局进行重新分割与功能划分，并在此基础上进行合理的陈设布置，是软装设计所面对的重要课题。

作为人们日常生活的重要场所，家居空间不仅要具备良好的通风采光，还应通过设计赋予它强大的使用功能和审美情趣，这样才能满足居住者物质与精神上的双重需求。

功能规划是软装的前提

在室内装饰中，空间布局、风格色彩、装饰材料以及家具等元素的软装配置，构成了空间的设计要素，而材料、风格、色彩等一系列要素，必须附加在空间布局之上。如果空间布局发生变化，不仅对应的墙面、地面、顶面的装饰需要随之调整，而根据不同空间功能，所要求配置的家具、布艺、灯光等也会不尽相同。所以，空间功能规划会直接关系到装饰元素如何选择与搭配，是软装配饰的必要前提。

此外，空间功能规划还是室内设计的灵魂所在。因为好的软装陈设不仅是一件艺术品，更应该是经过周密计算而加工出来的产品，只有这样，才能在客户的实际使用中，经得起日常起居对其功能性和舒适度的检验。因此，空间功能规划，首先应该满足居住者的生活起居需求，并使室内空间的使用价值得到最大程度的发挥和利用。

位于日本福冈市太宰府商业街上的咖啡店，由著名建筑大师隈研吾设计。该室内结构运用了独特的木条斜向编织方法，创造出一个吸引人们进入建筑深处的流动空间。

如果室内陈设的想法脱离了以实用为根本的空间规划原则，而一味追求装饰效果和设计创意，那么"费尽心思"所呈现的空间效果，也只会给人带来华而不实的感觉，为客户遗留下使用功能上的缺憾。只有真正将空间的使用性与装饰性完美结合起来，才能体现出软装陈设以人为本的意义所在。因此，与物品陈设相比，室内空间布局及其功能规划，在软装设计中具有先决性的重要地位。

室内功能规划，应首先满足居住者的生活起居需求。图中房间的家具，就是经过周密设计的产品，可根据用途进行自由转变，让空间的使用价值得到最大程度的利用。（图1）白天为客厅的沙发和书桌；（图2）晚上沙发变成双人床，收起桌面后卧室宽敞温馨。

怎么布局才合适？

随着人们生活水平的不断提高，当今住宅空间的功能规划逐渐呈现出细分的趋势。尽管在现实生活中，几乎所有的房主都对空间的使用功能有着不尽相同的要求，但根据家居活动的普遍用途，室内空间大致可以分为三大功能区，即：公共区（包括玄关、客厅、餐厅、客卫、娱乐室等）；私密区（包括主次卧室、主卫/浴室、书房等）；附属区（包括厨房、洗衣间、衣帽间、储藏室等）。虽然像别墅、复式住宅等超大面积的户型还可以进行更为细致的空间功能划分，但一般来说以上三大功能区的划分，基本上可以满足现代人起居饮食和交流礼仪等日常生活的需要，是住宅功能布局的基本依据。

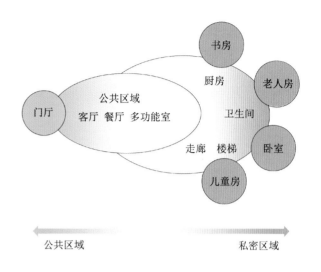

家居空间三大生活功能区域布局示意图。

户型图通常是我们着手设计的最原始资料，有时即便是同一种户型，经过精心规划和设计后，也能呈现出千变万化的空间效果。由于房主的家庭人口情况不同，空间使用功能也有很大差异，所以在室内布局上，首先要求设计师对空间划分要有所侧重，根据房主的需求进行布局。比如，有人喜欢宽敞的客厅、有人看重私密的卧室、有人要求三房改两房、有人希望增加储物空间等。但无论怎么设计，笔者始终认为：做好软装陈设最为重要的一点，就是针对房主所关注的重点进行空间功能划分，最大限度地增加室内的使用率，把无效空间转化为有效空间，只有这样，才能营造出舒适与美感兼具的家居氛围。

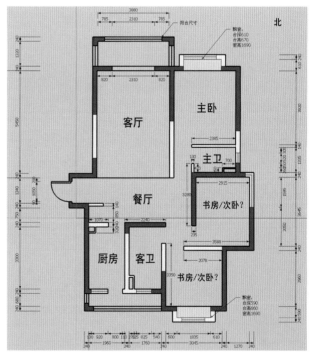

很迷茫的平面图。这个原户型为四室二厅的空间，您认为究竟该如何布局？

空间布局有时运用简单的家具摆放就能实现，客厅中倾斜摆放的单人沙发和脚蹬，为通往户外露台预留出十分通畅的动线。

　　综上所述我们不难看出，空间布局是室内陈设的根本出发点，平面布局直接决定立面装饰。因此，要想营造一个既功能舒适又有装饰格调的家居空间，设计师首先需要规划出符合房主及家人生活方式的平面布局，确定好空间的装饰风格，然后根据未来家具与饰品的摆放需要，合理搭配其他软装元素，并在此基础上考虑室内整体风格与色彩的协调，如此方能为呈现软装效果打下良好的基础。所以，先布局后装饰无疑是进行软装陈设的必然流程。

　　为开拓大家的空间设计思路，下面以CTM事务所在某公寓楼中设计过的同一户型为例，来大致了解一下这个套内面积仅有100多㎡的居住空间，设计师如何根据不同房主的使用需求规划出以下4种方案，用以满足不同生活方式的平面布局。

布局A：房主M先生

常住人口：丁克夫妇

空间要求：主卧 + 健身房 + 客房 + 多功能娱乐区

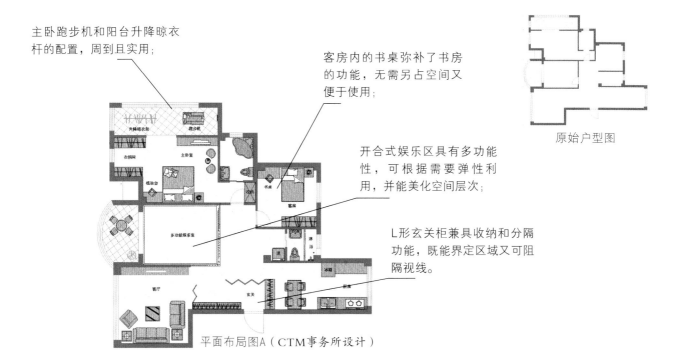

主卧跑步机和阳台升降晾衣杆的配置，周到且实用；

客房内的书桌弥补了书房的功能，无需另占空间又便于使用；

开合式娱乐区具有多功能性，可根据需要弹性利用，并能美化空间层次；

L形玄关柜兼具收纳和分隔功能，既能界定区域又可阻隔视线。

原始户型图

平面布局图A（CTM事务所设计）

布局B：房主W先生

常住人口：70后夫妇 + 10岁男孩

空间要求：主卧 + 衣帽间 + 儿童房 + 书房

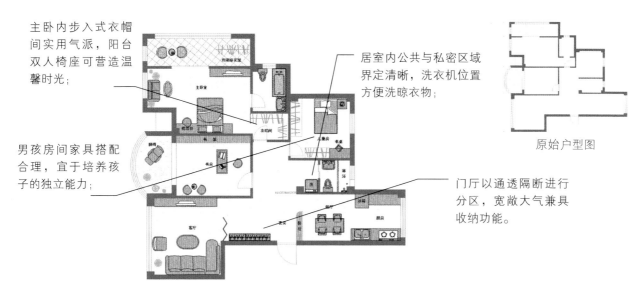

主卧内步入式衣帽间实用气派，阳台双人椅座可营造温馨时光；

居室内公共与私密区域界定清晰，洗衣机位置方便洗晾衣物；

男孩房间家具搭配合理，宜于培养孩子的独立能力；

门厅以通透隔断进行分区，宽敞大气兼具收纳功能。

原始户型图

平面布局图B（CTM事务所设计）

布局C：房主L女士

常住人口：60后夫妇 + 18岁女孩 + L父母

空间要求：主卧 + 女儿房间 + 书房 + 老人房 + 收纳

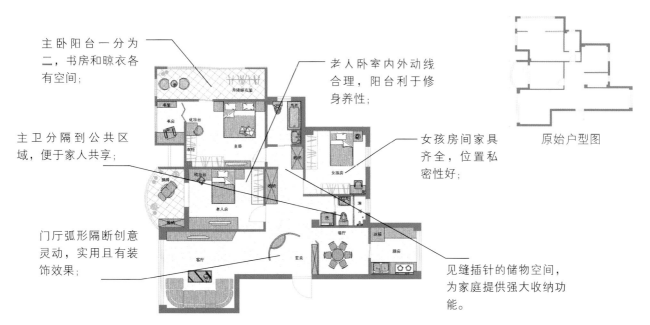

主卧阳台一分为二，书房和晾衣各有空间；

老人卧室内外动线合理，阳台利于修身养性；

主卫分隔到公共区域，便于家人共享；

女孩房间家具齐全，位置私密性好；

原始户型图

门厅弧形隔断创意灵动，实用且有装饰效果；

见缝插针的储物空间，为家庭提供强大收纳功能。

平面布局图C（CTM事务所设计）

布局D：房主Z先生

常住人口：80后小夫妇 + 父母 + 6岁儿子 + 祖母

空间要求：主卧 + 次卧 + 儿童房 + 老人房

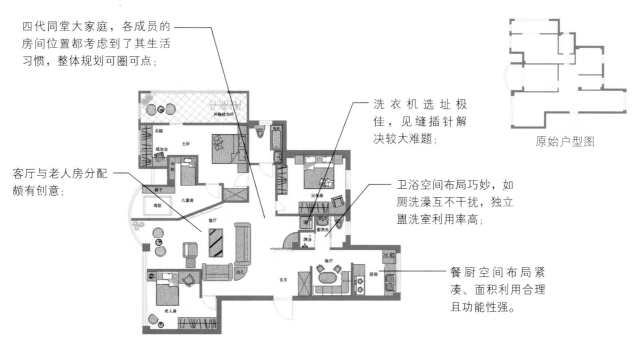

四代同堂大家庭，各成员的房间位置都考虑到了其生活习惯，整体规划可圈可点；

洗衣机选址极佳，见缝插针解决较大难题；

原始户型图

客厅与老人房分配颇有创意；

卫浴空间布局巧妙，如厕洗澡互不干扰，独立盥洗室利用率高；

餐厨空间布局紧凑、面积利用合理且功能性强。

平面布局图D（CTM事务所设计）

由此可见，同一户型的室内空间，根据居住人口和使用侧重点的不同，可做出多种规划和布局：既可划分成两室一厅，也能划分为三室一厅或两室两厅等多种格局。除了用于家庭成员休息的私密空间外，公共区域中的玄关、客厅和餐厅如何布局？老人房或儿童房放在什么位置合适？需不需要安排弹性空间？等等，都是设计师在进行软装陈设前需要慎重思考的问题。

因此，空间布局通常要求设计师对于户型务必要有独到的分析和规划能力，设计思路也必须跳出原有墙体围合的空间限制，根据房主现在以及未来潜在的使用需求，重新进行更合理的空间组合和平面布局。至于如何才能做出更出色的设计方案？关键在于设计师对房主的使用需求以及生活方式了解多少！总而言之，空间布局的可变性很大，但要做好空间布局，还必须了解室内动线等更多的知识。

要想做好室内布局，则必须具备独到的空间分析和规划能力，设计思路只有跳出原户型结构的限制，才能打造出舒适与美感兼具的家居环境。

室内动线与相关尺寸

何谓室内动线？

"动线"是建筑设计中的常用术语，意思是将人在室内外移动的点连接起来，以线的形式表现在平面图上，而"室内动线"专指人在建筑物内的行动路线。在空间规划中，动线具有决定布局的重要作用，它不但与每个家庭的生活习惯息息相关，也决定着人们的行进和活动方向。因此，在家居布局中，通过合理摆放家具而规划出来的动线，不仅能使人在室内的起居路线流畅，还可以避免空间浪费，有效提升居住品质。

在软装设计中，动线对空间展示同样具有重要作用。如何让进入空间的人，在移动时感到顺畅，既能欣赏到陈设亮点，又没有障碍物挡路，是需要设计师花费一番心思的关键所在。所以，室内动线的设计，既要从实用角度方面进行考虑，又不能忽略视觉心理方面的因素。

住宅动线主要分为三类，分别是居住动线、家务动线和访客动线。一般来说，较为合理的室内动线，应从入户门开始，分别设置出到客厅、卧室与厨房的三条路径，三者应各行其道且没有交叉。因此，室内动线的实用性，主要表现在共用通道是否明确通畅并易于识别，同时还要尽量避免过于曲折和交错穿插，以免造成不同功能空间的相互干扰。

在视觉心理方面，由于室内动线的路径直接决定了人的观赏次序，所以在考虑实用性的同时，一定要兼顾"家居亮点"的陈设位置，使访客进入室内便有一个良好的观赏角度，在移动中最大程度地感受到家居软装的魅力所在。从访客目光正常环视的角度来讲，这个角度通常以15°左右较为适宜。

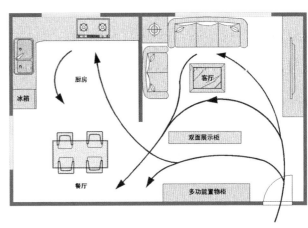

亦庄青年公寓LDK（客厅/餐厅/厨房）空间动线图。（CTM事务所设计）

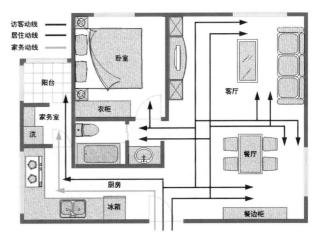

华腾园G宅动线规划图。（CTM事务所设计）

与动线规划相关的尺寸

　　住宅可以说是人类日常生活的空间容器，因此在室内动线设计方面，一定要规划出足够的空间，这样才能保证家中各种设施的便利使用，以及家居活动上的行动自如。在空间布局中，一切与动线规划有关的家具规格和人体尺度都具有十分重要的作用，作为软装设计师，只有了解和熟练掌握这些常规尺寸，并在实际运用中作为必要依据，方能打造出生活舒适的家居空间。

　　家具是室内陈设的主体。在家居生活中，人们无论坐下交谈、用餐、学习还是睡觉，都需使用相匹配的家具。如何摆放这些家具，并安排出合理的居室动线，了解以下与家居活动有关的尺寸十分必要。

根据室内家具摆放位置而规划出来的动线，不仅能保证起居生活顺畅，还可避免空间浪费。

开放式空间中所有的家具摆放错落有致。规划合理的动线，使客厅、餐厅和书房的布局既独立通透又互不干扰。

宽大舒适的沙发与扶手椅围合成的客厅交谈区较为独立，两侧预留的通道，充分保证了日常家居动线的通畅。

通　行

通行在室内空间中是最基本的行为，如图所示：正常身材的人，一般侧身通过时需要450mm、正面通过时需要600mm、搬着东西通过时需要750mm、坐着轮椅通过时需要800mm、两人正面相对通过时则需要1100~1200mm。

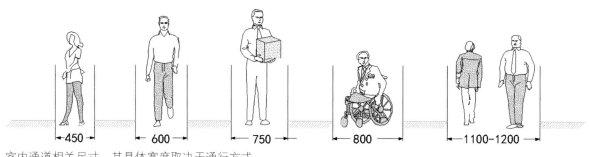

室内通道相关尺寸，其具体宽度取决于通行方式。

用　餐

餐桌椅是用餐空间必不可少的家具。一般来说，两人方形餐桌尺寸是750mm×750mm；四人长方形餐桌尺寸是1500mm×750mm；六人长条餐桌尺寸是2100mm×900mm。而圆形餐桌直径尺寸分别为：900mm（四人）/1200mm（六人）；桌边用餐一人所需空间尺寸约为：宽度600mm/深度800mm。

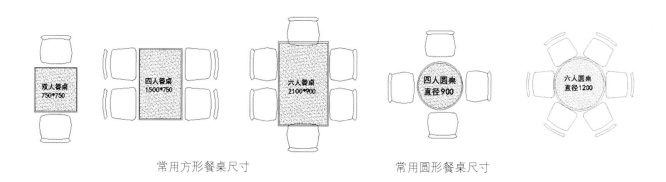

常用方形餐桌尺寸　　　　　　　　常用圆形餐桌尺寸

另外，摆放餐桌时，不要忘记落座时拉开椅子所需预留的空间；人在桌边正常入座需要500mm，如果空间狭窄，可考虑使用带脚轮或可旋转的椅子。通常情况下，人不只是坐在椅子上用餐，还需要频繁起坐并来回走动，因此在餐桌周边一定要预留出必要的活动空间，比如，拉开椅子落座至少要预留750mm的距离，而从座位后面上菜所需通道宽度不能小于1200mm。

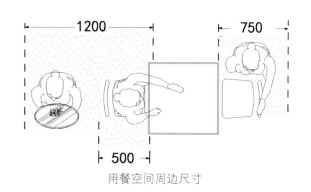

用餐空间周边尺寸

工作 / 学习

工作和学习一般离不开书桌和椅子，通常书桌的标准长宽尺寸是：700mm×1200mm或700mm×1400mm，高度是720mm；而椅子的坐高是640mm。但由于使用书桌所从事的活动不同，如使用电脑或练习书法所需的桌面尺寸就会与写作有所差异，所以一定要根据实际情况进行安排。需要注意的是，如需拉开椅子落座，至少要在书桌侧面预留出750mm的距离。

书桌书椅摆放尺寸

聊天 / 看电视

现代家居中，由于大部分家庭成员都习惯于聚在客厅看电视或聊天，所以多数家中客厅的布局都以沙发为中心来摆放电视和茶几。

沙发的基本尺寸如图所示，通常单人沙发长度为800~950mm，双人沙发为1300~1600mm，三人沙发为1800~2100mm。沙发的座高，一般在350~420mm之间，过高会有坐在椅子上的感觉，过低则入座和起身时都会略感吃力。客厅中的茶几，多数情况下摆放在沙发前面，之间的距离约300~500mm；如果空间狭小，也可以考虑将茶几放在沙发侧面，当边几使用。

此外，L形沙发也是家居中使用频率较高的沙发种类，甚至可以说是现代客厅的核心，深受大多数家庭的喜爱。依照人体工学原理，L形沙发的坐面深度一般为480~600mm，坐面过深腿部会有压迫感，过浅则会感觉坐不住。两边标准长度通常是2200mm和1800mm，需要根据室内面积进行定制。因为如果尺寸过大，客厅会变得拥挤不堪；而尺寸太小，又会与整体空间比例产生不协调的感觉。

围合式沙发区有助于家庭成员日常交流，看电视、聊天都很方便。

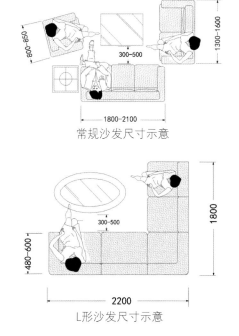

常规沙发尺寸示意

L形沙发尺寸示意

休息 / 就寝

卧室的家具以床为主，但由于生产厂家和设计款式不同，床头和床架的尺寸会有较大差异。因此，陈设前最好对所选购床体的规格进行仔细了解，以免出现尺寸上的差错。

相对而言，床垫的规格比较规范。目前国内大多数品牌的床垫长度为2000mm左右，而宽度根据单人或双人类型分为标准单人、加大单人、标准双人、加大双人和特大双人五种，其代码和尺寸具体如下：S标准单人床900mm×2000mm；SD加大单人床1350mm×2000mm；D标准双人床1500mm×2000mm；Q加大双人床1800mm×2000mm；K特大双人床2000mm×2000mm。

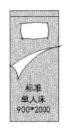

常见床具类型及尺寸一览

床头柜是床边配套摆放的小家具，它虽然体积不大（约450mm×360mm×600mm），但实用功能性较强，除了摆放台灯和收纳小物品外，对于分隔通道也有明显的作用。

一般来说，卧室陈设过程中最需注意的就是，摆双人床时一定要在侧面预留出上下床以及整理床铺的空间，否则只能让人经常表演"扑床"的特技了。

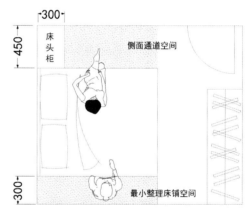

方便整理床铺和出入的卧室布局。

床具摆放一定要预留出方便上下床的空间。床头柜不但具有实用功效，还利于分隔通道。

没预留通道
只能扑上床

双人床的侧面都需要空间，否则有一个人就要经常练习"扑床"的技巧了。

平面图与空间区域设置

在室内设计中，空间布局主要分为"垂直划分"和"水平划分"两种方法。"垂直划分"指对地面的划分，而"水平划分"指对空间从上到下、从天花到地面的划分。"垂直划分"以平面图来体现"功能"，"水平划分"以立面图来体现"形式"；功能在先，形式在后，立面追随平面，是空间规划的基本次序原则。

平面图是室内设计中最为重要的资料和图纸，是进行空间规划的依据。它不仅能以垂直投影的方法准确地反映出空间的墙体结构和门窗位置，还能有效地根据套内面积进行功能区域划分、安排家具位置，进而从俯视的角度规划出最合理的家居动线路径。因此，户型平面图的精准与否，会直接影响到室内布局的细节配置。作为软装设计师，如果不会画室内平面图，那么接踵而来的平面配置方案自然也就无从谈起，所以说，画好室内现状平面图，是空间设计及软装陈设过程中不可忽视的重要步骤。

垂直划分的平面布局图

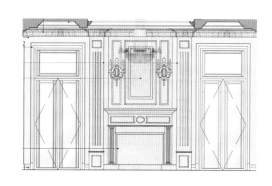

水平划分的立面效果图

如何画好平面图

虽然大部分房主都有开发商提供的户型图，但那种只标注大致尺寸且与室内现状差距较大的概略图。通常是不能作为空间设计依据的。由于在软装陈设中，无论是家具摆放，还是动线规划，都必须在室内投影面积内进行，所以只有准确了解室内结构与长宽尺寸，才能保证做出切合实际的平面配置方案。

拥有尺寸精准的平面图，是进行空间设计的第一步。因此，设计师要想从细节上做好室内软装陈设，最好亲临现场去观察空间情况，并自己动手画一张室内现状平面图。这样才能掌握第一手资料，为构思陈设方案打下坚实的基础。那么，如何才能画出准确且有效的平面图呢？笔者建议，首先应从了解和测量室内现况开始。

绘制平面图，首先要从量房开始。

如何测量室内现况？

（1）准备测量工具

盒尺（5~10m）、激光测距仪、绘图笔（不同颜色3支）、素描本（A4规格）、数码相机或智能手机。

（2）绘制结构草稿

先观察室内空间形状及各居室位置，将它们大致画在白纸上。墙体厚度用双线画出，这样将来放图时不易出错；隔间等测量尺寸最好用不同颜色来标注。

（3）定点顺序测量

可将入户门作为测量起点，按顺时针方向以mm为单位，逐一量出墙体长度，并在画好的结构图上记录下来，要注意标注门窗尺寸。

（4）测量中的重点

室内各空间的长宽尺寸量好后，不要忘记测量天花的高度，以及房梁、窗户和门口的尺寸，这些都要详细地记录下来，以便将来参考之用。

（5）测量后的拍照

利用数码相机或智能手机将房间整体情况拍照留档。尤其是一些比较复杂的角落和管线结构，更要从不同角度拍照，这样才不会有所遗漏，以便在构思方案时随时查看参考。

使用比例尺手绘平面图，不仅便于设计师详细了解室内结构和尺寸，还特别有助于激发设计灵感、完成整体方案构思。

按步骤手绘平面图

完成对房屋的现场测量后，通常就可以根据所记录的数据，开始绘制室内平面图了。虽然现在很多设计师都喜欢利用CAD软件在电脑上直接制图，但作为软装设计师，掌握手绘平面图的技巧，同样具有十分重要的意义。

选择工具

（1）选用方格纸。平面图只有按比例绘制，才有可能精准地把握尺度，利于进行下一步的空间布局和家具摆放。所以在手绘平面图时，要尽量选用有刻度的方格纸和多功能比例尺，按合适的比例来绘制，这样绘制的平面图才具有准确性。

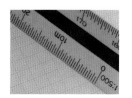

确定比例

（2）确定好比例。绘图用的比例尺有很多种，笔者个人建议，画平面图最好选择有不同比例刻度的，如三棱比例尺，长度30cm，上有1：100、1：200、1：250、1:300、1：400、1：500六个比例。这样就可以根据需要，灵活地选择所用比例，在A4纸上画出大小适合的图纸。

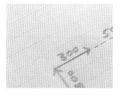

顺序绘制

（3）按顺序绘图。首先在方格纸上确定每小格所代表的长度（例如，一格代表10cm，那么50cm就画5个小格的距离），然后从最左边的点开始，按顺时针方向将测量到的尺寸，用三棱比例尺按同一比例依次画在方格纸上。

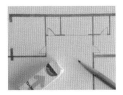

草图修改

（4）完成与修正。按此方法画到最后，如因误差无法连上起点，一般大于20cm则表示测量有误，需要再检查一下，找出问题所在。小于20cm直接连上即可（可能是因墙面不直等因素造成的），这就是使用方格纸具有提示功能的好处。

誊描定稿

（5）誊描成品图。将透明的描图纸（或硫酸纸）盖在画好的方格纸上，重新用笔和尺将线条誊画在描图纸上，如此便完成一张精确度较高的平面图。下一步就以此图为依据，进行准确的平面布局和家具摆放。

小贴士：快速辨别户型使用率——对角线原理

判断一个户型使用率高低，对于空间设计来说具有重要的意义。一般来说，户型结构是否合理，有时并不在于它面积大小，而取决于室内各部分之间的比例与布局关系。那么，如何快速辨别户型的使用率呢？运用对角画线方法即可简单得出结论。

具体步骤：先把户型图的四边用虚线连成矩形，并画出对角线，若对角线的交叉点位于室内，并且距离入户门越近，使用率就越高，反之则使用率较低！

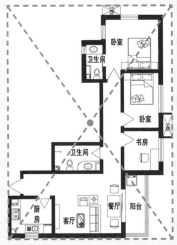

户型呈L形状，对角线交叉点位于墙外且距户门较远，室内动线曲折偏长，所以使用率较低。

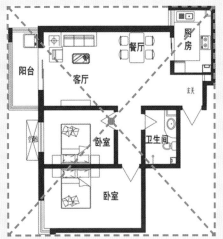

户型比较方正，对角线交叉点位于套内中心位置，且距入户门不远，因此使用率相对较高。

空间取舍与平面配置

了解室内尺度无疑是进行空间布局的基础，所以在画好平面图，并准确掌握室内结构和面积后，就可以根据房主的使用需求，着手在平面图进行空间布局了。

如果室内面积够大，房主所需的功能空间都可以满足，那么作为设计师，你所要做的平面布局工作，只需合理调整一下主次空间的位置和面积即可。然而在实际设计中，我们所遇到的绝大多数情况，都是房主希望得到的空间功能偏多，而室内面积根本不够分配。这时候就得想办法做空间取舍，或将部分空间规划为"一室多用"，这点在室内设计中极为重要。

说句实在话，无论对房主还是设计师来说，空间取舍都是平面设计中较为"头痛"的事。笔者想说的是：不管取舍有多难，在平面布局上都不要太压榨空间。很多实践经验证明，倘若在有限的室内面积中，过于贪心地去满足很多的功能，最终勉强得到的结果，极可能会是每个空间都很不好用。因此，在进行平面布局时，有些细分空间最好该舍就舍，可融合的就融合。做平面规划，切记一定要以"空间舒适尺度"为考量原则，避免出现表面上满足了某些功能，但实际生活中并不好用的设计。

空间布局的方法很多，但一定要因地制宜。图中的房间就是利用户型层高的优势，局部设计成LOFT结构，不但增加了室内的面积，还极大地丰富了空间层次。

可旋转液晶电视巧妙地设计在开放式LDK中间，既兼顾不同区域的观看需求，又达到分隔功能空间的作用。

前面我们谈到，住宅空间按功能特性大致可分为三大区域，即：

公共区 指可供家中来客自由活动并接触的空间，如玄关、客厅、餐厅、客用卫生间、多功能娱乐室等；

私密区 指具有个人隐私、不宜外人任意进出的空间，如主卧、老人房、儿童房、客房、浴室、书房等；

附属区 指那些非主要、但为特定用途而设定的家务空间，如厨房、洗衣间、衣帽间、家务室、储藏室等。

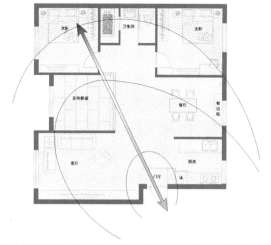

住宅中的私密度从公共区的门厅开始，依次向私密区的卧室而变化。

从以上三大区域的分类可以看出，如果进行功能细分，住宅内可划分的空间实在不少。当室内面积不足时，最为实用和有效的取舍办法就是：首先列出房主所需的空间，并按照其重要程度排列出来，然后从公共区域到私密区域依次布局，这样才能保证家庭生活的舒适性；而对于实在难以满足的区域，再设法规划出一个多功能空间，以便将来弹性使用。

下面，以笔者曾设计过的一个方案为例，来具体了解一下多功能空间在家居生活方面所起到的灵活作用。

如原始户型图（图1）所示，该公寓是个使用面积不到80㎡的二居室，主要用于房主S先生夫妻和10岁儿子居住。因为工作需要以及老人偶尔来住，除了原有的两个卧室外，在空间布局上，S先生特别希望能有一个相对独立的书房和客房，来满足生活中临时增加的功能需求。但是从原始户型图中可以看到，由于室内面积所限，房主所希望拥有的书房、客房、娱乐室和储藏室，在空间中几乎没有什么地方可以安排。

在不改变原结构的前提下，经过空间合理布局，笔者设计的平面布局图具体如图2所示。

利用客厅公共面积规划出来的多功能室，采用日式榻榻米设计，地台下空间不仅可以储物，还能暗藏一张升降式书桌。折叠门不占空间且开合自如，这样不但满足了娱乐室和书房的需求，老人来时还可兼做独立的卧室，极大地提升了生活的功能性和舒适性。

图2

图1

千鹤家园Y宅平面设计图
（CTM事务所设计）

以上户型的设计思路，是根据房主家中所需功能区域的主次顺序，先把客厅、餐厅、厨房、卧室和卫生间等主要区域安排好后，再运用空间融合的技巧，将没有独立面积的书房/客房/娱乐室/储藏室作为弹性空间来统筹考虑，并想办法在家中的公共区域，利用客厅的宽裕面积规划出一个多功能室。这个可以自由安排的弹性空间，平时既可以当作主人书房，也能供家人娱乐使用；如有访客留宿，拉上折叠门就能变成独立客房；至于储藏室，地台下面就自带强大的收纳功能。由此可见，具有可变性的多功能室，在房主所需区域功能无法得到满足时，可发挥出其灵活的实用性，成为家居空间中全能的替补队员。

设计师运用围透手法，将开放式起居室分成两个功能区域，书房区以地台和木制长椅与客厅区相隔，营造出通透大气且温馨灵动的洗炼空间。

　　除了弹性功能外，在布局中还需要重视空间的分割和联系，说得直白一些，就是空间的"围"、"透"关系。只围而不透的室内空间无疑会让人感到闭塞，只透而不围的空间虽然通透，但可能会使人产生置身于公共场所、缺失家庭环境中围合而温馨的感觉。由此可见，打造居住空间的"领域感"和"私密性"，是室内设计中不可或缺的重要内容。在空间规划中，只有根据房主及家人的生活方式，灵活采用"绝对分隔"、"相对分隔"和"意向分割"等不同的设计方法，才能多方面满足人们在家居空间中对开放与私密的复杂要求。

巧用纱帘完成室内意向分隔

放置博古架与饰品相对分隔

　　需要强调的是，在空间分隔时，一定要根据空间特点及功能要求进行考虑，例如：卧室要求私密性较强，可用承重墙或到顶的轻体墙进行封闭式分隔；玄关可用各种隔断、屏风和较高的家具等进行局部分隔；而多功能室由于功能不同需要灵活启闭，所以采用折叠式或升降式等活动隔断，进行弹性分隔较为妥当。

以墙体和木门进行绝对分隔

　　除功能空间分隔外，室内平面配置中还包括很多细节空间的分配，比如，玄关需要多大面积、客厅的沙发怎么摆、卧室什么地方摆床、冰箱放在哪儿合适、厨房如何布局便于使用等。所有这些如果布局不合理，都会对家居生活的舒适性产生很大的影响。为了更好地说明不同空间的陈设要点，我们将在后面章节中按功能区域进行详细的讲解。

起居空间中的布局要点

住宅是一个空间容器，容纳着人们的日常起居。随着国内物质生活水平的不断提高，很多人对居住空间的布局要求，已从以往的"住得下"和"分得开"，上升到希望结合自己崇尚的生活方式，实现套内规划动线合理、动静分离和功能完善的设计目标。正因为住宅这个容器要容纳很多家庭活动，如起居、睡眠、娱乐、会客、聚餐等，所以作为室内设计师，只有详细了解家庭成员的生活方式，才能根据空间面积、原始结构以及房主们的实质需求，考虑并设计出合理的软装方案。因此在室内设计中，功能区域规划始终是空间布局的出发点，其最终目的就是全面满足空间的使用功能。尽管不同的家庭所要求的布局形式千差万别，但居住空间设计的基本原则，永远都离不开合理舒适。

要想住宅拥有一个舒适的布局，作为设计师，首先要考虑房主及其家人的生活习惯。一般来说，住宅内的起居空间，通常是家庭生活中最为重要的活动场所，除玄关、客厅、餐厅和卧室外，还包括可灵活利用的多功能弹性区域。这些空间由于使用功能不同，所以在进行平面布局时，一定要根据该功能区域的使用特点区别对待，合理地安排室内动线，按面积配置尺寸适合的功能家具，并注意通过细节设计来增加空间的实用性，尽量在一个空间里赋予多种效能。这样才能使这些区域充分发挥其功能作用，满足全家人日常生活的舒适需求。

住宅舒适是因为好的布局。图中的开放式起居空间简约温馨，以矮柜分隔出的餐厨和会客区域动线合理，充分满足了动静分离与功能完善的生活需求。

玄 关

　　玄关是整个住宅中最具有公共性的区域。它不仅承担着"家之门脸"的装饰作用，也是人们进出住宅的必经空间。因此，除了要表现居室风格及主人的审美情趣外，在面积允许的情况下，在使用功能方面，玄关还需考虑规划出更为广泛和重要的用途。

　　一般来说，作为从户外进入室内的第一空间，玄关首先应起到有效分割室内外区域的缓冲作用，避免访客进门后对室内一览无余，保护好主人的私密性。其次，玄关还要兼备一定的储物功能，需放置鞋柜和衣架，以方便主人和访客换鞋、挂外套，并存放雨具和背包。如果面积允许，最好在玄关处设计一个外出用品的收纳空间，将婴儿车、轮椅、鱼具、球拍、轮滑鞋、高尔夫球袋等无需拿进室内的用品，直接存放在玄关以便随用随取。

　　很多家庭都习惯在玄关换鞋后再进入室内，针对这种需求，要考虑在玄关设置收纳量大的鞋柜和换鞋凳，才便于使用。但是其功能规划也不能一概而论，如果都单纯地认为玄关就是进门脱鞋、出门穿鞋的地方，那么这种想法有时就会出错，因为欧美很多住宅都是直接穿鞋入户的，而国内同样也有这种习惯的家庭。所以笔者认为，玄关规划也要从主人的生活方式入手，首先考虑是否以需要换鞋为前提。

充分利用鞋柜内部空间，内外旋转设计的鞋架是玄关收纳不错的选择。（松下电器公司供图）

美观且功能强大的玄关收纳柜，可充分满足进门换鞋、挂外套背包、收纳外出用品等多种功能。

玄关的尺寸

　　玄关作为连接户内外的过渡空间，面积再小也应设计出两人可以并排站立的空间。在此基础上再想办法增加功能，比如需换鞋就加一个鞋柜的位置，需挂外套和储物便考虑出一块放壁柜的地方。倘若空间允许，在客人进出的正门旁边，增加一条通道作为"自用玄关"存放家人物品，不仅能区分居住动线和访客动线，还可以兼顾日常收纳需求，使玄关保持干净整洁。

利用玄关拐角所设计的储物柜及其搭配巧妙的柜门，既满足了展示功能，又开发了储物空间。

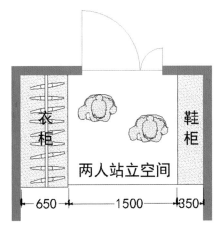

可供两人站立、摆放衣柜和鞋柜的玄关尺寸。

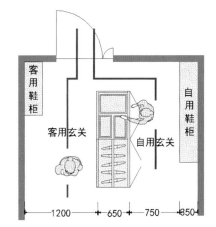

收纳美观兼具，客用与自用双通道玄关尺寸。

结　论：

玄关除了迎接客人外，还要扮演临时仓库的角色，让门口的收纳空间最大限度地满足访客与家人顺手取存随身物品的需要。

客　厅

客厅是全家人团聚、休息、娱乐和接待客人的场所，也是住宅中使用频率最高的空间。尽管由于每个家庭的生活方式不同，其家具的摆放方式与格局规划都会有所区别，但现代都市住宅中的客厅，绝大多数都以电视或壁炉为中心，通过沙发和茶几的摆放来进行整体布局，以便最大限度地满足家庭聚谈、会客接待和视听欣赏这三大基本功能。

以壁炉为中心的现代格调客厅布局，围合的沙发区两侧动线设计合理，可充分满足家中会客聊天的聚谈功能，同时也不影响家庭成员的通行。

客厅的动线

由于客厅是全家人的公用区域，也是家庭成员出入最频繁的地方，所以在布局方面，首先不能让客厅成为通往各个功能区域的大过道，其空间位置既要靠近主动线，又要保持相对独立因此在动线设计上，应尽量避免让客厅成为家中大过道，否则会给日常生活造成许多不便。

其次，在动线设计上，还要注意电视与沙发的摆放位置，尽量避免日常动线穿行客厅的中央。否则，当坐在沙发上看电视的视线频繁受到往来身影的阻碍时，会很容易让人产生烦躁情绪，从而无端引发家庭成员之间的矛盾。因此，客厅内较为理想的布局是：围合的视听聚谈区域要相对独立，日常动线最好安置在沙发的后面。

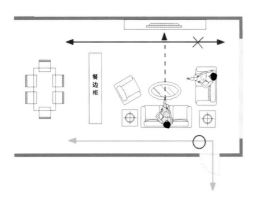

客厅沙发区动线设计示意图

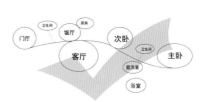

较为理想的客厅动线

需要避免的动线设计

客厅的沙发

沙发是客厅中的主角,可以说沙发规格与摆放方式,对客厅的布局起着决定性的作用。尽管沙发的大小要按照厅内主墙的长度来搭配,但除了长度和进深外,其扶手的大小以及靠背的高度,对空间格局也有重要的影响,如果选择不当,同样会出现比例失调的情况。一般来说,沙发的摆放方式,应根据客厅的使用功能、面积大小以及空间形状来考虑,只有因"室"制宜,才能最大程度地展现沙发的美感,打造出合理舒适的起居空间。

客厅中L形直角摆放的现代布艺沙发,呈现出规整舒适的空间布局。

客厅沙发常见摆法

一字形

沙发沿墙呈一字摆开,前面放置茶几和电视,可根据客厅主墙长度,灵活选择长沙发的规格,或添置1~2个单人沙发。这种摆法比较节省空间,可增加活动范围,适合狭长型或面积较小的客厅。

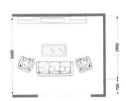

一字形摆法

对面形

这种摆法虽不大常见,但适用于不以电视为中心的家庭,一般由三人沙发和单人沙发组成。该摆法位置感强,只需变化沙发大小即可适应客厅面积,并能兼顾到壁炉或窗外风景,适合以聊天为主的空间布置。

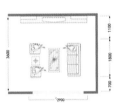

对面形摆法

L 形

常用三人沙发加单人或双人沙发进行组合,三人沙发与电视柜相对,其他沙发呈直角摆在一侧,这是中等户型较为普遍的客厅陈设方式。该摆法搭配简单,可同时容纳五人交流,观看电视和聊天都比较方便。

L形直角摆法

转角形

将沙发沿墙转角摆放,通常由四人转角坐加2个单人或1个双人坐,组成一个外敞式交流区域。这种围合式摆法,功能性强、舒适度高,不但可以充分利用空间,还能根据需要变换布局,适合人口或访客较多的家庭。

转角形摆法

客厅的电视

大多数家庭的客厅内除了沙发等家具外，恐怕最重要的陈设物品就是电视了。据有关机构对家庭中每日行为发生率的调查显示，人们在家看电视的发生率高达90%以上，仅排在睡觉和吃饭之后，即居家生活有多半时间都是在看电视。由此可见电视在日常生活中所占的分量了。

从十几年前开始，随着色调沉重且体积庞大的显像管电视被薄型电视逐渐取替，宽银幕薄型电视几乎瞬间就抛弃了份量感和大体积的束缚，华丽变身成为家居空间可自由搭配的一种家具，摆放位置从"能够放在哪里"转变为"想放在哪里"，为软装设计提供了巨大的拓展空间。从此，我们可以随意地根据陈设需要，将电视这个必备的家用电器安排在家中的任何地方，或挂在墙上或藏在柜子里，甚至可以将它视为一种家具或饰品，彻底融入家居空间的设计创意之中，成为家人视听和享受天伦的温暖光源。

与家居装饰风格巧妙协调的电视柜。隐藏式的柜门设计，既方便家人观看电视，又不影响家具的整体美观。

选择一台屏幕尺寸适合的电视，同样也是客厅软装设计的内容之一。

电视荧幕与视听距离

众所周知，电视的屏幕越大，所需的观看距离就越长，否则容易造成眼部疲劳，长此以往会严重影响视力健康。但是，随着等离子和液晶成本的大幅降低，大荧屏超薄彩电已悄然成为家庭的首选，几乎所有人都希望在客厅摆台大电视。那么，在不损伤视力的情况下，究竟多大尺寸的电视机最为适合客厅呢？

其实，无论摆放何种显像技术的电视，其观看距离都应以适合眼睛的生理要求为原则，这样才能使人看起来既清楚又舒服。科学研究表明：传统的显像管电视的合理观看距离，一般来说是荧幕高度的5倍；高亮度等离子和液晶彩电的最佳观看距离，为荧屏对角线长度的2.5~3倍。根据这个标准，也就不难推算出自家客厅最适合的电视尺寸了。

荧屏尺寸与观看距离

32英寸液晶电视——最佳观看距离约2.1m；
46英寸液晶电视——最佳观看距离约3.5m；
60英寸液晶电视——最佳观看距离约4.7m。

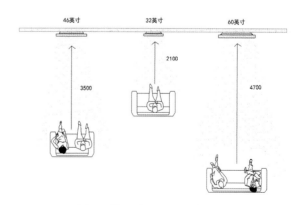

电视屏幕尺寸与观看距离示意图

客厅的茶几

现代家居中，茶几通常摆在客厅沙发前的位置，主要用于放置茶具、酒杯、水果、零食、烟灰缸等物品，以方便家庭成员聊天和看电视随用取食，因此具备一定的功能性。但由于大部分茶几皆为长方形造型，且多以实木、玻璃或大理石等台面组成，边角比较坚硬，所以家里如在客厅中间放置茶几，最好在茶几下面铺块地毯，避免老人或小孩因地面湿滑意外摔倒磕伤。

边几或角几也是沙发两侧较为常见的搭配。与放在正面的茶几相比，边几比较小巧灵活，一般不怎么占地方，可轻松搞定角落的收纳，为空间增添更多的趣味和变化。根据用途，边几尺寸可自由选择，如果用作搁放茶杯或书刊等小物，长宽尺寸50cm左右即可，如果希望摆放灯具及饰品，那么最好选购70cm左右的比较合适。

另外，如果客厅面积不是很大，在进行软装设计时，可以考虑沙发前不摆放茶几，取而代之选用边几或可移动小桌来满足个人的临时置物要求。这样不但可以一劳永逸地解决"杂物茶几"的问题，还能在电视机和沙发之间腾出很大空间，满足家人多种活动的需求。

多功能茶几在客厅中有时会很实用。图中的茶几，除了能收纳杂物外，还可以将桌面升高当作临时书桌，方便在家工作或上网娱乐。

可移动的小边几既不占空间，又能满足茶几收纳和放东西的功能，是小空间不错的选择。

要想避免客厅的茶几上堆满杂物，先见之明是选择具有收纳功能的茶几。

结 论：

现实家居生活中，电视机前往往需要较大的活动空间，小客厅的沙发前不放茶几，既有助于动线通畅，又利于保持台面整洁。

别让茶几成为杂物柜

虽说客厅的茶几没有收纳功能，但现实生活中，人们经常随手将很多小物件放在茶几上，使沙发前的几面上堆满杂物，看上去显得十分零乱。一般来说，责令家庭全员去改变某种习惯是件很难的事，因此，要想把茶几从"堆放杂物"的角色中解放出来，比较有效的办法是，要么在沙发附近摆放一个收纳用的矮柜，要么定制一张带抽屉的茶几，这样可以比较方便地将各种小物件及时收纳起来，保持客厅的整洁性。

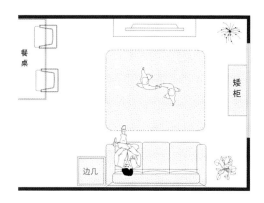

狭长客厅中，有时不摆茶几也不错，这样不但显得空间宽敞，还便于家人在电视机前活动。

摆放在沙发前面的圆形玻璃台面茶几，既节省了占地面积，十分便于家人落座和出入，又为客厅营造出通透的视觉空间。

餐　厅

现代家居中的开放式餐厅，除了具有通透的视觉效果外，还担负着日常用餐以外的多种功能，因此在布局上绝非是一个独立的区域，需预留出充分的活动空间。

　　餐厅是家人和访客聚在一起用餐和聊天的地方。在软装陈设方面，除了要考虑餐桌、餐椅以及柜橱的位置外，还要兼顾上菜与餐后清理的动线。通常情况下，为了上菜方便，餐厅一般都设在紧邻厨房的地方。在现代住宅中，餐厅与客厅连成一体的格局也比较常见，所以餐厅并非是一个独立的空间，其布局不仅关系到厨房，有时还与客厅有着密切的关系。

　　随着家居生活的需求变化，现在很多家庭都希望将餐厅设计成一个多功能的空间，除了家庭成员日常用餐外，还可以兼顾工作学习、娱乐以及朋友聚会等。总之，家中餐厅的界限已变得越来越模糊，其功能性早已不再局限于单纯吃饭。因此，在空间布局上，一定要兼顾到这种多功能的需求。

　　可以说，桌子是餐厅中特别重要的家具之一。在软装陈设方面，除了餐桌的材质、颜色、样式等问题需要考虑外，对于空间布局影响最大的要素，就是它的形状和尺寸了。由于摆放餐桌所需的室内面积通常比想象中大得多，所以只有充分了解用餐空间的尺寸，才能设计出方便家人和朋友聚餐的活动空间。

漂亮而大气的餐桌，无疑可以体现餐厅的高雅格调，但除了材质和样式外，规格尺寸也十分重要。

用餐空间尺寸

一般来说，聚集在餐厅中，人家不会只是坐在椅子上静等吃饭，餐前餐后一定会因某些需要来回走动。虽说一个人坐着用餐只需600mm×800mm的空间，但是如果忽略了"人在动"的因素，在餐桌周边没有预留出图中所示的常规活动空间，肯定会产生诸多不便。

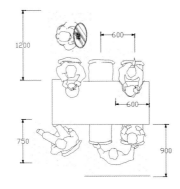

家中饭厅不是一个静止的地方，一个人的用餐空间尽管不大，但餐桌周边会有人因为某些事情而走动。注意图中标记的尺寸，只有预留出充分的活动空间，才能确保餐厅布局的舒适度。

餐厨一体布局

现代住宅中，许多厨房已不再是单一功能的空间。餐厅与厨房的融合，不仅能节省空间，减轻压抑感，还可因格局的改变，自然地将烹饪和用餐连成一体，使厨房在不经意间成为增加生活情调的地方。这种开放式布局方式，尽管能有效提高空间的使用率，但由于动线较短，设计师只有准确掌握相关尺度，才能规划合理的一体空间，确保餐厅和厨房的功能性和舒适性。

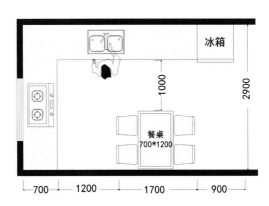

科学地规划室内动线，是决定餐厨一体空间布局是否合理的关键。

LDK（客/餐/厨）一体化

客厅/餐厅/厨房相连，可以说是目前家居中最流行的布局方式。这种全开放式设计，不仅可以增强室内空间的通透感，还能较好地协调客厅与餐厅的装饰风格，使家居整体陈设看起来更大气。针对一体化厨/餐/客空间进行软装陈设时，不仅需要运用色彩和材质等技巧，划分出客厅与餐厅区域，使空间布局在视觉和氛围上融为一体，还应该了解家具摆放的相关尺寸，这样才有可能在面积较小的居室内，打造出紧凑而舒适的LDK空间。

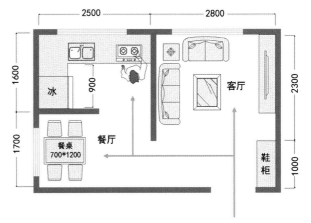

紧凑而舒适的LDK空间布局示意
（CTM事务所设计）

> **结 论：**
> 经常就餐人数决定餐桌的大小。餐厅布局时，首先要考虑在餐桌的四周预留出足够的活动空间，方便大家出入。

卧　室

　　无论是主卧、次卧还是儿童房或老人房，只要是需要摆放床的房间，都统称为"卧室"。顾名思义，卧室就是供人休息和睡眠的地方。除了所处位置要有私密性外，室内的空间布局以及家具的摆放方式，都对睡眠质量有着重要的影响。

　　卧室按功能可划分为睡眠区、梳妆区、阅读区、衣物储藏区等几部分。睡眠区主要由床具、床头柜和台灯组成。由于床的宽度有不同规格，因此在陈设前，一定要根据室内面积进行仔细规划，尽量避免尺寸上出现问题。另外，在进行床体摆放时，除了要考虑门窗位置和床头朝向等要素外，床在卧室内的位置，以及与墙壁之间应该空出多少距离，都会直接关系到卧室的舒适度。比如，床头不宜正对门口、双人床两侧要预留出上下床的通道等。

　　除了睡眠用床之外，梳妆台和衣柜同样也是卧室内必不可少的家具，倘若主人睡前还有工作和学习的习惯，那么可以在角落里摆放一张小书桌。另外，如果面积允许，夫妻两人的主卧内，摆张双人沙发或两把舒适的椅子，十分有助于双方交流聊天，享受二人世界的浪漫时光。

卧室中如何摆床？这个似乎很简单的问题，实际上也内藏着不少学问。

尽管卧室面积不是很大，但设计师还是在大双人床周围规划了合理通道，并在一侧床头摆放蛋形椅和小圆几，营造出一个舒适而安静的阅读空间。（CTM空间设计事务所作品）

利用飘窗设计的坐榻，是卧室中浪漫的角落，既可用来一人读书，也方便两人闲暇聊天。

　　床是卧室内用于休息和睡眠的重要家具，因此从生活的实际经验出发，正确选择床体在房间内的摆放位置，不仅有助于保护卧室的私密性，更有利于提高睡眠质量和身体健康。且不谈风水禁忌，从现代科学的角度来讲，在床的摆放方面，以下五点需要特别注意。

（1）首先，床头不宜摆在窗下。因为床头在窗下，人在睡眠时会因天气变化产生不安全感，且稍有不慎就会感冒。

（2）通常头南脚北是摆床的最佳方位。因为地球的磁场是南北走向，人在睡觉时若与磁场方向一致，非常有利于睡眠。

（3）尽量不要让床头对着卧室门。否则既影响睡眠又不雅观，门开后会让人一览无遗，使卧室毫无私密性可言。

（4）避免房顶横梁悬对床头。横梁压床会造成压抑感，有损人的身心健康。另外，卧床正上方不可悬挂吊灯，不但压顶且不安全。

（5）床头不宜正对梳妆镜。因为夜间起夜或朦胧醒来时，在光线较暗的地方，看到镜中的自己或他人，容易受到惊吓。

床的摆法及所需尺寸

　　床虽然是家具的一种，但有时并不能完全依照个人的喜好，把它随意摆在卧室的某个位置。这一方面是由于它的体积较大，在狭小的卧室里难以灵活安排。另一方面则是因为它的摆放，必须考虑床头与门窗位置，以及通道、插座、柜门开合方向等多种因素。因此，无论是单人床还是双人床，都应该根据居室面积和所需尺寸，在摆放时预留出最基本的活动空间。

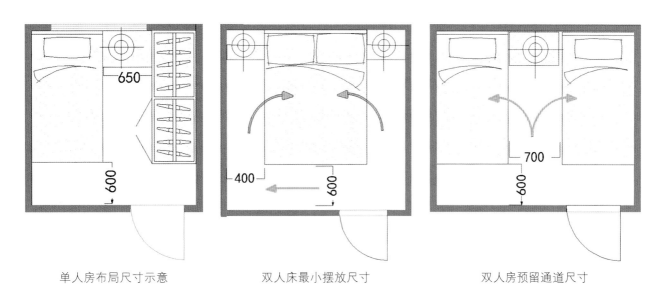

单人房布局尺寸示意　　　　　　双人床最小摆放尺寸　　　　　　双人房预留通道尺寸

注意房门及柜门的影响

　　通常在面积不大的卧室内，除了摆放占地儿的床体外，还需配置床头柜、梳妆台以及储藏衣物的橱柜。因此，在安排床的位置时，要特别注意预留出开关房门和柜门的空间，保证上下床通道以及室内动线的畅通，避免出现顾此失彼的布局误区。

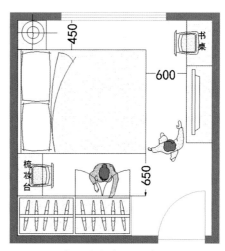

夫妻卧室布局尺寸图

结　论：

进行卧室陈设时，不仅需要考虑床的大小和摆放位置，还要在双人床的两侧留出通道，保证整理床铺和打开柜门的空间。

弹性空间

所谓弹性空间，简单地说就是在居室内利用多功能家具、可移动隔断或各种软装陈设来分隔室内区域，使之具有启闭自如、可根据需要灵活变换功能的特点，满足多种生活功能。

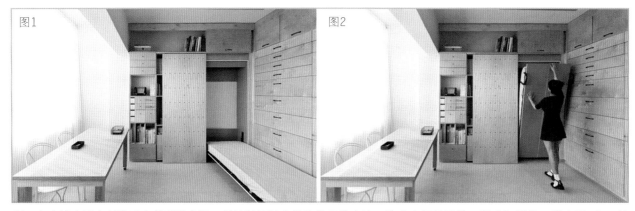

利用多功能家具来创造居室的弹性空间，是软装设计中较为常用的办法。隐藏在柜体里的下翻式门板拉开后（图1），就变成一张舒适的单人床（图2），为书房巧妙地增添了卧室功能。

传统的室内装修，设计师往往都会按照户型结构进行规划，虽然表面上可以暂时满足房主的功能需求，但分割出的空间基本处于凝固的状态，无法根据房主的需求变化而自由变换和组合。事实上，随着时间的推移，很多家庭对空间功能的需求都会发生变化。因此，为了兼顾房主现在与未来的生活模式，使室内设计更具有人性化，笔者以为，在室内面积允许的情况下，打破原有格局，利用软装陈设创造多功能弹性空间，在空间规划中具有十分重要的意义。

弹性空间的设计，其结构首先要以可移动或可开合的形态为前提。在形式上尽可能避开空间构建中的实墙，巧妙利用隔断、推拉门、多功能家具等来分割区域，使空间的界限随使用功能的变化可时隐时现。如此不但会提高空间使用率，还会对美化居室起到意想不到的装饰效果，最大程度地满足人们生活中丰富变化的功能需求。

房间榻榻米地台中设计了一张可升降的方桌，不但便于喝茶聊天与工作学习，需要时还能自如地变身成平坦的活动和休息空间。

图中的房间运用推拉门和隔断矮柜，巧妙地将客厅一分为二，书房既独立也能与客厅融为一体，访客人多时，中间的矮柜还可以当作长椅使用。

一般来说，客厅是住宅中"包容性"最大的空间，由于具有强大的"集散"作用，所承载的功能可根据实际需要放大许多，且各功能区之间无需明显的界线，是创造家居弹性空间较为适宜的区域。

如图所示，近年来流行于日韩及国内的"客厅衣帽间"，就是典型的客厅式弹性空间。这种"小房宽用"的设计思路，不但可以有效地解决访客外套及箱包的收纳问题，就连平时家庭成员随手放在客厅的小物品，也能得到妥善保管；甚至可以利用角落放置一张小书桌，作为偶尔做做家务或上上网的场所。这种布局，虽然表面上看客厅的面积有所减小，但无形之中会让客厅增加不少弹性功能，有效消除物品长期散乱的现象，使整洁的客厅真正成为家中放松的地方。

除此之外，住宅中的其他公共区域，也能根据不同需要规划出有创意的弹性空间，无论是厨房内的家务室还是盥洗室的更衣间。总之，设计弹性空间并没有什么规律可循，只要开动脑筋仔细琢磨，就能因地制宜地设计出多功能空间，满足家居生活的种种需求。

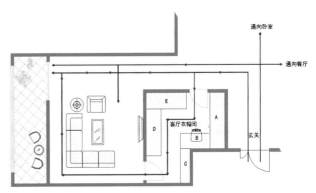

集临时收纳/更衣/家务于一体的多功能客厅衣帽间。（CTM事务所设计）

结　论：

设计居室的多功能弹性空间，一定要考虑与整体空间的融合度，既能灵活使用，又不要破坏室内装饰风格。

生活习惯与厨卫之布局

之所以将厨房和卫生间单独归纳到一个章节中进行介绍，是因为这两个区域不仅与家庭生活密切相关，还是住宅设计中最容易被忽视的地方。很多人都认为，厨卫空间只要贴上好看的瓷砖，配上高档的橱柜和卫浴产品，就足以满足生活所需。然而，事实并非如此。实际生活经验证明，厨卫的功能完善与否，其实与设备外观样式关系不大；只有符合使用者生活习惯的合理布局，才能最大程度地保证并有效提升住宅的舒适度。

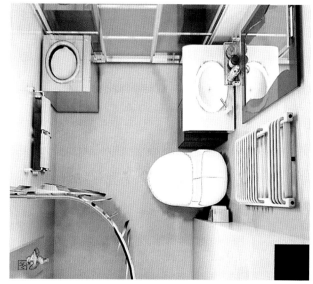

厨房（图1）和卫生间（图2）是家居中使用频率最高的场所，布局是否科学与合理，将直接关系到日常生活的舒适度，是住宅室内设计的关键所在。

厨　房

在以往的住宅中，厨房通常被设计成一个独立的空间。随着现代生活模式的转变，厨房与餐厅的距离越来越近，进而有演变成餐厅和厨房合为一体的空间趋势。但不管怎么安排，厨房的布局设计，只有注重体现"做"与"吃"的关系，才能将其功效性打造出来。比如，超市买回来的食材如何就近放入冰箱？琳琅满目的调味品放在哪儿使用顺手？做好的饭菜怎么出锅后就能端上餐桌？……总之，要想得心应手地在厨房里为家人准备饭菜，一定要优先考虑其功能性。

厨房的布局规划，重在表现"做"与"吃"的关系。只有根据房主全家的生活习惯全面考虑，设计出最合理的动线，方能打造出功能强大且舒适的空间。

厨房布局有什么玄机?

现代家庭中，厨房的设备越来越多，林林种种的小家电虽然可以减轻不少的工作量，但如果按使用频率高低来排列，最具代表性的大概应该是冰箱、灶台、水槽和砧板（又称流理台），这四大物件可以说是家家必备、缺一不可。

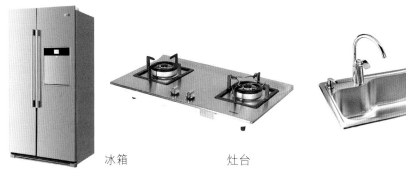
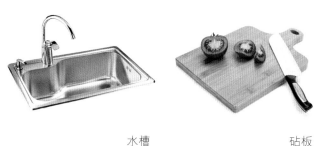

冰箱　　　　　　灶台　　　　　　　　　　　水槽　　　　　　砧板

既然这四大件是厨房中不可或缺的设备，下面我们就来研究一下，怎样才能正确地安排它们的位置？以一字排列方式为例，无论从左向右还是从右向左，四件东西经过排列组合，可以产生很多种摆放方式。虽然每种排列似乎都有道理，但如果你是经常下厨的家庭主妇，相信你的选择一定是这样（如图所示）。

厨房设备布局示意图

为什么会是这样？其实原因很简单。选择这样布局的根本原因，在于厨房内最顺手的烹饪流程应该是：

①冰箱中取出食材；　②在水槽里清洗；　③在流理台上处理；　④放在灶具上烹饪。

厨房的主要功能是烹饪，所以最科学的布局，就是按照做菜的顺序来摆放设备。由此可见，操作流程在厨房布局中的重要性，要远远高于其他理由。如果在没有弄清烹调顺序的情况下就去设计厨房，一定会给使用者造成诸多不便。

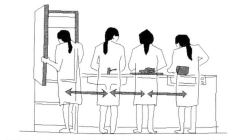

厨房里的四大件，应该按照烹饪的流程来安排才最为合理。

综上所述，了解房主的生活习惯及日常做菜流程后，在进行布局设计时，不管哪种结构的厨房，只要本着依照操作顺序来安排设备，力求减少使用者的周折往返，尽量避开操作上的相互拥挤，都可以体现以人为本的设计思路，将厨房布局得既合理又实用。

下面就来具体看一下三种不同规格的厨房，按照烹饪操作流程应该如何进行布局。

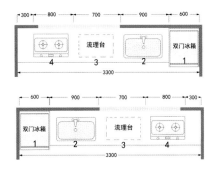

一字形厨房布局及尺寸图（CTM事务所设计）

一字形厨房：适合较小的厨房，因设备都在同一直线上，可减少烹饪距离，操作方便、节省空间。

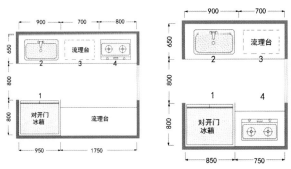

对面形厨房布局及尺寸图（CTM事务所设计）

对面形厨房：因两侧都有空间，利于侧重功能分区，方便安排设备和储存物品，使用效率较高。

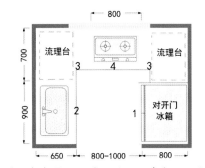

U形厨房布局及尺寸图（CTM事务所设计）

U形厨房：面积大，橱柜配备齐全，布局相对灵活多变，便于合理安排操作流程，可容纳多人下厨。

简化动线是轻松烹饪的关键

由于厨房内设备和物品较多，如果不能按照烹饪流程合理规划，势必造成使用者在众多设备之间来回奔波，既没效率又易疲惫。因此，在对厨房进行布局时，如何摆放常用设备和安排活动线路，使厨房动线变得最短，是提高厨房工作效率、轻松烹饪乐享生活的关键。

按日常烹饪流程，一般下厨做饭的顺序是：先从冰箱里取出食物，经过水槽清洗、砧板加工，灶台烹调，出锅装盘后端上餐桌。所有这些动作能否连贯进行，主要取决于厨房内的设备布局，以及动线设计是否流畅。由于厨房内的烹饪活动相对集中，因此面积较小的厨房，通常只要按照上述流程来布置"四大件"，基本可以满足省时省力的布局要求。

在现代住宅中，有些面积偏大的厨房，由于忽略了"三角动线"的设计，没有将冰箱、水槽和灶台之间的距离控制在合理的范围内，无形中给烹饪者增加很多徒劳的行距，造成烹饪者移动距离越长、动线越繁复的现象。为了避免出现这种情况，要求设计师在进行空间布局时，一定要根据厨房结构，按照流水作业的顺序，尽量缩短冰箱、水槽和灶台三点间的距离，设计出提高效率的简化动线。这样才能保证使用者既操作顺手又移动顺畅，同时还能避免在操作时受到家人进出的干扰。

另外，为了有效减少烹饪时往返三点之间的次数，避免在烹调时出现手忙脚乱、经常做无用功的状况，笔者建议：最好以水槽为中心摆放冰箱和砧板用具，灶台两侧留出足够空间，利用吊架放置酱油、醋、精盐等常用调味品，旁边吊柜和灶台底柜中存放锅碗瓢盆等炊具，以便随用随取，实现近距离内就能完成清洗、加工和烹饪一气呵成的操作，享受轻松自如的下厨乐趣。

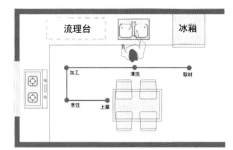

烹饪流程及餐厨动线图（CTM设计作品）

厨房布局除科学规划动线外，合理摆放炊具也十分重要，尤其是灶台两边的墙面，应利用吊架放置好常用调料，保证烹饪时随用随取。

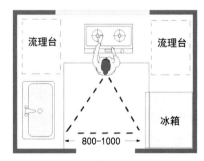

轻松下厨的三角动线图（CTM设计作品）

> **结 论：**
> 厨房是做饭的场所，厨房布局的要点，首先要搞清烹饪的顺序，否则使用起来一定会有诸多不便。

现代家居中，厨房与餐厅的界限变得越来越模糊，因此合理规划餐厨一体布局显得十分重要。

餐厨合一空间的布局要点

家庭生活中，厨房和餐厅本来就存在天然的密切关系，近几年来，受欧美生活方式的影响，国内以往相对独立的厨房格局开始有所改变。在现代住宅中，由于厨房电器以及半成品食材的迅速发展，使家庭的烹饪工作变得简单起来，而负责烹饪的人也不再局限于家庭主妇，很多家庭全部成员聚在一起吃饭的习惯逐渐淡化。所以，厨房和餐厅的界限变得模糊起来，家居中出现越来越多的餐厨一体化的开放格局。

在餐厨合一的空间里，冰箱的位置显得十分重要，因为它既不能离烹饪区太远，又要便于家人自由拿放东西，而且这两条动线最好不要出现交叉，否则很容易相互干扰。因此，较为适宜的设计是：在开放式厨房左右两侧都规划出通道，这样既便于调动家庭成员参与厨房家务，又能科学地规划餐厨动线，使空间布局充满人性化魅力。

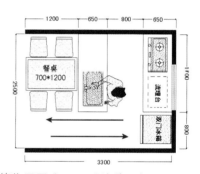

单通道冰箱位置图（CTM设计作品）

说明：考虑到他人会时常进入厨房拿取食物，因此将冰箱设计在对门的位置，如此厨房里外使用冰箱都会相对方便。

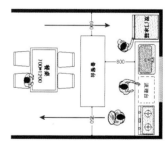

双通道冰箱位置图（CTM设计作品）

说明：如果条件允许，不妨在两侧各开一个通道，这样餐厨动线会变得更加合理，不但便于家庭成员参与备餐，还能互不干扰地使用冰箱。

结　论：

设计餐厨一体化空间时，应首先考虑好冰箱的位置，并尽量规划出方便烹调人与家庭成员出入厨房的双侧通道。

与厨房投缘的家务室（Utility）

看到标题可能有人会问，厨房是储藏食物和准备三餐的地方，而家务室是用于洗衣烘干、熨烫衣物、整理家务、缝纫手工及收纳清扫用具的多功能空间，二者好像没有什么内在的联系。然而，对于经常操持家务的主妇而言，如果住宅中有这样一个专用空间，会倍感轻松和方便。

在国内的商品房中，目前还鲜有家务室的设计，但欧美和日韩等国的住宅中，"家务室"或"洗衣房"早已成为比较常见的设置。事实证明，家务室（Utility）这个多功能空间，不仅能彻底改变洗衣机长期寄宿在卫生间的种种不便，还可以将每天都需要操作的洗衣、烘干、熨烫、缝纫等多种家务劳动，放在一个相对独立的空间进行。这样既不会对室内其他功能区域产生干扰，利于保持家庭环境的整洁有序，也能兼容多种收纳，存放一些经常使用且不宜放在公共区域的物品。

除了以上功能外，家务室的最大用途，就是可以为那些勤劳而忙碌的家庭主妇能随时放下手头"未做完的事"提供一处强有力的场所支持。这是一个定位于能"随做随停"且不急于清理的私密空间，主妇们有事就可离开，不必担心有待整理的凌乱家务被外人看到。现代住宅中，由于厨房已无形中成为主妇活动最频繁的区域，各种与家务有关的物品，通常也会自然地集中到这里，因此，把家务室设置在厨房周边，无论从缩短动线还是使用方面来说，都是最为合适的选择。

家务室并不需要多大空间，一般来说，只要能摆下洗衣机与熨衣台即可。当然，如果面积允许，再设置一个小件洗衣池和家务桌更好，这样除了日常整理衣物，还可以抽空坐下来做做手工，或记记帐什么的。总之，设计这个功能强大的小空间，除了位置应尽量选在厨房的旁边外，还要注意考虑设置遮蔽隔断，这样才不会让人看到里面凌乱的景象。

集洗衣/熨烫/整理等功能于一体、提升生活品质必需的家务空间，会让妈妈们倍感轻松和方便。

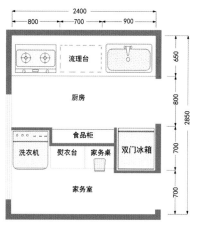

山水文园M宅中厨房和家务室布局图（CTM设计作品）

说明：利用冰箱厚度设计的凹凸隔断墙，巧妙地分隔出厨房与家务室两个空间，洗衣机和冰箱之间的厨房食品柜，以及家务室内的熨衣台和家务桌，既能充分满足不同空间的功能需求，又没多占室内面积。这种位置相邻的设计，会极大地方便主妇（或保姆）工作，轻松兼顾洗衣和做饭这两大项家务。

结 论：

设计家务室时，除了考虑位置合适外，还应在四周设置隔断，既不能过于封闭，又要有遮挡作用，这样即便里面很凌乱，室内空间依旧整洁有序。

卫　浴

　　"卫浴"其实是个界限比较模糊的空间概念，如按使用功能细分，应该是厕所和浴室的统称。这块与用水密切相关的区域，是住宅中最为隐秘的地方，承担着家庭成员日常如厕、盥洗、入浴、衣物洗涤等重要功能。该区域不仅使用频率高，而且与家人健康息息相关。因此，这块空间布局是否科学，会直接影响家居生活的舒适度，决定全家人的生活质量。

卫浴空间布局，除了干湿分区外，能否发现和解决更重要的问题，将直接关系到生活品质与舒适度。

　　作为解决个人卫生需求的功能场所，卫浴空间除了必须配置马桶、盥洗盆和淋浴设备外，有时还需要考虑洗衣机和浴缸的位置。在这个面积较为有限的空间里，如何合理地安排这些卫浴设备，并使它们能各尽其职地为全家人提供舒适的服务，可以说，一直以来都是空间规划的一个难点，设计起来还真有些棘手。

　　一般来说，乍看上去感觉比较复杂的事，如果把它们分解开来，或许就能各个击破，找到最终解决问题的有效方法。

　　下面笔者根据卫浴空间的不同功能，将它们分成如厕区（马桶）、盥洗区（洗面池）、浴室区（淋浴+浴缸）、洗涤区（洗衣机）和更衣区（衣服挂钩）五大功能区，通过逐一解析它们的空间特点，力求找出空间布局中的技巧，供大家在设计中参考。

如厕区　　　　　　　盥洗区　　　　　　　入浴区　　　　　　　更衣区　　　　　　　洗涤区

如厕区

俗话说"人有三急，内急为首"，作为解决日常生理排泄的地方，厕所在卫浴空间的重要性理应排在队首。根据标准马桶的尺寸来计算，较为适宜的如厕空间尺寸通常为：宽800mm，长1500mm。如果除了放置马桶外，该空间还有多余面积，可以考虑适当增加些书架、收纳柜、小洗手池、吊柜等，这样既方便使用又利于存放不常用的杂物。

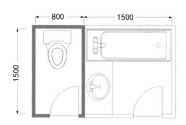

盥浴连体的厕所布局尺寸图

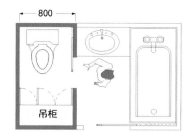

单独开门的厕所布局尺寸图

由于厕所内面积窄小，如果房门向内开，既不方便入厕又易发生事故，因此原则上应设计成向外开门或采用推拉门。另外，鉴于家庭成员存在随时可能需要解决内急的问题，故笔者强烈建议：在规划卫浴布局时，应尽量考虑将厕所设计成一个独立空间，避免与其他功能并用。如此，可极大提高家居生活的便利性和舒适度。

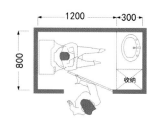

说明：如厕区除了马桶外，还可利用空间装个小洗手池和收纳柜。另外，厕所的门不要设计成向里开，因为万一有人身体不适需要求助时，内开门会成为障碍。

最常见的三合一式卫生间，如果使用人员少尚可以应付，人一多肯定会产生种种不便。

利用马桶周边的空间增添些储物功能，会十分好用和方便。

盥洗区

　　盥洗区是家庭成员使用频率较高的区域，主要满足日常洗漱和化妆的功能。它的空间界线相对模糊，依照不同的平面规划，既可以独立存在，也可以兼做浴室的入口与更衣间。倘若面积允许，洗衣机放置其中也较为适宜。需要注意的是，如果将盥洗、如厕或入浴等不同功能区布局在同一个空间里，那么两人以上使用时，一定会产生诸多不便。

　　另外，虽说洗面池的种类丰富，长宽尺寸也有不同规格，甚至可以根据空间大小量身定做，但为了便于使用，除柜体本身宽度外，需要预留给人的活动空间，应以不小于800mm为宜。

家中盥洗区的使用频度较高，除了安装两个洗手池外，最重要的还要考虑它在卫浴空间的位置。

选择盥洗区的洗面柜，最好具备一定的储物功能，这样便于收纳卫浴空间的各种用品。

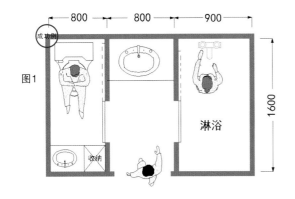

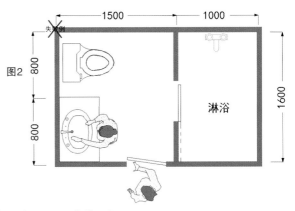

相同空间盥洗区布局对比示意图（CTM设计作品）

说明：（图1）开放式盥洗区布局，左右两侧分别为独立的如厕区和入浴区，三人同时使用也不会相互影响。
　　　（图2）马桶、盥洗台和浴室集中在同一个空间内，因此只要有人在里面，其他人就无法自由地使用。

入浴区

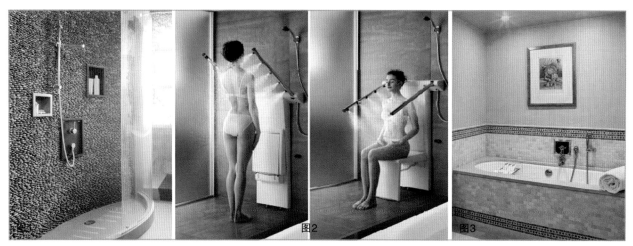

图1 图2 图3

现代家居中的入浴区，或是图1花洒淋浴，或是图3泡澡浴缸，当然也有淋浴和浴缸组合的。无论哪种，都需要在布局时预留出充分的空间，这样才能保证舒适沐浴。图2为新产品座式淋浴器（松下公司供图），既可以站着快速淋浴，也能坐着沐浴全身，节省空间且适用人群较广。

由于每个家庭对浴室的使用要求不同，所以布局方法也大相径庭。如果只需单纯淋浴，那么要保证身体可以自由转动，其空间尺寸应不小于900mm×900mm；倘若需要安装浴缸，较为常见的浴缸尺寸为1500mm×600mm。鉴于洗澡的功能不仅是清洗身体，还有促进血液循环、放松身心的作用，因此在面积允许的条件下，除淋浴设备外加装一个浴缸，让家人有个悠然地泡澡的空间，是浴室功能的最高体现。

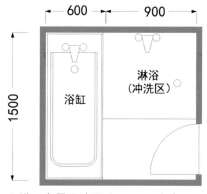

入浴区布局尺寸图（CTM设计作品）

与其他国家相比，日本住宅比较特别的地方就是浴室，即便空间再小，他们也会想办法在浴室加装一个浴缸，并在旁边预留一块冲洗区。由于浴缸里的热水需要与家人共享，所以他们习惯在浴缸外先冲洗身体后，再躺到浴缸里享受热水温暖全身的感觉，以达到消除一天疲劳、放松休息的入浴目的。

说明：日本人在浴缸中只是泡澡。因此，浴缸外会有一块冲洗区来清洗身体，因为缸中的热水是要全家人共享的。

具有代表性的日本家庭整体浴室，科技含量较高，不但水温可自动控制，顶部也是集冷热空调、换气和干燥等功能于一体的设备。

洗衣机安放在专门的家务室，是最理想的选择，这样就可以轻松地完成洗衣、熨烫和整理衣物等系列家务了。

洗涤区

　　规划用水空间时，常常让设计师感到头疼的设备就是洗衣机了。虽然在家庭生活中，洗衣机有着不可或缺的作用，但在窄小的卫浴空间中，往往感觉这个大家伙放在哪儿都不太合适。当然，如果室内面积够用，可以规划出一个家务室，那么对于洗衣机而言，简直就是"嫁入豪门"了。

　　通常住宅内较为常见的布局，就是将洗衣机安排在盥洗区或更衣区，因为相对其他区域而言，这两个地方用于洗涤衣物还算合适。倘若这里也没有洗衣机容身之处，那么只能想办法在厨房、走廊或阳台上找个地方来安置洗衣机了。

无分区卫生间洗衣机摆放图（CTM设计作品）

说明：假如条件所限，卫生间内无法分区，只能根据实际情况来安排洗衣机了。但还是要想办法干湿分开，尽量将洗衣机安排在不占空间的角落。

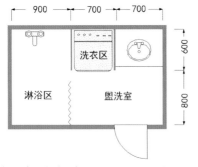

盥洗区洗衣机摆放图（CTM设计作品）

说明：如果没有家务室，但能将洗衣机安排在盥洗区，也是个不错的选择，这样就可以把入浴后换下来的衣服直接投到洗衣机里了。

安身在走廊收纳区的洗衣机，同样也能大显身手。（CTM空间设计事务所作品）

更衣区

实际上，更衣区在卫浴空间内是个较为奢侈的功能区域，虽然它是入浴前和出浴后必需的过渡空间，但一般住宅内很少能划出独立的地方供其专用。倘若条件允许，在浴室外间规划出一个可以四肢伸展的单独空间，内设穿衣凳及放置内衣和浴巾的储物柜，那么便能全面满足家人入浴前后的更衣需求，大大提升家居生活的舒适度。

如果卫浴空间的面积不足，更衣区可以考虑与相邻的盥洗区或洗涤区合并设计，因为出入浴换衣毕竟不需要很长时间，最简单的办法只需在墙上安装几个浴巾和衣物挂钩，并在门口加装一块布帘，就能满足家庭成员入浴前后的更衣需求。

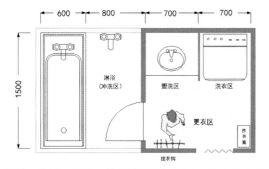

盥洗+洗涤+更衣一体化布局图（CTM设计作品）

利用盥洗区打造更衣空间其实并不难，只需在墙面上安装几个挂衣钩即可简单解决。

换下来的衣物直接投入洗衣机中，如有把椅子可能更方便些，毕竟洗完澡有时会有点儿小累。

理想中的卫浴空间布局

如果卫浴空间面积够大，可以满足上述的所有功能，那么就能组合出如图一样的用水空间格局。这样一来，入浴、更衣、盥洗、家务洗涤、如厕等功能就可以同时进行，为家庭成员提供十分到位的舒适服务。

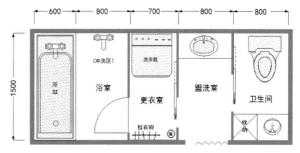

卫浴空间理想布局图（CTM设计作品）

结　论：

卫浴空间的布局，特别需要在妥善考虑"干湿"分区的基础上，恰到好处地运用区域分割和功能融合的设计技巧。

破解住宅中的收纳空间

所谓收纳空间，就是在不影响整体室内布局、装饰和风格的前提下，用于储藏物品的空间。提起住宅内的收纳空间，很多人都以为，只要拥有一个大宅，再多买些可以储物的家具，就可以安然解决这个问题，殊不知这种想法是很片面的。固然，面积较大的室内空间，可以比小户型容纳更多的东西，但如果不进行合理的空间规划，单纯依靠体积庞大的家具来收纳物品，一定会侵蚀掉很多宝贵的面积，造成室内空间拥挤不堪、动线不畅的状况。

所谓家居收纳，绝不是把东西都找个地方藏起来，而是为了在需要时快速地拿出来。房间中的多格收纳柜，就是为了分类收纳不同物品的设计，只有就近存放才能方便收取自如。

其实，居室内整洁而舒适的格局，与室内面积大小并无绝对的因果关系。有时即便是较小的户型，只要根据其结构特点运用技巧，也能因地制宜地打造出巧妙的收纳空间。另外，由于家居中的每个空间都可以拥有一个以上的功能，因此只要花点心思，完全可以一地多用地解决很多实际问题。以餐厅为例，如果家中没有多余的地方做书房，那么不妨善用壁柜的一隅，内藏抽拉桌板，在需要时变身为写字台灵活使用，既能满足实用功能，又可收纳文具书刊。

笔者一直认为：好的收纳设计，不仅要与室内整体风格相呼应，还应为家居生活预留出合理活动空间，充分满足就近分类、有效收纳之需，方能达到物尽其用并取存方便的目的；否则只是单纯地考虑做大储物空间，久而久之只会为家中增添越来越多的无用东西。

本文在此且不谈应该如何养成良好的收纳习惯，以及生活中多具创意的收纳法，而是切实地教给大家一些方法，即如何在住宅中找到可以就近收纳物品的空间。

向墙面要空间

想盖房子，首先要有地皮。那么想要进行收纳，墙壁一定要很好地利用。住宅中无论是什么户型，墙壁都是面积最大的地方，收纳空间的设计，只有沿墙规划各种柜体，方能最少占用室内面积。例如：客厅的电视柜、餐厅的橱柜、卧室的衣柜以及书房内的书架等，若沿墙布局，既能实现较高的容量，同时也不会过多地影响空间的动线。

嵌入墙体的收纳柜，是墙面收纳的首选。L形书柜不仅视觉上简洁大气，其规则的方格设计还十分便于分类收纳物品。（松下装饰公司供图）

利用墙面进行收纳，选择通透的隔板来收纳大量的书刊和艺术品，也是不错的办法。

结　论：

贴墙设计储物柜或搁架，关键是要因地制宜，切勿贪图收纳量使空间变得压抑。另外，嵌入墙体的橱柜改造，应注意不能破坏承重墙，以免有损房屋的结构安全。

向地面要空间

表面上看，室内的地面似乎是铁板一块，几乎没有什么可收纳利用的地方；但只要开动脑筋，无需"掘地三尺"，同样能利用抬高地面或下挖地窖的办法，弄出收纳的空间来。例如：飘窗或和室等功能区域，即可将坐面抬高，人为设计出一块高度为20~40cm的地台。这样不但多出一个储物空间，起到自然分区的功效，还能丰富空间层次，可谓一举三得，既有使用价值又具装饰效果。

结　论：

架高地面的设计，一定要根据室内整体风格进行规划，切勿勉强为之。地台下的收纳柜体，可根据高度不同，设计成抽屉、柜门或上掀式盖板。

结构上有条件的话，"挖地三尺"也是不错的办法。图中厨房的地下收纳柜，着实会令很多人羡慕不已，家里用于储藏食品绝对是又保鲜又方便。

向梁柱要空间

横梁与立柱是室内常见结构，有时不但妨碍视线，甚至影响风水，所以在规划收纳空间时，巧妙地利用梁下和柱体大做文章，常常能收到很好的效果。例如：利用横梁下部做成内嵌柜体，既可轻松化解横梁压迫，又能将墙面层次拉平。另外，柱体两侧也是设计收纳功能的好地方，通常两柱间的凹间，加上隔板就能成为储物架；单独的立柱旁边做个假柱子，就可做成收纳柜，如果柜体较宽，甚至可以设计成两面开门的收纳或展示柜。

结 论：

利用梁柱规划收纳空间，一定要在不影响结构安全的状况下进行。在柱体周围加设储物柜时，还应注意动线规划，不能有碍空间视线和室内布局。

房梁下加做的简约风格收纳柜，不仅为家居平添较大的储物空间，而且起到了分隔厨房和客厅的作用，减弱了室内横梁贯通的压迫感。

向角落要空间

由于建筑结构本身的问题，住宅内常会形成一些不规则的角落。虽说是一些零散的空间，但如果开动脑筋加以利用，不仅能打造出令人惊喜的收纳空间，在提高家居收纳功能的同时，还有美化室内装饰的效果。例如：利用楼梯台阶做成抽屉，转角下方改成小储藏室；或马桶上方加装小吊柜、洗面台下设置矮柜、洗衣机上面安装壁架、浴室镜后做成薄柜放化妆品、架高玄关鞋柜下面摆鞋、门后收纳吸尘器和拖把等。总之，角落就像海绵里的水，只要有创造力，都能打造出不小的收纳空间。

简洁的隔板书架和双人沙发，恰到好处地填补了室内不规则角落，既增加收纳空间，又丰富了空间功能。

结 论：

角落空间的深度通常较大，针对这种情况，可以采用双层收纳的手法来处理。即做成前后柜，后柜存放不常用的物品，前柜为敞开式，放置有装饰作用的物品。

向隔断要空间

空间布局中，用于分区的隔断墙通常都是实体的，但如果区域之间不需要用来遮挡隐私，可考虑采用有收纳功能的定制家具，或以嵌入展架的墙体来进行分隔。这样既可起到分割空间的作用，又能满足收纳与展示的功能，可谓一举两得，具有双倍功效。例如：在开放式厨房与餐厅之间，摆放一个高度适中的双面柜体，一侧摆放微波炉和榨汁机等厨房电器，另一侧存放酒具、餐具或茶具，既美观实用，又兼具双重的收纳功能。

白色隔断柜和原木餐桌，巧妙地分隔出厨房与客厅两个不同的功能区，既有家居实用功能，又创造了不小的收纳空间。

> **结　论：**
> 运用柜体或间隔墙做收纳空间，首先要考虑在空间中的整体比例，切莫为了增大储物容量而造成空间拥挤。另外，隔断墙内所展示的收纳物品，最好与所处功能区域有关。

向顶棚要空间

倘若住宅的层高有一定尺度，可利用多余的高度隔出夹层，或利用吊顶的落差，规划出空中的收纳空间。挑空的户型甚至可以局部做成楼板，设计出更多的功能区域。如房间的举架不高，则可以想办法在不影响室内装饰效果的地方，增设吊柜和吊架来创造更多的储物功能。例如：在吊顶时请木工在适当的地方做个活盖，然后将四边的木料加固，就可以成为一个不错的储物空间，用来放置一些不常用的物品。

> **结　论：**
> 一般吊顶内都有管线，如果打算在顶棚内储物，需将管线提前固定在置物碰不到的地方，同时还要注意所放物品不能过重，以免压塌吊顶发生危险。

运用层高优势，在房间中设计了一个小复式结构，不但增加套内面积，还在顶棚创造了睡眠和储物空间。

家具篇

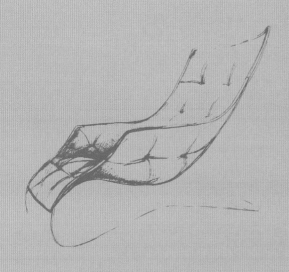

空间中无可厚非的主角

在家居空间中，家具所占的比例最大，是室内陈设的重要组成部分。家具的造型与颜色，不仅主导着室内环境的基本风格与格调，其摆放位置和布局方式设计得合理与否，会直接影响人们起居生活的舒适度，是空间表现舞台上无可争议的主角。

作为人类诞生以来住居生活的主要道具，随着人类文明的不断发展，家具早已从单一的功能用具，变成集实用与装饰为一体的生活必备品。从某种意义上讲，如今的家具已成为一种广为普及的生活艺术品，不但能满足某些特定场合的用途，还肩负着供人观赏的饰品功能，使人在接触和使用过程中，产生某种审美快感和由此引发的精神需求。

随着时代的发展，家具除了实用功能外，还蕴藏着极其丰厚的文化内涵和时代特征。不同时期的家具，都体现着当时的社会形态、生活习俗和美学理念，具有很强的风格导向。鉴于这个特点，很多人都会习惯地根据室内装饰风格和自己的喜好，从外观上来选择家具。这种做法虽说可以从造型上满足审美需求，但如果因此而忽略了家具与空间的关系，势必造成生活上的种种不便。所以，在软装陈设中，首先应从平面布局上考虑家具配置，并根据空间的结构和功能区划，合理地安排家具的位置。只有家具和空间相匹配，才能呈现出和谐唯美的摆放效果，全面满足居住舒适度和风格审美的双重需求。

英国伦敦温莎城堡内陈设的欧式古典桌椅。

上海博物馆家具馆收藏的明代珍贵家具。

居住空间家具摆放三原则

家具陈设是软装设计的重要内容。一般来说，住宅中的家具约占室内面积的40%以上，居室布置得合理与否，很大程度上会受家具摆放的影响。因此，选购家具绝不能单纯地追求漂亮的外观，还应兼顾生活中的各种实际问题。比如尺寸是否合适、动线是否流畅、视觉是否通透等，所有这些都是在家具摆放过程中应注意的要素。只有根据室内格局和整体装饰风格通盘考虑，才能使家具在空间中体现出一种错落有致的韵律。

纽约市豪华公寓现代风格客厅，两组弧形沙发围合成大会谈区，空间布局大气且动线便捷。

家具的种类很多，按功能可分为客厅家具、卧室家具、书房家具、餐厨家具和辅助家具等。因此，在软装陈设中，首先应根据室内面积和使用功能来确定家具位置，切勿盲目追求套数和件数，否则不仅会使房间变得拥挤零乱，还会造成空间上的闭塞，给日常起居带来诸多不便，成为生活中的累赘。

通常正确的做法是，在摆放家具前，首先应在平面配置图中规划出室内起居动线，计算出家具的上限尺寸，再去选购。这样才能在满足生活需求的前提下，为家庭成员预留出较大的活动空间，打造舒适的居住环境。

法式古典风格的客厅中，以茶几为中心呈环状摆放的多个沙发和扶手椅，中间通道方便人员进出。

动线原则——以无障碍通行为原则考虑家具摆放

通常家居空间的动线大致可分为"家人动线"、"家务动线"和"访客动线"三条。由于家具所占的室内面积较大，因此在设计摆放位置时，一定要根据室内格局规划这三条动线，尽量以人在房间内移动方便为前提来安排，避免动线曲折迂回和相互交叉。总之，如果一个住宅内的动线设计不合理，不仅会使人的移动受阻，还会让人感到室内的功能区域非常混乱。

简约而舒适的LDK空间中，设计师仅用家具就巧妙地营造出四个分区，进而自然形成以玄关为起点的树枝状动线布局，充分保证家庭成员出入各功能区域的顺畅。

"家人动线"指连接玄关、客厅、餐厅、厨房、卫生间、卧室等主要功能区的起居活动路线。一般来说，以入户门为起点呈树枝状进行规划较为理想，因为这样可以较好地保证家庭成员出入各功能区的顺畅。"家务动线"主要涉及厨房、餐厅和卫生间三个区域，其中厨房为提高烹饪效率，最好根据冰箱、水槽、砧板和灶具的摆放顺序来决定动线。"访客动线"最好不要与上述两条动线形成交叉，以免在客人拜访时影响家人的日常作息。

在规划家居动线时，除了要考虑以最短的距离到达各功能区外，还要注意预留家具在使用过程中所需的动作空间，避免家庭成员在使用家具的同时阻碍动线，出现相互干扰或磕碰的情况。例如：拉开餐椅，后面的空间可否供人通行；打开柜门，是否会使经过的人受阻；摆在角落的柜子，在人通行时会不会磕腿；等等。所有这些情况最好都能提前考虑周全，并在平面图上进行合理规划，只有充分考虑到生活中的相关细节，才能保证室内动线的通畅。

同空间家具摆位的动线对比（CTM设计作品）

说明：图1和图2的户型及内部陈设完全一致，但由于它们的家具摆放方式不同，故在动线布局上呈现出很大的差异。通过二者对比不难得出结论，家具摆放会对生活舒适度产生巨大影响。

视线原则——以不阻断目光为原则考虑家具摆放

居室内的家具大小和数量首先应与空间相协调。如果布置的家具太多或太大，会使人产生一种窒息感或压迫感，因此摆放家具时，除了保证动线通畅外，还要考虑家具在室内给人的视觉感受。软装陈设中的流动美，往往是通过家具的有序排列组合来体现的。不管家具如何搭配，如果因摆放不当遮挡了通向居室纵深的视线，一定会使空间感受阻，房间会显得比较狭小。通常情况下，如果进门后能看到窗户，特别是那种能远眺外面风景的窗户，一定会使人感觉这个空间很大，有宽敞通透的进深感。

房间陈设中，靠墙书柜与窗前沙发的摆放，极大地增强了室内的进深感，让空间呈现出宽敞通透的视觉效果。

在布置家具时，首先应注意房间的采光和通风等因素，不要影响光线的照入和空气的流通。体积较大的家具可摆在靠墙或房间的角落，但要避免靠近窗户，以免产生大面积的阴影。入户门的正面和客厅沙发前，应放置较为低矮的家具，以免因视线被阻而产生压抑感。一般来说，不在视线前摆放阻断目光的家具，是房间显得宽敞的一个重要因素。如果无法回避需要放置大家具，那么家具上方最好留有缝隙，使视线可以穿过缝隙望向远处，这样也能有效舒缓压迫感。

与直接落地的家具相比，选择带腿或细腿的家具也有扩大视线的效果，因为这样可以在地面和家具之间露出空隙，使视觉产生延伸的感觉。此外，较小的空间内不宜铺大块地毯，让地面裸露出来，或者选用一些玻璃等透明材质制作的家具，也有扩大视觉的效果。还有，大型家具的颜色与墙面相近、镜子前摆放绿植、高柜上装饰些小工艺品等方法，都是软装陈设中扩大视线的不错技巧。

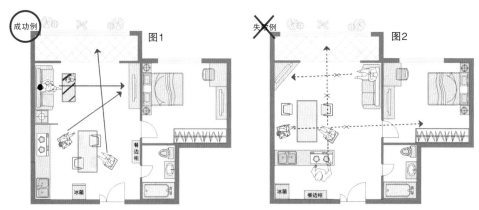

同空间家具摆位的视线对比（CTM设计作品）

说明：图1和图2为同一个户型，里面陈设的家具也完全相同，但因摆放位置有所差异，空间视觉效果也就呈现出截然不同的变化。

空间原则——以改善室内环境为原则考虑家具摆放

家具是空间的主体，既有满足使用功能的实用性，又有表现装饰风格的艺术性，是影响室内环境的重要因素，对空间性质及装饰风格具有很强的表达作用。因此，通常在没有布置家具前，很难识别空间的用途。在软装设计中，家具除了可以满足各功能区域的使用需求外，还可以通过合理的摆放，起到分隔空间的明显作用，能有效地完成对室内空间的二次布局与划分，可以说是室内环境构成的主要因素，担负着营造空间氛围的重要角色。

图中房间利用木制屏风和玄关柜，巧妙地完成了室内的二次布局，让客厅在开放式环境中相对独立，营造出隔而不断且含蓄通幽的空间氛围。

空间布局中，即便是同样的家具，由于颜色和摆放位置不同，所营造的视觉效果会有很大区别。比如色彩方面，可以根据朝向搭配不同的家具，即：朝南的房间，选择冷色调的家具，会给人以宁静和舒适的感觉；朝北的房间，选用暖色调的家具，可提升空间温暖和开朗的氛围。此外，在使用方面，居室的功能是否完善，只有当家具布置完成以后，才能真实地表现出来。某些户型中，家具不但能填补角落扩大使用空间，甚至还能通过合理的摆放，改变原来格局上过长或过窄等各种缺陷，发挥改善室内格局和弥补空间不足的重要作用。

虽然人们的生活方式及所侧重的家居活动不同，由此产生的对家具的摆放要求也形式多样，但无论如何布置，各功能区域内的家具摆放都应本着动线合理、使用方便和不遮挡视线为原则。根据家具的体积大小和实用功能，结合空间的具体情况，因地制宜地安排相应的位置，使家具陈设既有韵律变化，又符合审美情趣，并以其合理的摆放方式，达到提升空间整体舒适度、丰富并改善室内环境的双重效果。

同空间家具摆位的环境对比（CTM设计作品）

说明：图1和图2户型和家具完全一样，但由于陈设想法和摆放目的不同，在改善室内环境与提升生活舒适度方面出现了很大的差异。

家具配置的七大基本技巧

家具配置得体，可以对室内空间起到锦上添花的装饰效果。因此选择家具时，一定要从室内空间的整体效果出发，从房主的生活方式和喜好入手，结合家具的颜色、造型及风格特点，正确处理家具与空间的关系，才能获得和谐统一、相得益彰的室内装饰效果。为了使大家轻松掌握家具配置方法，笔者结合自己的实际经验，归纳出以下七大基本技巧，供诸位参考。

根据摆位确定家具尺寸，注意预留活动空间

家具与空间的合理比例，是整个居室是否协调的关键。因此在选购家具前，首先要根据在空间中的摆放位置，逐一确认家具尺寸，否则再好看的家具，如果尺寸不合适，都会极大地影响摆放效果。因此笔者建议：所有家具占据的面积，最好不要超过室内面积的一半，这样才能预留出合理的活动空间。

尺寸适中的双人床，为室内营造出合理的生活动线。

把握空间节奏与平衡，合理配置家具比例

每件家具都有各自不同的重量感和高低感，因此无论如何摆放，都要注意大小相衬、高低相接、错落有致。摆在一起的家具，如果彼此间的大小、高低和空间体积过于悬殊，肯定会产生头重脚轻或左大右小的视觉效果。另外，相邻摆放的家具如果起伏过大，同样会给人杂乱无章的感觉，看上去很不协调。

展柜与沙发高低呼应，形成错落有致的视觉效果。

突出中心家具的摆放，避免空间焦点过多

首先应根据室内功能区域确定焦点家具，并以此为中心营造空间氛围。但不要制造太多的焦点，以免抢了主题家具的风采，使空间完全失去重心，视觉模糊、乱成一团。比如，在客厅内以古典沙发为中心，延伸出地毯及茶几，再扩张到欧式矮柜和台灯，乃至墙上的挂画，这样空间的韵味就会自然地呈现出来。

房间中央的皮质躺椅优雅气派，视觉焦点效果突出。

家具造型与装修协调，注意搭配地面颜色

按照装修风格决定家具的款式，通常是选购家具的不二法则。由于软装在硬装之后，所以家具的式样既要符合空间风格，造型特点也应该一致。比如，成套家具中既有兽爪腿，又有圆形腿，就会显得很不协调。在色调方面，深色地面搭配浅色家具虽说无伤大雅，但如果摆上深色家具，就会产生压抑感觉。

室内家具样式造型一致，协调体现新古典风格特点。

注重家具的实用功能，不要过度追求潮流

个人品位是选购家具的主要标准，如果房主偏爱古典风格，不妨考虑中式或西式的古典家具。事实证明，越摩登的东西越容易过时，家具也一样。由于传统家具所具有的文化感染力会经久不衰，且具有保值性，因此，笔者建议不要一味地追求潮流样式，而忽略了家具的实用性和文化内涵。

明式圈椅既实用又大气，彰显中国文化深厚内涵。

按室内结构定制家具，空间缺陷隐于无形

由于成品家具在规格和款式等方面的种种限制，因此要想最大限度地利用空间，有时根据功能需求选择定制家具，不但可以全面满足房主的个性需求，在风格上与整体环境相匹配，展示独具匠心的设计，还能有效弥补原户型中的缺陷，化解梁柱的不利格局，更具人性化地实现家具的多种功能。

根据玄关结构定制的家具，既弥补缺陷又满足装饰。

订购前留意通道尺寸，避免家具见门难入

购买的家具能否顺利搬入房门，关键是大型家具的最长对角线，不能大于电梯或楼梯转角处的实际距离。因此，在订购家具前，务必留心测量一下自家房门入口、楼道拐弯以及电梯轿厢所能通过的尺寸上限，做到心中有数，以免到时为难。关于这一点，老房子的住户和设计师应特别注意。

事先了解电梯和楼道宽度，方能保证家具搬入顺畅。

狭小空间的家具陈设方法

众 所周知，在表现空间舒适度和室内美感方面，家具陈设具有至关重要的作用。对于室内面积不大的小户型来说，有限的空间在很大程度上制约了家具的选择与摆放，如果规划不当，常常会出现本来就不宽敞的空间，摆上家具后变得更加拥挤不堪。那么，小户型如何选择和摆放家具，才能做到既可以合理利用空间，又不影响家具的使用功能？对此，笔者归纳出以下几点方法。

活用家具并弱化分区

在室内空间比较紧凑的情况下，小户型中的家具，首先要以满足实际使用功能为选购标准。在家具陈设方面，最好避免用家具对功能区域进行绝对划分。在空间的开放式格局中，不妨利用合适的家具，来软性分隔不同的区域，并通过活用家具的多功能性，增加空间的用途，使家具在空间中既有使用功能，又有分区的装饰效果。例如：将不靠墙摆放的沙发，作为就餐区和视听区的分界线；以设置在室内中间的电视柜，充当客厅和卧室的隔断墙，既有分区功能，又方便两边观看。

通透的隔断与家具，在小空间内既具实用性又能满足分区。（宝纳瑞国际家居供图）

选用低矮或小型家具

小户型通常不适合摆放体积大的家具或成套组合家具。由于受到室内面积的严格限制，所选家具应该以小巧低矮为宜。一般来说，曲线造型、线条简单、体积不大且低矮的家具是陈设小空间的首选。与较为常见的直线造型家具相比，曲线造型的家具对空间的适应性会更强一些，不仅可以自由组合，还能增加空间动感。那些有棱有角的家具，有时会把空间分割得很凌乱；而低矮类家具，因为高度在正常视线以下，可以减轻人的视觉负担，所以空间感就会自然地变得开阔起来。

低矮和曲线造型的家具，可以减轻视觉负担，让空间变得开阔。（宝纳瑞国际家居供图）

轻质家具可简化空间

　　所谓轻质家具，主要指用玻璃和藤木等材料制成的质感较为轻盈的家具。这类家具由于材料通透，可以让视线延伸，所以能产生空间扩增的感觉。其中，玻璃富于穿透性，同时具有清凉的感觉，用玻璃制成的家具，不但可以减少空间的压迫感，还能为家居环境增添丰富多彩的视觉效果。而藤类家具造型相对简洁，搬移起来也很省力，摆在室内既显得通透，又有助于让空间变得简约灵动。

竹藤和玻璃家具质感轻盈，具有延伸视线扩增空间的效果。（宝纳瑞国际家居供图）

配置机械多功能家具

　　对于小户型空间来说，功能单一的家具很难满足对空间释放的需求，因此充分挖掘家具的潜能，尽量做到一物多用，就显得十分重要。多功能家具就是在保留初始功能的基础上，通过机械原理实现其他新增功能的新型家具。这类家具占地少、实用性强，可根据生活需要灵活进行功能转换，是小户型的首选。例如：拉开靠背可变成床的沙发，挂在墙上的餐桌，藏在柜体内的写字台，等等。

多功能或可收合的家具，对于有效利用空间面积作用非凡。

立面空间及重叠布置

　　利用墙壁的立面空间安装壁挂家具，是一种比较巧妙的"占天不占地"的摆放方法，既能满足功能上的需求，又节省了宝贵的室内面积。一般来说，附着在墙面或柜体上的可变式活动家具，平常收起时根本不占什么室内面积，而使用时只需从墙面或家具中取下或打开即可。此外，将多功能家具重叠布置，也是利用立面空间的不错办法。例如：上床下柜的组合方式，就是利用同一立面空间的摆法。

壁挂与叠置家具，能巧用室内立面空间实现"占天不占地"。

加个轮子能方便移动

　　对于寸土寸金的小户型来说，除了要合理摆放常用家具外，一些功能性较强的小家具，同样也需占用室内空间，如果将它们长期固定摆在某个位置，会对起居生活造成诸多不便。倘若给这些偶尔使用的小家具安上轮子，便能根据需要灵活移动，在有限的空间里发挥其独特的使用功能。例如：给客厅的沙发配一个带轮茶几，需要时可拉过来放置水杯茶点，不用时推到角落，就能腾出较大的活动空间。

　　除了上述几种方法外，小空间的家具陈设方法还有很多。例如：将茶几和沙发摆成三角形，能为客厅节省不少空间；选择浅色系家具，会使空间产生放大的感觉；利用镜子的反射原理，可成倍地制造空间延伸效果；等等。

　　总之，尽管与豪宅及别墅等大面积的居住空间相比，小户型在空间规划上存在很多困难，但只要掌握家具陈设的相关技巧，因地制宜仔细琢磨，总能设计出与众不同的陈设效果，打造出"室雅无需大，花香不在多"的舒适空间。

移动家具既可以满足实用功能，又无需长期占用固定空间。

图中的小房间，除了以白色简约家具来放大视觉外，还运用造型镜面的反射效果，制造出空间延伸的装饰效果。

小贴士：实木家具的概念

实木家具细分为纯实木家具、实木家具和实木贴面家具三种。

· 纯实木家具指所有零部件都采用实木制作的家具；

· 实木家具也叫板木结合家具，就是台面、桌（椅）腿等框架采用实木，而侧板、底、顶、隔板等部位用人造板（密度板、刨花板等都属于人造板）制作的家具；

· 实木贴面家具指用人造板制作、表面用实木单板进行装饰的家具。

主流风格家具分类及特点

居住空间中的家具种类很多，通常根据功能用途可分为客厅家具、餐厅家具、卧室家具、书房家具、厨房家具及各种辅助家具。如果从制作材料上划分，可分为实木家具、板式家具、竹藤家具、钢木家具、铁艺家具、软体家具、合成材料家具等。

在软装设计过程中，除了首先要考虑家具的用途外，款式（也就是家具的式样）往往是房主和设计师最注重的方面。由于家具的式样造型代表着一种装饰风格，体现居室主人的情趣爱好，所以家具的设计风格，也就自然而然地成为选择家具的重要条件。

家具的风格，主要指世界各国的家具在其发展过程中，因受时代、地域、艺术流派和建筑风格的影响，在造型、色彩、材料和制作技术上都产生了显著

中国古典家具由于文化品位浓郁，因此在现代家居的软装设计中，已然成为一种不可或缺的搭配元素。

的差别，从而形成各自特殊的风格。以古埃及家具为开端，西方家具发展史历经古希腊、古罗马、拜占庭、哥特式、文艺复兴、巴洛克、洛可可、新古典、现代主义和后现代等主要阶段，呈现出丰富多彩的风格特点。中国传统家具具有更悠久的历史和独特的风格，十七八世纪时期，欧洲古典家具就曾受中国风格的影响而发生过巨大的变化。

家具的式样作为使用功能的外在表现形式，在家居风格中具有强烈的认知作用，因此人们在选购家具时，通常都是根据款式来决定搭配家具的种类。在多元化风格并存的当下，国内市场上的家具种类多种多样，流行趋势也瞬息万变，各领风骚的欧式、美式、中式、简约、日式、田园、地中海等风格的家具，都有一定的市场占有率。但受主流消费群体的年龄层次、文化程度、购买习惯的影响，目前在软装设计中被大部分客户所认可、具有代表性的主流家具，也就是欧式古典、中式古典、美式乡村和现代简约这几大类风格。

欧式古典家具

中式古典家具

现代简约家具

美式乡村家具

世界家具代表风格发展脉络表

代表时期	参考图片	家具的主要特点
文艺复兴风格 15~16世纪		历经古希腊、古罗马、拜占庭及哥特时期的不断发展，文艺复兴时期，意大利最早将古典建筑上的细部形式移植为家具的装饰。该时期家具的主要特征为：外形厚重端庄，线条简洁严谨，立面比例和谐，多采用古典建筑装饰，等等。文艺复兴式家具在欧洲流行了近两个世纪，其早期装饰比较简练单纯，后期渐趋华丽优美。
中国明清风格 16~18世纪		工艺精湛且典雅实用的明清家具，是世界家具史上最为经典的种类之一。其鲜明的民族性、精巧简雅的风格及丰富的文化内涵，对欧式古典及现代家具设计都影响深远。明式家具以做工精巧、造型优美、风格典雅著称，而清代家具又在此基础上，运用雕刻、镶嵌、彩绘等多种手法，形成装饰华丽、雕刻繁缛的特色。
巴洛克风格 17世纪		巴洛克风格始创于意大利，与理智的古典主义相反，呈现出热情奔放的浪漫主义色彩。其家具的主要特征是：强调整体装饰的和谐，采用夸张的曲线进行装饰，在技法上则大量采用雕刻、贴金箔、描金等手法，造型上主张为满足功能而人性化设计，较常见的装饰图案是神话人物、螺纹和花叶饰等。
洛可可风格 18世纪		在刻意修饰巴洛克风格基础上形成的洛可可式家具，流行于法国路易十五时期。其主要特征是：优美弯曲的线条和精细纤巧的雕饰相结合，甚至柜门都被处理成起伏的曲面，家具的脚多呈弯曲形，雕刻装饰以涡卷饰和水草等曲线化纹为主，彩漆家具常以贴金浮雕和镶铜装饰，具有纤秀典雅的艺术效果。
新古典风格 18~19世纪		新古典风格介于现代主义和欧式古典之间，家具风格既简洁明快又庄重典雅，保持古典家具的厚重感。其主要特征是：简化线条并摒弃复杂的装饰，家具以直线为造型，采用上粗下细的方形或圆形腿，追求整体比例的谐调，不做过分的细部雕饰，表现出注重理性、讲究节制和脉络严谨的古典主义精神。
美式风格 17世纪		美式家具是殖民地风格中最具代表性的种类。它根植于欧洲文化并融汇各国文化特点，在尊重历史的同时，加入移民个性和创新因素，形成一种全新的家具风格。它根据造型可分为仿古、新古典和乡村风格三大类，尤其注重家具的宽大舒适、实用气派和功能性，具有极强的个性。
现代简约风格 20世纪		现代主义起源于1919年成立的鲍豪斯学派，该学派以"少就是多"为美学原则，提倡家具造型要适合流水线生产。与古典家具相比，现代风格家具更注重人体工学和新材料的开发，强调以人为本与功能至上的设计理念，其中以北欧家具最具代表性。其主要特点是：简约实用有质感，代表着一种回归自然的时尚。

欧式古典家具

何谓"古典"？"古"代表着历史和文化的丰富内涵，"典"代表着造型上经典和优美。由此，"欧式古典家具"可理解为：在欧洲家具历史的长河中沉淀下来的、被历史证实的、有保存价值的典范作品。

一般来说，"欧式古典家具"指从神权至上的中世纪至19世纪末，欧洲各国的工匠们专为教会、皇室和贵族制作的手工家具。这种家具以贵重实木手工精制，造型风格历经数百年变化，一直都没有改变其精雕细刻、注重装饰和追求华美的显著特点。

欧式家具的设计风格直接受欧洲建筑和绘画艺术的影响。作为代表不同时期文化特征的古典家具，按发展阶段分类，主要分为罗马时期（3~11世纪）、哥特时期（12~15世纪）、文艺复兴时期（15~16世纪）、巴洛克时期（17~18世纪）、洛可可时期（18世纪）、新古典主义时期（18世纪后期至19世纪）和维多利亚时期（1837—1905）。几个世纪过去了，欧式古典始终在家具市场占有一席之地，乃至后来的仿制品，其浓厚的文化气息都能超越"流行"的概念，成为一种品位的象征。

欧式古典家具的造型主要以欧洲宫廷样式为主，设计奢华庄重，制作精雕细刻，蕴含一种华丽典雅的贵气和深厚的文化底蕴。（宝纳瑞国际家居供图）

欧式古典家具的魅力，在于其独具历史岁月的痕迹，总会让人情不自禁地联想到欧洲深厚的文化底蕴，对于很多人而言，古典的魅力就在于其特有的贵族气。客观地说，如果没有贵族气，古典也就失去了传承的理由。

欧式古典及改良的新古典家具，造型庄重气派、做工精雕细刻、气度雍容优雅，兼容艺术品位、文化内涵和异国情调，一直都是主人身份的象征，所以从风格上讲，古典家具的档次普遍高于现代家具。目前，国内市场呈现出多种风格交融的局面，根据表现形式以及侧重点的不同，可分为稳重优雅的英式家具、崇尚浪漫的法式家具、做工考究的意式家具和雕刻精美的西班牙家具四大种类。

| 罗马时期 | 哥特时期 | 巴洛克时期 | 洛可可时期 | 新古典时期 | 维多利亚时期 |

代表种类及特点

英式家具：富有古典韵味，以沉稳宫廷风格为主，简洁浑厚雅致柔美，多用饰条与桃花木雕刻，精致富有气魄，比较注重细节处的独特设计。早期的英国家具主要取材橡木，17世纪末期以后，专注于本土胡桃木家具的发展，家具外型常流露出质朴而素雅的感觉。

意式家具：以设计见长，将传统制作工艺与当代先进技术手段融于一体，做工精湛质量优良，是奢华高端的代名词。意大利家具除了可以体现正宗的欧洲古典风格外，外观上更像艺术品，其最显著的特点就是巧妙运用黄金分割，使家具呈现一种恰到好处的比例之美。

法式家具：依然保留着中世纪宫廷的古典遗风，家具上较多地雕刻精致的描金花纹，表现出强烈的贵族气息。法国古典家具大多取材樱桃木，崇尚木材本身自然唯美的曲线和细腻的原始纹路。色彩上偏爱明亮色系，大部分以米黄、原木色及白色裂纹漆为主。

西班牙家具：设计上富有突破传统思维的创意，造型上常通过出色的细节雕琢，再现一种神秘而瑰丽的古朴色彩，最大的特色在于对雕刻技术的运用。其雕刻深受哥特式建筑的影响，火焰式花格多以浮雕形式出现在家具的细节上，显得非常神秘、厚重并具有个性。

中式古典家具，主要指明代至清代四五百年间制作的家具，具有设计线条简洁明朗、榫卯结构严谨科学、用料讲究制作精美等特点，充分体现了中国传统美学精神。

中式古典家具

中国家具历史源远流长，形式多种多样，对东西方有着不同的影响，在世界家具体系中占有重要地位。中式古典家具，一般来说指具有收藏价值的古典风格的旧式家具，主要包括椅凳、桌几案、床榻、柜架类等。其设计风格主要包括四种，即楚式家具（周代至南北朝）、宋式家具（隋唐元至明早期）、明式家具（明中期至清早期）和清式家具（清中期以后）。与欧式古典相对应，中式古典主要指明代至清代四五百年间制作的家具，这个时期是中国古典家具制作的巅峰时代。

明代家具有广、狭二义。广义的明式家具，着重一个"式"字，不管制作于明代或明以后何时，也不论贵重材质和一般材质，只要具有明代家具风格，皆称之为"明式家具"。明式家具的最大特点，是把设计功能和精神功能有机地融合在一起，达到科学性与艺术性的高度统一，创造出"巧而得体、精而合宜"的工艺特征，成为全人类的优秀文化遗产。明式家具不仅造型简练、结构严谨，选料也颇为讲究，多用红木、紫檀、花梨、鸡翅木等硬木，其中黄花梨木最好，有的家具也采用楠木、榆木等其他硬杂木，木质坚硬而有弹性，本身的色泽纹理美观。所以明式家具很少用油漆，只擦上透明的蜡，就可以显示出木材本身的自然质感，为清代家具和以后的现代家具开创了完美的表现形式。

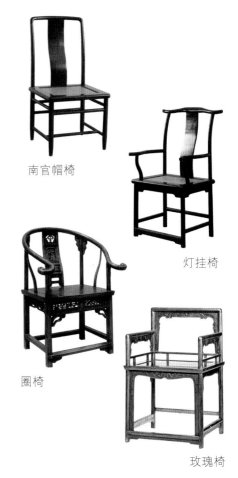

南官帽椅

灯挂椅

圈椅

玫瑰椅

清式家具从萌芽发展到形成独立的体系，大致是从清康熙早年到晚年的四五十年之间，它与满文化的影响有着不可分割的联系。这是以皇家为主导，在宫廷和民间的相互影响、相互交流、共同创作中发展起来的。清式家具以装饰见长，由重神态变为重形式，在追求新奇中走向烦琐，在追求华贵中走向奢靡。因其生产地区风格不同，形成不同的地方特色，最具有代表性的是苏作、京作和广作。苏作继承了明式家具的特点，造型精巧，不求装饰；京作豪华气派，注重蜡工；广作则造型厚重，雕刻装饰。

造型优美、线条流畅的交椅

目前国内流行的中式古典家具，主要以仿明清时期的家具款型为主。这些家具采用传统的榫卯工艺，多以木本色和深色为主，沉稳大气、清雅含蓄。结构设计虽不复杂，但充满着艺术性和审美性；风格上讲究庄重典雅、古朴大方，用料讲究，雕刻极具艺术特点。在装饰细节上崇尚自然情趣，精雕细琢富于变化，细微之处营造一种舒缓的意境，充分体现中国传统美学精神，追求一种修身养性的生活境界。

寓意丰富、鬼斧神工的雕刻

由于优质硬木资源的日益稀缺，加上中式家具的款型变化较少，所以在实际软装配饰中，中式古典家具主要起着风格点缀和意境装饰的作用。这种装饰以深厚的中国传统文化为底蕴，借助明清家具的优美造型、色彩来安排室内空间，给人以华夏历史延续和地域文脉的感受，营造出诗意般的生活氛围，形成具有东方文化儒雅气质的独特艺术风格。

黄花梨翘头三联橱

鸡翅木扶手椅

适合流水线生产的现代风格家具，倡导简约与功能至上，家具中少有多余的装饰，所用制作材料也十分广泛，具有追求实用舒适和质感内涵的特点，给人以不受约束的现代时尚感觉。

现代风格家具

现代主义也称功能主义，是工业社会的产物，起源于1919年德国包豪斯学派，创始人是包豪斯首任校长格罗皮乌斯。他主张空间设计要突破传统，重视功能，反对多余装饰；崇尚合理的构成工艺，尊重材料的特性，提倡简约和功能第一的原则；强调家具设计要遵循美学和实用标准，家具造型要适合流水线生产。

随着工业技术的进一步发展，源自现代主义设计理念的简约风格家具由此诞生。与造型复杂的古典家具相比，现代风格家具更注重人体工学的研究和新材料的开发，讲究设计的科学性与使用的便利性。无论是造型独特的椅子，还是强调舒适感的沙发，其设计特点都表现出对色彩和质感要求很高，而将元素简化到最少的程度，力求达到以少胜多、以简胜繁的效果。德国建筑大师密斯•凡•德•罗名言：less is more（少即是多）就是对现代简约主义的高度概括。

叶形茶几

现代躺椅

四足蚁椅

木腿方椅

在现代风格家具中，北欧家具以简约著称，具有浓厚的后现代主义特色。其突出特点是讲求功能性，设计以人为本；注重流畅的线条设计，强调简单结构与舒适功能的完美结合，美观实用兼具个性化，代表了一种回归自然的时尚；崇尚原木的韵味，体现现代都市人进入后现代社会后的理性思考和对高品质生活的追求。

现代简约风格家具一般以中性色系为主，强调功能性设计，线条简约流畅，色彩对比强烈；大量使用钢化玻璃或不锈钢等新型材料作为辅料，并无规律性地加入一些几何图形。其特点是简约、实用、美观、质感、有内涵，给人以时尚前卫和不受约束的感觉。

由于现代风格家具线条简单、装饰元素少，所以在软装配饰方面，一定要遵循"简约不仅是一种生活方式，更是一种生活哲学"的原则，合理搭配元素，才能显示出家居的整体美感，例如沙发需要靠垫、餐桌需要桌布、床需要窗帘和床品陪衬等。除此之外，

白色埃姆斯椅和原木餐桌，突出体现了北欧家具实用与自然的人本主义设计特点，彰显优雅简洁的空间氛围。

作为软装设计师，在为客户选购现代简约风格家具时，应特别注意在以下四个方面多下些功夫，方能打造出简约时尚的现代家居空间。

空间布局。现代风格空间，无论房间多大，一定要使之显得宽敞。切记不要摆放过多家具，在陈设装饰中，力求最大限度地体现出空间与家具的整体性和协调性，布局应简洁明快。

家居功能。家具选择方面，强调形式服从功能，一切从实用角度出发，勿忘打造强大的收纳空间，摒弃室内多余的装饰，力求使有限的家具在空间中发挥出最大的使用效能。

家具材质。选用家具，要充分了解材料的质感与性能，注重环保与材质之间的和谐与互补。在人与空间的组合中反映流行与时尚，这样才能较好地表现出时尚而多变的生活特点。

红色靠背椅及脚凳

空间色彩。现代家居的颜色不宜过多，需理性配色。过多的颜色会给人以杂乱无章的感觉，应选用较纯净的色调作为背景色，再辅以小面积的亮色加以点缀，这样才有耳目一新的感觉。

美式风格家具

作为世界上最大的移民国家，美国是一个多元化的社会，因此美式家具也自然融合了各国文化特点。它在尊重历史的同时，又加入民族个性和创新因素，将欧洲皇室格调平民化，强调复古及回归自然，突出浪漫和古典气息。所以呈现出风格多样、兼容并蓄且个性突出的特点。这也正是美式家具成为当下主流家居风格之一的重要原因。

美国的历史较短，家具风格主要植根于欧洲文化，在造型上明显遗留着英式、法式或意式古典家具的痕迹，从多方面反映出欧洲文艺复兴后期各国移民所带来的生活方式。

作为欧洲曾经最大的殖民地，可以说，美国在很多方面都表现出对欧洲文化的一种眷恋情怀。因此，美式家具基本融汇了欧洲各国的风格。在继承巴洛克和洛可可风格的基础上，美国设计师将古典风范与现代精神相结合，建立起一种对古典文化的重新认识。相对于精雕细琢的欧式家具而言，美式家具风格显得粗犷大气，强调厚重、舒适且装饰有度。他们在保留古典家具色泽和质感的同时，更加注重以实用性来适应现代生活空间，表达出美国人追求自由和崇尚创新的精神。

在不拘一格、崇尚随性的美国人看来，家是释放压力和缓解疲劳的地方，所以美式家具特别强调宽大舒适、简洁实用、厚实气派和多功能性，具有内敛、沉稳和古朴感觉。从造型来看，美式家具可分为仿古、新古典和乡村风格三大类。

受移民文化影响较深的美式家具，不仅风格多样，而且个性突出，除了宽大舒适和简洁实用等显著特点外，在造型上主要分为仿古、新古典和乡村风格三大类。

扶手椅

橡木书柜

美式木床

实木餐桌

仿古沙发

仿古风格

受移民文化和对历史怀旧情绪的影响，美式仿古家具的材质多为较珍稀的樱桃木、精致的小牛皮、浮华的锦缎等。家具外观类似欧式家具，但雕刻相对简约，只在腿足、柱子、顶冠等处加以雕花点缀，饰面花纹多采用象征王权的太阳花和复杂的拼接花纹，油漆以单色为主，强调实用性。造型方面，则传承欧洲古典家具特有的三弯腿、球状及兽爪脚、镂空工艺等常见元素。

仿古风格美式家具

新古典风格

美式新古典家具体态较大，多有雕花和做旧处理，沙发以深色提花布和真皮为主，更贴近家庭生活，彰显出大气和随意的美国设计风格。整体设计上，美式新古典家具保留了独具特色的大气厚重之感，以及古朴的用色。细节上大量借鉴欧式古典的弧线处理手法，家具厚重的腿部结构被纤细的曲线所取代，突显新古典风格优雅和高层次的生活品质。

新古典风格美式家具

乡村风格

乡村风格在美式家具中占有重要地位。它造型简单、色调明快、用料自然、结实耐用，体现出美国移民的开拓精神和喜爱大自然的个性。美式乡村家具多采用看似未经加工的实木材料，刻意强调自然与功能性，以突出其天然的质感；并经常在家具表面故意"做旧"，营造出一种岁月磨砺过的痕迹，如虫蚀的木眼、火燎的痕迹、锉刀痕、铁锤印等，以迎合人们怀旧之情与向往自然的内心渴求。

乡村风格美式家具

鉴于以上风格特征，作为软装设计师，在选择美式家具时，既要充分了解美式家具的三种风格特点，更要对家居空间及色调进行具体分析，巧妙布局，合理搭配。这样才能使家具款式和居室整体环境和谐统一，突显主人的生活品位和文化气质。

让椅子创造一种文化景观

潘顿椅所呈现出的曲线，不经意间为这个房间增添了女性柔美的味道，体现出时尚与温馨的居室氛围。

日常生活中，椅子是一种十分平常的家具，除了提供坐具功能外，几乎让人们忽视了它的其他作用。然而，纵观世界工业设计史，不难发现，不同时期的风格流派都十分注重椅子的设计；整个家具的历史发展，甚至可以从椅子的变迁中得到全面体现。作为诠释家居风格的重要元素，椅子一直都是各种想象力附身的最佳载体，像章节符号一样嵌在室内设计发展进程的节点处。在东西方设计界成名的大师中，很多人都设计过具有传世意义的椅子。这些经典的椅子或因出色的设计才华、或因使用者的名望而身价不凡，成为具有独特艺术生命力的家具代表。

作为最具代表性的家具之一，椅子的历史非常悠久。据考证，椅子起源于古代埃及，唐朝时经丝绸之路传入中国。与其他家具的不同之处在于，椅子自问世以来，就被定义成权势者的宝座。无论是中国古代的交椅、圈椅、官帽椅，还是西方哥特式教堂中的高靠背椅，椅子始终是王公贵族身份和威严的象征。时至今日，虽然椅子的"地位符号"作用已逐渐消失，但其与生俱来的文化特性，依然可彰显出主人内在的文化修养和品位追求。

沉稳的实木餐桌与轻巧的埃姆斯椅搭配和谐，以丰富的颜色和洗炼的造型，为简洁雅致的空间带来一种时尚的韵味。

芬兰设计大师塔佩瓦拉曾说过，"椅子设计是任何室内设计的开端。"由此可见，椅子在室内设计中的重要地位。且不谈文艺复兴以前的各种欧洲古典风格，在目前国内较为流行的室内装饰风格中，都能轻而易举地找到该流派所代表的椅子身影。作为集造型、色彩和装饰于一身的家具，除了使用功能外，椅子对空间氛围具有很强的塑造性。

近几年来，随着房主提升家居文化气质的设计需求，经典名椅越来越多地出现在我们的生活之中。因此，在软装设计师的眼里，椅子早已不再是仅供使用的物品，而是体现装饰风格的重要载体。试想一下，在千篇一律的家居陈设中，因地制宜地摆上几把大师设计的经典座椅，不但能唤醒缺乏关注的居室文化，消除家具陈设上的视觉审美疲劳，还可以通过特定的摆放，使之成为空间的焦点，体现出与众不同的创意品位与精神内涵。

如果你还不知道自己会喜欢上什么样的椅子，那么不妨随着笔者穿越时空，去欣赏一下那些已经经典了许久的名椅。等你真正了解它们，蓦然地感受到大师们独具匠心的设计精髓，以及那股股扑面而来的艺术气息，相信你一定会欢喜地带其回家，因为它就是你曾苦苦寻觅的那个空间文化亮点！

Z形椅　　　　温莎椅　　　　官帽椅

郁金香椅　　　　埃姆斯椅　　　　巴塞罗那椅

丹麦设计大师魏格纳设计的贝壳椅，与颇有质感的沙发完美地融为一体，为空间营造一种与众不同的艺术魅力。

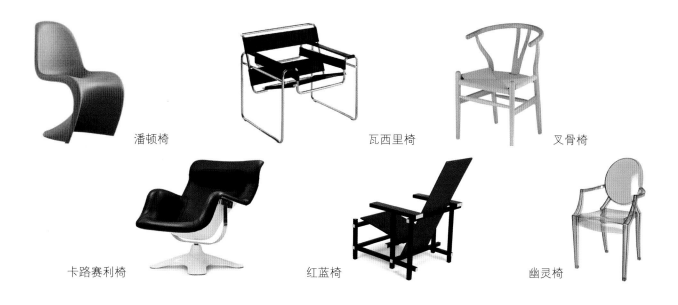

潘顿椅　　　　　　　　　瓦西里椅　　　　　　　　　叉骨椅

卡路赛利椅　　　　　　　红蓝椅　　　　　　　　　　幽灵椅

盾形靠背椅/H & White Chairs
（18世纪后期/英国）

设计者：乔治·赫普尔怀特

（George Hepplewhite）

乔治·赫普尔怀特是英国家具设计大师，新古典主义的重要代表人物。受到亚当式和法国式家具的影响，他的家具作品比例协调优美，造型纤巧雅致，具有高雅的古典艺术之美。他设计的椅子比例匀称、造型优雅，椅子靠背主要有盾形、椭圆形和心形几种，其中以盾形靠背最具赫氏特色。

路易十六扶手椅/Louis XVI Armchair
（18世纪后期/法国）

路易十六扶手椅是法国新古典家具的代表作。该作品的主要特点是：仿古代建筑结构，椅腿如同建筑的柱式，采用由上而下逐渐收缩的圆腿或方腿，表面平直、刻有凹槽。柱头有雕花纹样的节点，椅脚呈球形，扶手和前腿连接，椅背多为圆形或椭圆形。其整体造型反映了复兴古罗马文化艺术的思潮，在对洛可可风格创新的基础上，体现出高雅挺秀、严谨简朴的艺术格调。

高背椅/Hill House Chair（1902年/英国）

设计者：查尔斯·雷尼·麦金托什

（Charles Rennie Mackintosh）

英国设计师麦金托什是新艺术运动代表人物，在设计史上具有承上启下的作用，其家具经典作品就是Hill House chair（高背椅）。该设计充分体现了现代主义特点，运用结构的语言来表达统一的风格，高耸夸张的黑色靠背呈直线条有序排列，有类似天梯的视觉感。虽然这种造型并非出于功能需要，也不完全为了装饰，纯粹是个人风格的表达，但体现了设计师对结构的热爱，充满理性主义的味道。

温莎椅/Windsor Chair
（18世纪初/英国、美国）

　　温莎椅据传起源于18世纪初英国泰晤士河流域的"温莎"小镇，1730年前后传入美国，并很快成为美国最有特征的大众化家具。温莎椅种类很多，造型上可分为低背、梳背、扇背、圈背等九种形式，主要构件由实木旋制而成。椅背和座面充分考虑到人体工学，在强调舒适感的同时，传达一种"设计简单而不失尊贵，装饰优雅而不奢华"的独立精神，深受各阶层人士的喜爱，成为美国中产家庭的象征性坐具。

闪电椅

红蓝椅

红蓝椅/Red Blue Chair
（1918年/荷兰）

设计者：托马斯•里特维尔德

（Gerrit Thomoas Rietveld）

　　红蓝椅是荷兰风格派最著名的代表作品。椅子由13根木条互相垂直组成，为了避免有损结构，各部件间采用螺丝紧固而非传统的榫接方式。整个作品以简洁的造型语言和夸张的装饰色彩，摆脱传统风格家具的影响，表达了深刻的设计观念。它首次以实用产品的形式，生动地解释了风格派抽象的艺术理论，对于整个现代主义设计运动产生了深刻的影响。

　　1934年，里特维尔德还设计了著名的"闪电椅"（又称Z形椅）。该作品完全摆脱传统椅子的造型，既节省空间，雕塑感又强，在当时可算得上是惊世骇俗了，是最早的现代主义家具。

瓦西里椅/Vassili Chair
（1925年/德国）

设计师：马歇尔·拉尤斯·布劳耶

（Marcel Lajos Breuer）

这是世界上第一把钢管皮革椅。其成名之处在于对传统观念的反叛，设计师运用完美的结构表现形式，以充满新意的弯曲钢管材料制成。该椅结构简洁，造型优美，性能优良，成本低，可批量生产。其所蕴含的设计理念远远领先于那个时代，实现了金属家具实用功能和美学价值的高度统一，暗含一种简单而便捷的生活方式，表明了现代主义设计为大众服务的宗旨。其简约外观与实用性至今仍令人惊叹，被称作20世纪椅子的象征，在现代家具设计历史上具有重要意义。

帕米奥椅/Paimio Chair
（1929年/芬兰）

设计师：阿尔瓦·阿尔托

（Alvar Aalto）

帕米奥椅是芬兰设计大师阿尔托为疗养院设计的一款曲木悬臂扶手椅。该椅的座面和靠背由一块弯曲成型的胶合板制成，两端弯曲后固定在椅子的横档上，坐上去很舒适且具有弹性。这把椅子在结构、功能和造型上都有很大的创新，既借鉴了包豪斯学派钢管弯曲支撑的优点，又体现出亲切柔和的材料特点。廉价而丰富的木质材料具有一种温馨的人文情调，表现出传统文化和现代工业化生产相结合的设计理念。

巴塞罗那椅/Barcelona Chair（1929年/德国）

设计师：密斯•凡•德•罗

（Mies van der Rohe）

  巴塞罗那椅是现代家具设计史上的经典之作，1929年由德国设计师密斯•凡•德•罗为欢迎西班牙国王和王后参观巴塞罗那世界博览会德国馆而专门设计。这件体态超大的椅子，由弧形交叉的不锈钢架与两块真皮坐垫构成，造型简洁优美，功能实用舒适，显示出不凡的气度和使用者高贵的身份。展出后即刻引发极大的轰动，从而奠定了当代沙发——皮与钢结合的发展方向，有力地印证了"少即是多"的现代美学原则。密斯•凡•德•罗也因创制此椅而名声大震，成为当时世界上倍受注目的现代家具设计大师。

钻石椅/Diamond Chair（1952年/美国）

设计师：哈里•贝尔托亚

（Harry Bertoia）

  这把极具现代感的椅子不但坐感舒适，还能给空间环境带来一种摩登感觉，美国设计师贝尔托亚设计的"钻石椅"就是这样一个前卫且经典的作品。其最大特点是在金属丝编成的网兜底部焊上了两条腿，经抛光和电镀处理后，外形酷似钻石并闪闪发光。该椅构思独特，具有时尚气息，如同表现空间主题的雕塑一样，实用性和装饰性兼具，是很多收藏家喜欢的经典设计。

埃姆斯系列椅/LAR DAR RAR
（1948年/美国）

设计师：埃姆斯夫妇

（Charles Eames & Ray Eames）

　　埃姆斯系列椅有十余款产品，至今在家具界已受宠60多年，其原形是1948年美国的埃姆斯夫妇为参加低成本家具设计比赛而设计的作品。这些椅子最显著的特点，是在玻璃钢材料制成的座面底部，能选择安放三种不同的椅腿，即"埃菲尔铁塔"基座、圆锥状金属支柱和可以摇晃的弧形木板。如今，椅子座面材料已改成更舒适耐用的聚乙烯，不但可制成多种靓丽的颜色，有的还添加了软垫，以满足舒适的坐感。LAR DAR RAR系列椅简洁轻便、摩登时髦，兼顾功能性的造型美感，预示了现代室内设计风格的诞生，并以简约而人性化的设计深受小资和文艺爱好者的喜爱。

蝴蝶凳/Butterfly Stool
（1954年/日本）

设计师：柳宗理

（Sori Yanagi）

蝴蝶凳是由被称为日本工业设计第一人的柳宗理于1954年设计的。该坐具采用两片弯曲定型的纤维板，通过一个轴心，反向而对称地用螺丝和铜条连接在一起，因造型很像蝴蝶在扇动翅膀，故取名为"蝴蝶凳"。1957年蝴蝶凳在米兰大赛上获得著名的"金罗盘"奖，这是日本产品首次在国际设计界崭露头角。蝴蝶凳的造型，源自日本传统建筑的拱门，整个作品体现出功能主义与传统手工艺的精妙结合，令人叹服。

家具篇

郁金香椅/Tulip Side Chair
（1956年/美国）

设计师：埃罗•沙里宁

（Eero Saarinen）

郁金香椅是由芬兰裔设计师沙里宁于1957年在美国设计完成的。作品采用塑料和铝两种新型材料制成，摆脱了传统椅子四条腿的结构，使人腿有了更多的活动空间。椅子造型宛如一朵浪漫的郁金香，同时也像一只优雅的酒杯，圆型底座既稳定又能自由转动，使用者不但可以舒适落座，还能环顾四周的美景。鉴于此椅不仅拥有坐具功能，还兼具艺术品的典雅装饰性，美国国家现代艺术博物馆不但收藏了这件作品，还授予它当年的设计大奖。

最有创造力的椅子大师
——汉斯•魏格纳（Hans J. Wegner）

汉斯•魏格纳是20世纪最伟大的家具设计师之一。从20世纪50年代开始，他使丹麦设计风靡全世界。他一生创作了500多件椅类作品，堪称20世纪的传奇，享有"椅子大师"的美誉。魏格纳的设计天分高超，对家具的材料、质感、结构和工艺研究深入，作品也因线条流畅、结构简洁、追求人体舒适度，而让人感觉极为亲切。在他的著名作品中，可以明显感觉到对中国明式家具元素的传承，体现出富于"人情味"的现代美学。

丹麦著名家具设计大师汉斯•魏格纳

汉斯•魏格纳的设计，看似简单实则独具匠心，那些温润自然且坐感舒适的椅子，无不饱含着设计师尊重传统和欣赏自然的创作理念，以及追求简洁流畅线条的精益求精。他的作品很少有生硬的棱角，转角处大多采用圆滑的曲线进行处理，使人产生一种难以抗拒的亲切感。其作品已成为包括纽约现代艺术博物馆在内的世界主要博物馆的收藏品，而他本人也被誉为丹麦现代设计语言。

汉斯•魏格纳设计的多款经典木色系椅子，自然而温馨的家居随意感跃然而出。

圆椅/The Chair（1949年/丹麦）

　　1949年设计完成，1960年曾在美国总统竞选的历史性电视辩论会上作为肯尼迪和尼克松的"御椅"而闻名，后被世人尊称为The Chair。"圆椅"坐上去很舒适，看上去则有中国明式家具的简练和典雅。流畅优美的线条、精致的细部处理和高雅质朴的造型，使人倍感亲切，时至今日，在各种国际重量级的会晤中，仍少不了它的身影。它曾获得过伦敦The Royal Society of Arts颁发的皇家工业设计师等殊荣，是世界上被模仿最多的设计作品之一。

叉骨椅/The Wishbone Chair（1950年/丹麦）

　　叉骨椅是1950年魏格纳设计的另一款经典作品，因背板呈Y字造型，也被称为"Y形椅"。该椅造型颇具中国明式圈椅的典型特征，设计师在北欧家具的简约中，巧妙地融合了东方的人文元素，表达了对自然的向往。叉骨椅的顶栏杆以蒸汽弯曲工艺制成，椅垫用120m长的皮绳手工编制，工艺精湛，舒适耐用。它是魏格纳设计的椅子中最为畅销的经典款，自问世以来从未中断过生产销售。

贝壳椅/Shell Chair（1963年/丹麦）

　　原创于1963年的贝壳椅，由于当时技术成本较高，只生产了很少的数量，直到20世纪90年代才得以重新发布，成为十分畅销的经典之作。该款椅子运用了高难度的木材加弯技术，将胶合板以蒸汽加压方式弯出美丽的曲线。椅体仅由三个构件组成，造型大方，富有太空感的流线型设计让人印象深刻。椅座两旁向上弯曲的弧线，有别于一般扶手椅的设计，向外延伸的线条如落叶般自然，颇具大师风范。

蛋壳椅/Egg Chair（1957年/丹麦）

设计师：安恩•雅各布森
（ Arne Jacobsen ）

丹麦设计大师雅各布森设计的蛋壳椅，可以说是20世纪室内设计的经典家具。时至今日，仍然是室内设计师最喜欢用的装饰元素之一。蛋壳椅采用创新技术和材料，以玻璃钢做内坯，外层包缝高级绒布或真皮，座垫和靠背下垫有弹性海绵，可以360°旋转。该椅造型独特，椅身曲面圆润，坐感舒适，给人十足的安全感，在公共场所开辟一个不被打扰的空间，具有质感非凡与结构完整的人性化特色。

潘顿椅/Panton Chair（1960年/丹麦）

设计师：维纳•潘顿
（ Verner Panto ）

由丹麦设计大师维纳•潘顿根据人体曲线设计的S形单体悬臂椅，是全世界首张使用塑料一次模压成形的椅子。它可以说是现代家具史上革命性的突破，不仅具有强烈的雕塑感，同时也为家具赋予了丰富的色彩，被世界上许多知名博物馆所珍藏。凭借柔美的流线设计，潘顿椅时常使人联想到女士的曲线坐姿，显得非常性感和前卫，被各种时尚场合捧为"座上宾"，极具室内装饰性。

卡路赛利椅/Karuselli Chair（1966年/芬兰）

设计师：约里奥•库卡波罗
（ Yrjo Kukkapuro ）

这把以舒适著称、连家具界业内人士都渴望拥有的椅子，是由芬兰设计大师库卡波罗历时4年才设计完成的，其创意灵感来自他醉酒后坐入雪堆的舒适感受。为了获得最佳的人体工学角度，设计师首先利用模具，制成了贴合人体的玻璃钢"坐兜"，并使之与金属椅腿悬挂连接，这种结构不仅美观，还能极大地满足落座后的舒适度。该椅充分体现了"功能至上"的北欧设计风格，问世后被世界上许多著名博物馆收藏，被誉为"人类最舒适的坐具"。

幽灵椅/Louis Ghost Chairs（法国）

设计师：菲利浦·史塔克
（Philippe Starck）

大名鼎鼎的"幽灵椅"在当今时尚界曝光率极高，世界各地的许多知名展场与高档餐厅都能看到它的倩影。这款由被誉为"设计鬼才"的法国设计大师菲利浦·史塔克设计的透明椅子，以独具匠心的创意和高超的工艺水平，大胆运用透明的聚碳酸酯（简称PC）有机材料，仿佛幽灵一般重现了路易十五时期的经典风格，成为具有现代时尚感的巴洛克创意作品。幽灵椅采用透明的有机材料制成，圆形靠背和扶手体现了极高的工艺难度。优雅的造型与高透明度的材料相结合，情感丰富且深具视觉张力，非常适合摆放在咖啡厅、前卫展厅和时尚家居中作为装饰家具，突显主人的不凡品味！

670躺椅/Eames Lounge Chair_The 670（1956年/美国）

设计师：埃姆斯夫妇
（Charles Eames & Ray Eames）

如果想为办公室或书房找一把既有品位又舒适的椅子，那么大名鼎鼎的"埃姆斯670号躺椅"一定会成为首选。这把由埃姆斯夫妇于1956年设计的奢华躺椅及其脚凳，其创作灵感源自英国传统的俱乐部椅，分为头靠、靠背和坐面三个结构。每个部位都由五层胶合板与两层巴西红木单板组成，扶手创造性地运用了减震垫，轻巧的板式框架搭配舒适柔软的座面皮料，再加上轻盈纤细的旋转椅脚，充满时尚的现代气息，给人一种舒适优雅且不失品味的成功感觉。

明式椅子/Bright Type Chair（中国明朝）

中国家具有悠久的历史，发展到明代，无论是工艺制作还是造型艺术，都已达到登峰造极的水平，在世界家具体系中享有盛名。然而，"明式家具"与"明代家具"却有着本质区别。明代家具，指在明代制作的家具；而"明式家具"指自明代中叶至清朝前期，我国家具的独特艺术形式。具体表现为能工巧匠用紫檀木、酸枝木、花梨木等进口木材制作的硬木家具，具有造型优美、选材考究、制作精细等特点。

在种类繁多的明式家具中，椅子无疑是个中翘楚。按其形制大体可分为四式，即靠背椅、扶手椅、圈椅和交椅，并以其独特的造型、严谨的结构、流畅的线条等特点闻名于世，成为设计史上杰出的中国智慧符号，蕴藏着丰富的传统文化内涵，具有极高的艺术欣赏价值。

以造型独特、结构严谨和线条流畅等特点闻名于世的明式家具，在世界家具体系中享有盛名，无论是工艺制作还是造型艺术，都已达到登峰造极的水平。

灯挂椅/Lamp Hanging Chair

灯挂椅是明式靠背椅中最为普及的款式，因造型酷似南方挂在灶壁上用以承托灯盏的竹制灯挂而得名。该椅制作木料种类较多，民间常用榉木或榆木，而宫廷则偏爱黄花梨和鸡翅木等高档木料。主要特点是：圆腿居多，搭脑向两侧挑出，整体简洁，只做局部装饰；与其他椅子相比，因无扶手，就坐时左右无障碍，实用且别具风格。该椅的造型整体感觉挺拔向上，简洁清秀，是明式家具的代表样式。

官帽椅/The Official Cap Chair

官帽椅是明式扶手椅中的典型款式，始于宋元时期，主要分为"四出头官帽椅"和"南官帽椅"两种，由于整体造型酷似古代官吏所戴的帽子而得名。官帽椅具有明式家具线条洗炼、造型舒展、结构严谨、装饰适度等特点，同时形态典雅、端庄，蕴涵一种儒雅的文人气质，是明式椅具中的精品。

"四出头官帽椅"指椅子的"搭脑"两端出头，左右扶手前端出头。其标准式样是后背为一块靠背板，两侧扶手各安一根"连帮棍"。该椅一般与茶几配套使用，以四椅二几置于厅堂明间的两侧，作对称式摆放，用来接待宾客。

"南官帽椅"以扶手和搭脑不出头、向下弯扣其直交的帐子为特征。椅背板成S形，多采用边框镶板做法，中分数格或镂雕或浮雕。南官帽椅在南方使用居多，给人以圆浑、优美的感觉，通常成对陈设，很少单支使用。

四出头官帽椅

南官帽椅

玫瑰椅/Rose Chair

又称"文椅"，是明式扶手椅中常见的形式。其特点是靠背、扶手座面垂直相交。由于在室内一般临窗陈设，椅背不高过窗台，配合桌案使用又不高过桌沿，所以靠背和扶手都较矮，二者高度相差不大。玫瑰椅在明式椅子中体态较小，用材单细，造型小巧美观，多以花梨木制成，故予人一种轻便灵巧的感觉。

圈椅/Round-backed Armchair

圈椅可以说是明式家具中最为经典的制作，具有极高的艺术价值。其优雅的轮廓、和谐的比例，以及适宜的尺度，一直被古今中外的设计师所赞叹不已，成为现代椅子设计的灵感来源，享有世界家具中"第一椅具"的美誉。

圈椅由宋代的交椅发展而来，因靠背与扶手相连成圈形而得名。它通过后立柱，从高到低顺势而下成为扶手，就坐时可使肘部和臂膀得到自然支撑，让人感到十分舒适。而平直的座面与弯曲的靠背，形成沉稳与流动之间的对比感，不仅在造型上显得古朴典雅，还蕴涵中国古代"天圆地方"的哲学思想，具有很深的传统文化内涵，即便是在现代家居环境中，依然能构筑出完美的艺术想象空间。

布艺篇

PART 4

左右空间氛围的"软利器"

主流装饰风格的布艺特点
与窗帘有关的基础知识
窗帘的款式及其装饰特征
地毯的种类与搭配技巧
床品 / 靠垫 / 桌布搭配方法

在软装范畴中，布艺是仅次于家具的重要元素。它不但能柔化室内空间的生硬线条，赋予居室典雅温馨的感觉，以及赏心悦目的色彩，还可以根据不同季节或主人心情，随时进行调整。它不仅是住宅中一道亮丽的风景，还是增加生活舒适度的最好配饰，在烘托整体家居氛围方面，有着不可低估的装饰作用。

除了具有点缀空间格调的装饰作用外，布艺在家居环境中的物理功效也非同一般。各种质地的柔软布料，既能降低室内的噪声、减少回声，使人获得舒适的"触感"，又有阻断外界的视线、调节室内明暗度、保护隐私等功能。因此，无论从实用角度还是审美价值上来讲，布艺都是家居生活中不可或缺的要素。

作为最常见的家居饰品，布艺涵盖的范围十分广泛，尽管它的分类方法很多，但在软装方面，主要还是以使用功能来进行划分。比如在一个家居空间中，比较常见的窗帘、地毯、靠垫、床上用品、桌布等都属于布艺的范畴。与其他软装元素相比，这些集实用与装饰于一身的布艺饰品，还具有更换方便的特点。既不用复杂的施工，又无需过多的金钱，只要掌握搭配技巧，根据整体装饰风格来决定布艺的形态、样式、图案和纹理，就能营造出或清新自然、或典雅华丽、或温馨浪漫的居室氛围，全面满足居住者使用和审美的空间感受。

家居空间中，窗帘、地毯、床品、桌布等均属于软装布艺范畴，只有根据整体装饰风格进行合理搭配，才能营造出相得益彰的装饰效果。图中卧室为欧式古典风格布艺搭配，面料质地厚重、色彩浓烈沉稳，彰显典雅华丽的空间氛围。

主流装饰风格的布艺特点

在装饰风格方面，由于布艺的种类极其繁多，各种花色和图案彼此借鉴、相互融合的情况比较普遍，不像家具那样具有较为明显的特征，可以简单地以欧式、中式、地中海、美式、现代等风格来区分。因此在选择家居布艺产品时，很多人都会感觉无从下手，在花色缤纷的布匹堆中，凭借自己的直观感受去茫然选购。其实想想这件事也不难，只要了解一下各主流装饰风格的布艺特点，就可以轻松自如地选到符合不同家居装饰风格的布艺饰品，并通过相关款式、色彩、质地和图案上的合理搭配，恰到好处地为室内环境添光增彩。

在家居陈设中，软装的八大元素没有一个是孤立存在的，布艺制品同样也不例外。因此，在居室的整体布置上，不管是哪种装饰风格，基调才是决定软装配饰的重要因素。各种布艺饰品只要在颜色、图案、材质和款式上能与室内格调协调统一，注意和家具风格统筹搭配，就能打造出具有审美格调的居室氛围。为方便大家记忆，就用几句简单的顺口溜，来作为布艺搭配的口诀：色彩基调要确定，尺寸大小先量好，布艺面料需对比，风格元素来呼应。

下面就逐一了解一下在各主流装饰风格中布艺所应表现出的装饰特点。

无论是哪种装饰风格，只有根据空间整体基调，选择室内布艺产品的颜色、图案、面料及款式，方能打造出具有审美格调的居室情调。

新古典风格

新古典风格的主要特点是：在注重室内装饰效果的同时，摒弃欧式传统风格中过于繁杂的装饰，用现代手法和材质还原古典尊贵气质；并通过精炼而朴素的造型、适度的款式设计，将古典与现代风格融为一体，借以表现居室主人对典雅品味和理性生活态度的追求，带给人一种全新的浪漫感受。

新古典的布艺饰品具有十分典型的风格特征，它崇尚在现代时尚元素中融入古典色彩，不论在款式上还是花色和材质上，都会兼顾古典与现代的双重审美效果，使整个家居氛围呈现唯美大气和含蓄高雅的装饰效果。

窗帘，可以说是新古典家居风格中最具代表性的布艺饰品。为了更好地衬托欧式风格典雅而贵气的空间氛围，新古典空间的窗帘多采用三层帘设计，即在窗帘布与窗纱之间，搭配一道中间色系的单色丝光面料，以增加窗户的层次感和立体感。制作材料上，最好选择具有质感、遮光和隔音效果较好的厚重面料，如丝绒、真丝、提花织物和麻质面料等。造型款式上，常搭配装饰性较强的帘头（窗幔），帘体打双重褶或三重褶，帘边搭配流苏、花边或吊穗等点缀。色彩运用上，偏重于华丽沉稳的感觉，可根据室内整体装饰效果，以暖红、暗红、棕褐或金色作为主色调。在图案方面，适合选择有凹凸感的暗花、具有韵律感的弧线，以及螺旋形状纹理等花型，力求在线条的变化中充分展现古典与现代相结合的精髓之美。

卧房内具有质感的窗帘与床幔，在错落式帘头的点缀下，为空间营造出唯美和优雅的古典格调。

床品、靠垫和地毯，融入了古典柔和的色彩，颜色上相互呼应点缀，使卧室呈现出一种典雅且理性的浪漫氛围。

现代简约风格

现代风格以体现时代特征为主，是一种简洁明快的家居风格。其主要特点是：重视室内空间的使用功能，主张废弃多余的、烦琐的装饰，给人以整洁清爽的空间感觉。由于现代风格家具线条简单、装饰元素少，所以在软装陈设方面，一定要遵循"简约不仅是一种生活方式，更是一种生活哲学"的原则，合理搭配软装元素，才能显示出家居的整体美感。

为现代简约风格搭配布艺饰品，首先要在色彩上与居室的整体装饰基调相协调。由于窗帘在室内占有的面积较大，所以有时也可以将窗帘的颜色定成空间的主色调，体现一种简约实用的生活气息。需要注意的是，作为装饰居室主色调的窗帘，一定要根据空间的大小来考虑。面积较大的居室，窗帘的色彩可适当丰富一些；而对于狭小的居室，最好使用浅色或纯色的窗帘，这样可以减轻视觉压力。这是因为当色彩对比度大时，空间就会显得狭小，而当色彩协调时，室内显得相对宽敞。

现代风格的家居中，布艺的柔美，可以打破家具线条简单的刚硬，赋予居室舒适的生活感受。在布艺材质上，现代风格比较适合选择纯棉或麻质面料，以追求一种自然、简约和朴素的感觉。如沙发靠垫、窗帘、床品等布艺的颜色可以有所跳跃，但最好不要选用过于花哨的图案，以免破坏空间的整体感觉。在花色方面，可以考虑选择较为简洁和抽象的图案。只有线条简约流畅、色彩淡雅明快，再配合上棉麻织品的质朴飘逸，才能较好地体现出简单快乐的时代感。

另外，现代风格居室中的窗帘，像花边、窗幔、帘头等复杂的装饰都可省略，甚至窗帘盒也可有可无，只安装一款造型简单的窗帘杆或滑道，反而更能彰显明快实用的家居风格，完美地反映"少即是多"的设计理念。

沙发上摆放的色彩跳跃的靠垫，打破了空间及家具的生硬线条，为简洁的客厅营造出时尚的现代美感。

简洁明快的白色客厅，大胆地搭配明黄色窗帘和靠垫，不仅弱化了现代家具线条的生硬，还为平淡的空间增添了色彩亮丽的时尚美感。

美式乡村风格

美国是一个以殖民文化为主导且崇尚自由的国家。因此在家居装饰上，美式乡村风格因其自然、朴实又不失高雅的气质，成为田园风格的代表，备受中产与小资阶层的推崇。其主要装饰特点是：既保留对欧式古典文化的传承，又增加了对生活舒适功能的追求，无需太多的造作修饰，强调家居饰品"回归自然"，通过简洁典雅和惬意温馨的空间陈设，体现一种既有怀旧文化氛围又不拘一格的生活方式。

美式乡村风格的布艺颜色多以自然色调为主，既恬静清新又不失时尚色彩，力求在家居中表现出休闲惬意而简洁典雅的室内氛围。

布艺配饰方面，美式乡村风格非常注重布料的天然质感，多采用具有舒适手感和透气性好的棉麻材质，色彩以自然色调为主，酒红、墨绿、土褐色较为常见。面料花色方面，喜欢选用形状较大的花卉、生动鲜活的花鸟鱼虫以及具有异域风情的图案，有时也会选用带有古朴味道的格子或条纹，来表现乡村恬静的自然气息。在家居陈设中，客厅和卧室的沙发大多为富有田园味道的布艺面料，而窗帘、床品等，习惯选用统一色调的成套布艺来装点，力求表现出悠闲惬意与和谐统一的家居氛围。

美式乡村风格的窗帘，在设计方面虽然没有严格的定义，但从流行的样式上，能明显感到它已摒弃了欧式古典风格的烦琐和奢华，追求的是一种雅致自然的装饰效果，以及对整体家居氛围的舒适感受。居室内的窗帘大多以天然棉麻面料为主，即便搭配帘头，也都是便于打理的简洁款式，具有复古情调的花卉或条纹图案，既沉稳大气又不失时尚色彩，反映出一种质朴而实用的生活态度。

客厅中的布艺饰品均选用具有天然质感的棉麻面料，素雅的条纹沙发与花卉图案窗帘，呈现出一种质朴自然和典雅舒适的家居味道。

新中式风格

从现实意义上讲，新中式风格既不是家居陈设上的明清复古，也不是室内中式元素的纯粹堆砌；而是通过对传统文化的认识，将现代设计和古典元素相融合，以当代人的审美角度，在家居陈设中表达出对华夏文明的清雅含蓄层面的精神追求，使传统艺术在当今社会得到合适的体现，进而打造出富有中国文化韵味的居室氛围。

新中式风格以中国传统文化为背景，结合现代设计营造出空间氛围，因此布艺陈设方面，首先应具有古朴典雅的特点。在材质上，宜选用具有浓郁中国风情的丝质或棉麻面料，这样不仅可以反映现代人渴望朴素而有质感的生活方式，更能迎合中式家居追求内敛的设计风格。在配色上，清雅风格常采用米黄、米白、浅灰、灰绿等浅色调，而豪华风格多以朱红、深咖、金黄和紫色为主。像窗帘、床品、地毯等面积较大的布艺织物，最好能在颜色或图案上与整体装饰风格相协调，使其相互呼应并产生内在的联系，以增强中式元素的整体凝聚感。

中式家居的窗帘通常比较简约大气，即使搭配帘头，样式也比较简单，常运用一些几何拼接图形或特殊剪裁方法，来突显浓郁的中国味道。偏重豪华装饰的居室，帘体可用两种面料制成双层窗帘，即在质地较厚的棉麻帘布背面，缝上一层具有质感的丝绸内衬，不但可以增强遮光性，更能突出绸缎的飘逸感，给人以华贵和大气的感觉。此外，窗帘的精致做工，以及流苏和绑带的生动设计，都能在细节上体现中式风格之精雕细琢的特点，具有十分明显的装饰作用。

彰显中国特色的艺术元素，以及赋有传统文化内涵的吉祥图案，是布艺饰品展示中式风格最具代表性的符号。无论是写意国画、苍劲书法，还是福禄寿禧、梅兰竹菊，只要运用得体，均可淋漓尽致地表现出颇具东方审美情趣的家居氛围。除了窗帘外，在中式风格的家居中，靠包和床品是很容易营造出中国风情的布艺饰品。比如，在线条硬朗的明式圈椅或简洁质朴的布艺沙发上，摆放几个具有中国元素图案的靠包，既能让人舒适倚靠，又能产生富有中式情调的装饰效果。

具有青花瓷般韵味的窗帘典雅而大气，无论帘头造型还是帘布花色，都与沙发上的丝绸靠包一样，在空间中呈现出中国文化的丰富内涵，以及精雕细琢的东方审美情趣。

金黄色的丝质窗帘与床品相互点缀，在朱红色布艺床头及上方中国画的呼应下，让宽敞的卧室呈现出一种华贵和大气的感觉。

地中海风格

地中海风格因富有浓郁的地中海人文风情和地域特征而闻名。除了硬装上所具有的典型类海洋特点外，它对于中国城市家居的最大魅力，恐怕就是其装饰色彩的纯美组合了。由于光照充足、空气透明度高，地中海风格所有颜色的饱和度都很高，体现出色彩最绚烂的一面。在色彩搭配上，它通常根据沿岸的地貌特征，分为蓝白、黄绿、土黄及红褐三种色系，体现出碧海蓝天下别具情调的自然美感。

基于对海边轻松自然、舒适浪漫生活方式的崇尚，地中海家居中鲜有奢华与刻意的装饰。因此，在家居装饰中，像窗帘、桌布、靠垫、沙发套等布艺品，可以选择一些质地天然的棉麻面料，使整个家居感受更亲近自然。同时，在图案上最好选择一些素雅的花色，使人感到悠闲自得，营造出一种自然和谐的居室氛围。

除了蓝白色外，温和的土黄色其实也是地中海空间中表现古朴自然的颜色之一。图中白色房间的双色拼制窗帘，不仅给人以清新淡雅的视觉印象，还洋溢出一缕温馨的沙滩味道。

清新素雅是地中海风格布艺的主要特点。在家居装饰中，如果窗帘的颜色过重，很容易造成空间的沉闷，而颜色过浅，会影响室内的遮光性。因此，根据居室的整体装饰格调，选择较为温和的蓝白、黄绿、红褐等色调，采用双色或多色混搭来制作窗帘，不但简单别致、充满生活情趣，视觉上还会给人以温馨淡雅的感觉，隐约间散发着清新的海洋风情。

与美式乡村风格中所偏爱的大花图案不同，地中海家居的布艺在花色选择上，常以具有该地域特色的小花形或爬藤类植物纹样为主，有时也会选用一些低彩度的条纹和格子图案。这样不但可以使家居味道更加古朴，使之有浑然天成的感觉，还能表现出向往自然的装饰特点。

蓝白色布艺产品，可以说是对地中海风格最好的诠释。这种能让人产生浪漫情怀的冷色调，装饰在空间中会带来宁静而舒适的感觉。

东南亚风格

东南亚风格是热带岛屿风情与地域文化延伸的产物。家居设计方面，经过多年来对西方现代观念的融合，在吸收亚洲传统文化精髓的同时，通过不同材料和色调搭配，在保留自身特色之余，形成具有"绚丽自然主义"特色的装饰风格。由于东南亚各国地处热带，气候闷热潮湿，为了避免空间氛围的压抑，展现大自然五彩斑斓的色彩，因此在布艺装饰上，尤其偏爱采用夸张艳丽的色彩，来打破视觉上的沉闷。

可以说，没有哪种风格能像东南亚风情一样，在家居中将布艺的魅力发挥得如此淋漓尽致。虽说浓烈的桔红色、香艳的嫩黄色、神秘的紫色以及明丽的绿色，都是体现东南亚风情的主要色彩，但在家居空间的色彩搭配中，东南亚风格的布艺饰品大多数以深色调为主，局部点缀鲜艳浓丽的色调。因此，无论选择什么颜色，都要注意把握搭配原则，应大面积使用协调色，小范围使用对比色，才能营造出沉稳大气、富丽堂皇的异国情调。

东南亚家居中的窗帘，款式上比较类似现代风格，线条表达以直线为主。制作面料多以天然的棉麻以及柔软的丝绸材质为主，突显舒适的手感和良好的透气性。窗帘色调的选择主要有两种取向，一种是带有中式风格的深色系，另一种是受西方影响的浅色系。花纹图案常以绿色植物为主题，与乡村风格不同的是，东南亚风格更喜欢表现植物的局部状态，如曼妙的线条、抽象的条纹，或与民族风格有关的几何造型，都是具有东南亚特色的装饰图案。

垂感飘逸的白色纱幔，以轻盈的质感为室内空间营造出浪漫而自然的热带岛屿风情。

色彩香艳的丝绸靠垫打破了视觉上的沉闷，在自然质朴的卧室中，彰显流光溢彩的异国情调。

除了布艺窗帘外，纱幔也是东南亚家居中颇具特色的布艺装饰。隐约、自然、飘逸的纱幔不但可以作为建筑中的吊纱，大幅而具有垂感的落地窗纱还能透视窗外的美景，以其轻盈和浪漫的质感，营造出独特的空间氛围。除此之外，以丝绸或棉麻面料缝制的抱枕和靠垫，也是装点东南亚家居的重要饰品。这些根据室内格调搭配的布艺品，或素雅含蓄，或香艳妩媚，只要运用得当，都能为空间彰显出流光溢彩的异域风情。

与窗帘有关的基础知识

窗帘是住宅中用来补充窗户功能的重要布制品，其主要功能是与外界隔绝，保持居室的私密性。从实用角度来说，它既能遮光减光，满足人们对光线强度的不同需求，又可以防风、保暖、降噪，改善室内的气候与环境。从装饰角度上，它又可以称为家居环境的"脸谱表情"，担负着美化室内风格、点缀空间情调的重要作用，是现代家庭中不可缺少的、体现功能性和装饰性完美结合的室内艺术品。

帘布

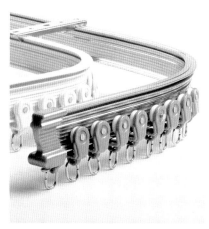

轨道

配件

窗帘的褶皱与面料

窗帘褶皱

决定布艺窗帘给人印象的关键因素之一，就是顶部的褶皱。一般来说，褶皱越多装饰性越强，现代家居中的窗帘，以双重褶和三重褶比较常见。打褶后的窗帘立体感强，易于彰显其飘逸的装饰效果。但由于打褶越多，使用布料宽度越大，因此一味地追求多褶，其实也没有必要，通常轻薄柔软的窗帘，可适当增加些褶皱量，加宽到2.5~3倍较好；而面料较厚的窗帘，2倍宽幅足矣。近几年来，随着简约风格的流行，也出现不少符合简单生活方式的无褶平幕窗帘。

尽管窗帘面料种类很多，但具有垂感的织物应是较为理想的选择。此外，要想突出窗帘的装饰美感，最好要打双重褶以上。

窗帘面料

　　窗帘的面料种类很多，按织物质地分类有：纯棉、麻质、涤纶、真丝、混纺织物等。棉质面料质地柔软、手感好；麻质面料垂感好、肌理感强；涤纶面料挺刮、色泽鲜明、不褪色不缩水；真丝面料由100%天然蚕丝织成，具有自然飘逸、高贵华丽、层次感强的特点。除此以外，如金丝绒、麂皮绒、植绒等都是不错的窗帘面料。目前家居中较为常用的窗帘面料，大多以涤纶化纤织物和混纺织物为主。另外，根据纺织工艺不同，窗帘面料可分为：印花布、染色布、色织布、提花布等。

常见面料及其特点

印花布：以转移或筛网的方式在素色胚布上印上色彩和图案。其特点是：色彩艳丽、图案丰富，具手绘般的印染效果。

印花布

色织布：根据花色图案需要，先把纱分类染色，再交织成色彩和图案。其特点是：色牢度强、色织纹路鲜明、立体感强。

色织布

染色布：在白色胚布上染上单一的颜色，没有图案和花纹。其特点是：素雅、自然、挺括，符合简约的流行趋势。

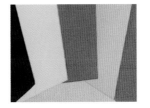

染色布

提花印布：将提花和印花两种工艺结合在一起织成。其特点是：图案丰富多变、层次感和立体感较强。

提花印布

雪尼尔面料：混纺工艺织成，具有手感柔软、质地轻盈且织物厚实的特点。这种面料垂感性较好，广泛应用于窗帘和沙发等家饰布艺领域。

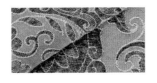

雪尼尔面料

高密色织提花面料：提花工艺织造，纱线细密度高，织法变化丰富，具有手感厚实、光洁度高、耐用性好的特点，是纯棉面料中较为高级的一种。

高密色织提花面料

粗支纱印花面料：印花工艺织造，纱线较粗、密度低，具有粗而不犷、细而不腻的特点，是较为大众化的面料。

粗支纱印花面料

由纱帘、遮光帘和布帘组成的三层窗帘，既有很强的装饰性，又能发挥各自不同的功能，是现代家居中较常见的窗帘种类。

为了更好地发挥窗帘的功能性，目前很多高档住宅的窗帘都由三层面料组成，由外到里依次是纱帘、遮光帘（或单色丝光帘）和布帘。由于布帘需要具有很强的室内装饰性，所以除了挑选花色图案外，材质上应注重面料的垂感和厚实感。

纱 帘

纱帘不仅能给居室增添浪漫与温馨的氛围，而且具有采光柔和、透气通风的特性。它可以调节心情，给人一种若隐若现的朦胧感。由于纱帘通常需要打褶，因此宽度要打出双倍量，其高度则要适当"缩短"，不要长过布帘，这样挂起来更加美观。纱帘面料按材质可分为涤纶、仿真丝、麻质或混纺织物等，2.8m幅宽的比较常见。

遮光帘

常规的遮光窗帘，主要指在普通的布帘基础上加一层不透光面料，从而达到良好遮光效果。传统的胶膜遮光面料是为单纯遮光而制，属于布帘的配套产品，由于手感发硬且有响声，在家居中已很少使用。目前较为流行的是集遮光与装饰为一体的单色遮光帘，属亚麻与棉的混纺品，环保性能和垂感都比较好，既有装饰风格又有较好的遮光效果，可直接做成窗帘。

纱帘不仅能体现窗外若隐若现的朦胧美感，还能有效地保护室内的私密性。

具有良好遮光性的混纺遮光帘，虽然颜色有些单一，但直接做成窗帘装饰效果也不错。

导轨的种类及挂法

　　选择窗帘轨道是软装配饰中比较重要的环节。从使用角度上讲，由于需要长期频繁开合，导轨的耐用性、顺畅程度和噪声大小，是衡量质量好坏的首要标准。此外，明装导轨的装饰性也不容忽视。一款与室内装饰风格相匹配的窗帘杆，不仅能衬托出窗帘的艺术性，还可成为家居中美丽的点缀。

　　窗帘导轨的种类很多，根据安装方法主要分为明轨和暗轨两大系列。其中明轨有木制杆、铝合金杆、铁艺杆、塑钢杆等多种类型。暗轨按加工材质可分为纳米轨道、铝合金轨道、塑钢轨道等。此外，近年来又新出现一种适用于落地窗的蛇形帘轨道，主要流行于欧洲、日本和台湾等地区。

蛇形帘轨道

导轨及帘盒

明装窗帘杆：材质一般以金属和木质为主，有单轨和双轨两种类型，适用于没装窗帘盒的窗户。其特点是：可根据室内装饰风格，选择不同材质的帘杆和花头造型，具有很强的装饰功能。

金属明装窗帘杆

暗装轨道：暗装轨道按形态可分为直轨、弯曲轨和伸缩轨，有单轨、双轨和三轨形式，主要用于带窗帘盒或有帘头的窗户。目前较常见的有铝合金导轨、塑料纳米导轨、电动轨等。

铝合金暗装导轨

窗帘盒：窗帘盒是隐蔽轨道的常见方式，或隐藏在吊顶内，或与窗套做成一个整体。一般来说，帘盒高度在10cm左右，宽度需根据导轨数来确定，单轨不少于12cm、双轨在15cm以上。如需渲染空间氛围，也可在帘盒内暗装灯具制造光影效果。

有光影效果的窗帘盒

竹制卷帘与布艺窗帘完美地搭配在一起，既具功能性又有装饰性，为室内营造出一种清新雅致的空间氛围。

窗帘的挂法

　　窗帘在家居中的装饰效果，除了需要以面料和花色来体现外，其悬挂方法也十分重要。漂亮的窗帘只有选对挂法，方能展现出与众不同的视觉效果。因此，在软装陈设中，设计师一定要根据室内整体风格与窗户的状况，有区别地选择适合的挂法，否则再好的窗帘也会变得平淡无奇。

平直式：是最为常见的窗帘挂法，通过穿孔、套环、系绳、吊带等形式，体现轻松自由的空间氛围。这种挂法看似简单，但唯美大气，不经意间透着简洁利落。

简洁利落的
平直式窗帘

百褶式：分为单层和双层两种挂法。单层可营造空间朦胧之感；双层能有效减少室温的流失，具有很好的遮阳效果，给家居环境带来飘逸大气之感。

实用美观的
百褶式窗帘

帷幔式：帘布多以花边和吊坠装饰，帘头多呈扇形、W形、圆幔形等变化，不同的帘头及褶皱设计，可带来不同的视觉效果，具有华丽典雅的家居风格。

典雅华丽的
帷幔式窗帘

罗马式：采用吊带式多段抽褶式，具有较强的立体感和层次感，可以根据季节放下或者拉起，欧式风格浓郁，不过挂法相对复杂，造价较高。

层次立体的
罗马式窗帘

固定式：不需要通过轨道进行闭合，可直接将窗帘顶部固定在帘盒内，平时两侧撩开便可透光；比较适合狭窄的窗户，主要用来增强窗户的视觉效果。

无需轨道的
固定式窗帘

有多种帘头与褶皱设计的帷幔式窗帘，可为室内带来不同的视觉效果，是古典风格家居中常用的款式。

布艺篇

选购面料的计算方法

在定制窗帘过程中，虽然我们都会测量窗户的宽高尺寸，但有时会因为制作的不同款式和需要打褶等因素，而变得不知如何正确地计算用布尺寸。一般来说，要想获得较好的室内装饰效果，窗帘通常都要打双重褶或三重褶，这样所使用的布料宽度，至少应是窗宽的1.5~3倍。有时即便做最省布的"平幕窗帘"，所需的窗帘面料尺寸也必须是窗宽的1.2倍以上，这样做好的窗帘才能保证不会漏光。所以，大致了解一下窗帘的计算方法还是很有必要的。

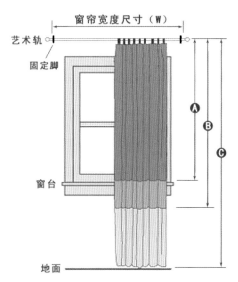

用于制作窗帘的布料，通常有2.8m和1.45m幅宽两种规格。除复式结构或挑空别墅外，大部分住宅的棚高都在2.8m以内。因此制作窗帘，通常选用幅宽2.8m的面料相对省布，计算起来也比较简单，即根据轨道的长度"定高买宽"就行。为了避免窗帘过窄而导致漏光，一般来说，窗帘宽度需大于窗框两边各20cm。此外，再加上锁边和打褶的用料，基本就能大致算出所需布料的米数了。

除了宽度需要注意外，一般来说，窗帘的长度主要分为台上帘、台下帘和落地帘三种规格。具体表现如图所示：

A.指到窗台上的长度；

B.指盖过窗台的长度；

C.指落地窗帘的长度。

计算窗帘面料的注意事项：

（1）窗帘面料的用布尺寸，首先取决于窗帘杆或窗帘轨道的长度，以及安装高度。

（2）宽度：一般来说，窗帘轨道长度乘以1.5倍为平褶皱，乘以2倍为波浪褶皱（常用褶皱比），打孔窗帘乘以2.5倍效果较好。即便是无褶，窗帘的布料宽度，至少也应是轨道长度的1.2倍，这样才能保证不会漏光。

（3）高度：下垂至地面的落地窗帘，通常是量出从轨道下方到地面的高度后，再减去2.5cm，这样可以防止蹭脏布帘底边；下垂至窗台的半截窗帘，应下垂过窗台5~10cm；如窗下有散热器，应下垂至散热器上方2cm左右。

（4）选用图案布料如需对花，一定要算出富余的尺寸，以免拼接时布料不足。

（5）纱帘由于装饰性较强，因此，面料宽度至少是轨道长度的2倍才便于打褶；而高度最好要短于布帘1~2cm，以免长过布帘，视觉上不太美观。

窗帘的款式及其装饰特征

窗帘除了具有遮光和保护隐私的功能外，还能有效地提升整体家居的装饰效果，营造出温馨而舒适的空间氛围。所以定制窗帘，不仅要注重花色和材质上的选择，更重要的还应考虑窗帘样式与家居风格的整体搭配。因为窗帘的款式往往会比花色和图案带来更直接的视觉效果，选对款式不但能纠正窗户的不良比例，起到均衡空间的作用，还会给家居环境带来丰富的表情，反映出主人的生活品味和审美情趣。

窗帘的种类很多，除了具有遮光和保护隐私等功能外，还能给家居环境带来丰富的表情，整体提升室内空间的装饰效果。

窗帘种类繁多，但大体可分为"布艺帘"和"成品帘"两大类。"布艺帘"根据开合方式主要分为平开帘和罗马帘两种。"成品帘"则按功能分为卷帘、折帘和百叶帘三种。下面简单介绍一下这些窗帘的款式特点。

成品帘根据窗户规格定制而成，无需轨道，方便安装，按功能大致分为卷帘、折帘和百叶帘三种。

布艺窗帘，顾名思义是以各种纺织面料缝制的，根据开合方式主要分为左右平开帘和升降罗马帘两种。

平开帘

"平开帘"又称"开合帘"，简单地说就是沿着轨道或吊杆平行拉合的窗帘。平开帘是布艺窗帘中最常见的样式，在住宅中极为普遍。这种窗帘面料丰富、款式多样、装饰感很强，悬挂和掀拉都很方便，适用于大多数居室窗户，一般分为单侧平拉式和双侧对拉式两种。可根据不同的制作方式与辅料运用，产生赏心悦目的室内装饰效果。

平开帘主要安装在窗帘轨道或明装吊杆上，通过吊钩、穿孔、绑花等方式与轨道连接。这类窗帘大多以各种布艺面料缝纫而成，悬挂简单，拆洗方便，非常适用于家居环境。由于布艺面料的选择范围很大，平开帘可以根据家居装饰风格或房主的喜好进行灵活设计。定制这种窗帘，除了能广泛选择帘布中丰富的花色图案外，还可以在帘布上方或四周辅以花边、流苏、束带、帘头等装饰，使之呈现出迥异的风格情调，成为空间装饰的点睛之笔。

在平开帘的款式设计中，帘头占据无可替代的主导地位。它的造型及款式，会直接决定窗帘的整体风格，或华贵富丽、或简约理性、或感性浪漫、或知性优雅……而其他细节的搭配，如花边、束带等，都会无形中受到它的影响，追求与之相配的视觉效果。所以，要想拥有一款称心的窗帘来增加居室的美观度，帘头样式的选择就变得极为重要。

安装在轨道上进行左右拉合的平开帘，是家居空间中最常见的样式。这种窗帘面料繁多、款式多样，可为居室装饰带来赏心悦目的视觉效果。

平开帘的帘头具有突出视觉效果的显著功效。它根据帘布造型可辅以不同的花边和束带，如此会极大地提升整体装饰效果，呈现出风格迥异的空间情调。

常见帘头款式

多褶下垂式

这种帘头通常比较适合多扇窗户连在一起的空间。多重褶皱连在一起，自然垂下，感觉十分优雅，但制作时最好选用有垂坠感的面料。

造型规则式

这种帘头习惯采用较规则的造型剪裁，一般将帘头和帘身对应起来，以强调窗帘整体的质朴感。该款式较适合棉麻材质的窗帘面料。

平行无褶式

这种帘头大多没有过多的装饰，设计简洁大气，既能起到帘头遮挡轨道的作用，又可以很好地避免褶皱所带来的压迫感，非常适合窄长的窗型。

不对称式

这种帘头的造型不仅带有褶皱，还采用了不对称的裁剪方式，在视觉上造成有意拉偏的感觉，呈现出随意且不受拘束的空间效果。

褶皱错落式

这种款式采用下垂帘头相互错落的表现方式，看上去不仅让人感觉线条弧度优雅流畅，再加上两侧规则的弧度，使窗帘变得韵味十足。

花形褶皱式

这种帘头表面看虽然简单，但颇具设计感。平整的长方形帘头上打出百合花形状的褶皱，底边散开以曲线相连，适用纯色面料缝制。

自然随意式

这种帘头显著的特点是造型随意，表面看来好像就是随便将一块布料缠在窗帘杆上，其实每个褶皱都经过精心处理，看似简单却不失典雅。

俄式镶边式

这种帘头多半不带褶皱，或仅局部搭配褶皱，视觉焦点主要在俄罗斯风格的镶边上，其款式具有浓郁的异国风情，适用于棉麻面料。

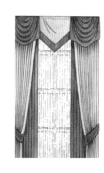

罗马帘

罗马帘是布艺窗帘中升降帘的一种，一般由较大的整块布料制成，使用时采用电动或手动的方式，牵引面料中间的绳索进行升降，从而让帘布上下开启或闭合。当帘布向上收起时，面料可产生层层自然叠起的褶皱，在完成窗帘造型的同时，还能营造出华丽的质感与柔和的阴影，因此可使空间增添不少典雅的美感，非常适合欧式风格的家居环境。

为了获得柔和的光线和典雅的造型，以往大多数的罗马帘都由透光性较好的纱质面料制成，但随着装饰风格的多样化需求，在使用布料方面已经有了很大的变化，很多质地柔软的面料都可选用。从美化居室氛围的角度出发，罗马帘既能做成单独的窗帘，也可以同开合帘组合考虑，甚至在款式上，还可根据实际需要，设计成带窗幔和无窗幔的样式。总之，罗马帘以其独特的造型美感，已逐渐成为窗帘中的主流款式，在居室装饰中发挥着重要的作用。

由整块布料制成的罗马帘，向上拉起可呈现出多层自然叠起的褶皱，不但视觉效果好、立体感强，还能为空间营造出柔和的光线和典雅的质感。

罗马帘花型种类很多，按类型可分为素式帘、板式帘、古典帘和水纹帘几种。这些常用款式虽各有特点，但总体上来说，都具有线条流畅、造型古朴、遮阳隔热等优点，无论做成纱帘还是遮光布帘，均有利于调整室内光线、增添室内情调的良好装饰效果。其不足之处在于，罗马帘的拆洗不是很方便，洗涤后需要重新穿绳，感觉上略有些麻烦。

素式帘：罗马帘中最基本的款式，叠纹间隔向上，拉起后面料可表现自然质感。特点：简洁素雅，材质丰富。

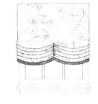

水纹帘：面料层次十分丰富，涟漪般的褶皱，无论收起放下，都给人豪华大气之感。特点：富丽堂皇，颇具气派。

板式帘：由横棒和布料组成，呈水平方向延伸的线条，给人一种非常规则的印象。特点：中规中矩，质朴大方。

古典帘：窗帘撩起后，由两端向中间可呈现很大的波浪，具有幕布般的感觉。特点：格调浪漫，复古典雅。

卷　帘

卷帘又称"滚轴遮光帘"，是成品窗帘的代表样式。相对于传统的开合式布艺窗帘而言，这种窗帘是通过固定在窗框顶端的卷轴带动整幅帘布上下卷动而得名。它既能安装在窗框内，也可以安装在窗框的顶部，使其完全遮住窗户。卷帘的最大魅力在于，可以让帘布随意停在需要的高度上，有效满足使用者对室内采光和阻隔外界视线的管理。

可制作卷帘的面料种类很多，按透光性分类有半遮光、半透光和全遮光系列。其面料材质也十分丰富，既能选用压成各种纹理或印成图案的无纺布，也可使用花色和图案丰富的布料，甚至还可以根据装饰的需要，选择具有特殊格调的蕾丝、和纸或竹帘等。在风格上，无论搭配现代简约还是欧式古典，均能找到合适的表现形式与之呼应。除此之外，针对卫生间、厨房等特殊空间，还可以选用具有防水抗污的面料，来满足家庭生活的实际需求。因此，从某种意义上讲，卷帘并不像很多人所说的那样，只适合办公室等公共场所，只要潜心琢磨，在家居空间同样可用出新意。

简约实惠且蕴含装饰作用的卷帘，除了在窗户上有很好的遮阳效果外，还具备安装体积小、升降自如、面料选择余地大等特点。所以，作为软装设计师，在家居空间完全可以巧挪他用，使之成为别具匠心的装饰用品。比如，可用来遮挡不美观的局部墙壁、在开放式空间灵活分隔功能区域、保护隐私、临时升降阻挡室内视线等，总之，根据空间特点和功能需求活用卷帘，一定可以收到良好的多重效果。

素雅的布艺卷帘烘托着温馨的家居氛围，升降自如的功能，既遮挡了午后刺眼的光线，又为室内空间营造出美丽的光影。

卷帘应用范围广、制作材料丰富，甚至可以根据室内装饰需要，定制成各种花色图案与环境搭配，因此在家居软装方面，只要潜心琢磨，可创意出很多巧妙的用法。

布艺篇

折 帘

折帘是成品帘中另一种常见的款式，大多以一块完整的面料成褶状加工而成。收合时可像折扇一样向上折叠起来，既能在采光通风的同时保证私密性，又可形成漂亮的光影效果。由于折合度小，不阻碍视野，并采用上下开合方式，基本不占用窗内空间，所以便于利用窗台摆放饰品，是十分简约实用且有装饰性的窗帘。

折帘的种类很多，按制作材料分类有竹木、布料、纸质、涤纶、塑料等。由于材质丰富，其加工方式也具多样性，所以花色图案方面可选性很大，并且在制作过程中经高温、高压、防静电处理后，具有不易变形、防潮防霉、防污抗皱、易清洗好打理等特点。因此，在满足调节室内光线不同需求的同时，与家居装饰风格也能很好地协调。

以布艺面料制成的折帘，既可以与空间色彩和谐搭配，又能调整高度保证室内私密性和通风，是家居中实用性和装饰性兼具的窗帘种类。

在折帘中，竹木帘作为较为古老的一种遮阳饰物，其舒适凉爽的优点较为突出。特别是这种材质颇有返璞归真之感，在塑造空间效果时，可以产生非常精彩生动的光影效果。因此，对于中式、日式以及现代简约等家居风格，可别具特色地诠释出质朴清新的自然格调，是众多窗帘中比较有装饰特色的款式之一。

除此之外，源自欧洲的蜂巢帘（又名风琴帘），也是目前较为流行的折帘款式之一。其独特的中空蜂窝结构，不但可以有效地阻挡紫外线对家居用品的侵蚀，还有良好的隔热、保暖和遮光作用。与其他折帘不同之处在于，蜂巢帘的升降拉绳隐藏在中空层内，从外观看不到拉绳和穿孔，这样就使帘身上下浑然一体，具有极好的视觉效果。

具有隔热隔音功能的蜂巢帘，不仅能有效保护室内隐私，还可以根据装饰需要选择不同颜色，浑然一体的弹性帘身，在室内空间可产生简约时尚的视觉效果。

百叶帘

简单地说，百叶帘就是可做180°调节、并能上下垂直或左右平移的硬质窗帘。作为成品窗帘，它不仅能像卷帘和折帘一样，具有拉动升降绳上下移动的功能，还可以根据室内环境对采光的需求，转动调光棒自由调整叶片的角度，以求获得满意的光线效果，实现通风透气、遮阳调光和改变视线角度等多种功能。

"百叶窗"源于中国古代建筑中"卧棂窗"的原始式样，后由美国人加以创新，并于1841年取得发明专利。按照安装方式划分，百叶帘分为"横型"和"纵型"两种。而根据制作材料，主要有木制、竹制、布料、铝合金、PVC等多种材质。其中木百叶多采用天然木片加工并烤漆而成，具有古朴典雅的特点，充满浓郁的书香气息；而铝合金和塑料所制成的百叶帘，可根据需求进行花色和图案的贴画处理，这样就使百叶帘不仅具有窗帘的作用，还能成为室内装饰的独特风景。

竹木制成的百叶窗帘具有古朴典雅的装饰特点，根据采光需求调整出来的叶片角度，可为室内空间营造出独特的光影效果和浓郁的书卷气息。

横型百叶帘：横向百叶主要通过叶片的上下移动开合，进而从高低方向来调节视线和光线。由于开合角度可以自由调整，所以可弥补窗帘欠缺的功能，不仅防紫外线辐射，还能获得十分满意的光线效果，并能有效地遮挡住从外界向室内窥探的视线。

在室内装饰中，横型百叶以其整体的线条排列，不仅能表现出十分温馨与典雅的视觉效果，还可以通过叶片角度对光线的随意调节，获得较为理想的室内明暗度，为居室空间带来丰富且赏心悦目的光影变化。

横向百叶帘视觉效果简洁明快，通过页片角度调整，可为室内空间带来丰富而典雅的光影变化。

纵型百叶帘：与横型百叶相比，它的板条尺寸更宽，间隔均匀呈垂直状态，悬挂在轨道上可左右开合，来调整左右方向的视线和光线。常见的布制百叶可防潮和防腐；而PVC百叶具有清洁方便、阻燃耐腐蚀、抗退色防老化等特点。

纵型百叶帘具有垂直方向的宽阔感，非常适合较大的落地窗，但由于风吹动板条会发出响声，因此不太适合开窗使用。另外，由于它双向单面均能开合，所以可根据空间功能需要，只打开供人通行的部分，作为出入窗口或居室的隔门使用。

纵向百叶帘的开启方式相对灵活，具有垂直方向的宽阔感，适用于比较宽大的落地窗。

地毯的种类与搭配技巧

地毯是具有悠久历史的传统手工艺品之一。很久以前，地毯在家庭中的主要用途就是抵御寒湿，但随着编织技术和工艺水平的不断发展，地毯的种类越来越多，除了棉麻毛丝等天然材质外，还出现了多种合成纤维原料纺织而成的地面铺敷物。这些统称为"地毯"的布艺类元素运用在现代家居之中，不但有改善室内空气质量、隔音隔湿、减少噪声等物理功能，还起着美化空间环境的重要装饰效果。

现代家居中，地毯不仅有隔音保暖等物理功能，还具有美化空间环境的装饰作用，并以丰富的色彩与柔软的质感，给人们带来舒适的生活感受。

沙发下一块柔软的地毯，搭上一个随意拿来的靠包，即可营造出一块惬意而舒适的阅读空间。

在住宅空间中，地毯以柔和的质感、丰富的色彩、安全的防滑性，给人带来宁静、舒适的生活感受，其使用价值和装饰作用，已经大大超越了原来仅铺衬地面的初衷。现在的地毯，不仅能让人们席地而坐不惧潮凉，还能有效地从视觉上规划空间区域，如运用得当，甚至还可以成为家居中实用与装饰功能兼具的饰品。例如：在客厅中间铺块地毯，不但可以拉近宾主之间的距离，还能增添高雅的会客气氛；在床前铺块长条形地毯，既可拉伸空间视觉效果，又能避免上下床时脚下着凉；在厨卫门前铺块地毯，可防滑又能蹭去拖鞋底上的水渍；等等。

既然地毯有这么重要的作用，那么应该如何进行选择呢？下面，就让我们从地毯的制作工艺和材质入手，了解一下它的种类以及材质特点，以便快速掌握选购家居用品的窍门。

欧式圆形地毯

地毯的种类与产品特点

地毯的种类很多，首先按编织工艺可分为手工地毯和机织地毯。高档手工地毯多以纯羊毛和真丝材料为主，需经图案设计、配色、染纱、手工打结、投剪、修整等十几道工序加工而成。织毯过程主要用人工将绒头毛纱手工打结编织固定在经线上，这样可以将几十种色彩和谐地糅合在一起，不受色泽数量的限制。编织出来的地毯毛丛长、密度大，再经多道工序整修处理后，呈现出色彩丰富和立体感强的特征。通常一块手工地毯的制作时间，需要几个月到一两年不等，其紧密精致的毯面不但具有浮雕般的立体感，使用寿命也能长达几十年以上。

手工地毯

由于工艺烦琐复杂，手工地毯一般具有机织地毯所无法比拟的艺术价值。其图案内容丰富，毯面花卉或景物犹如浮雕，结构紧密、立体感极强，具有较高的使用价值、收藏价值和欣赏价值，素有"软黄金"之称。因此，对于高端的软装客户来说，选用手工地毯不仅能大大增强室内的装饰效果，更可以彰显与众不同的文化品位。

手工地毯

机织地毯

机织地毯，顾名思义就是采用机械设备生产的地毯。相对手工地毯而言，具有产量大和成本低等特点，可按面积量裁，适用范围较广，按生产工艺分为编织地毯和簇绒地毯两种。其中编织地毯因密度高、结构牢固，毯面丰厚典雅，深受消费者的欢迎，为住宅中选用较多的地毯品种。与手工地毯相比，只是在图案色彩、立体感层次以及手感平整度上，其艺术表现力方面尚有一定差距。

机织地毯

机织簇绒地毯是在底布上栽绒而成，起源于19世纪的美国，后由单针栽绒发展为排针栽绒，背面刮涂合成胶乳黏剂，使底布和栽绒粘成牢固的整体。目前簇绒地毯主要以化学纤维为主，按表面纤维形状可分为圈绒、割绒、圈割三种，多以提花和印花两种工艺制成各种花色图案，毯幅宽度可达4~5m，是机织地毯中产量最大和应用领域最广的品种。

圈绒地毯

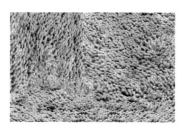
割绒地毯

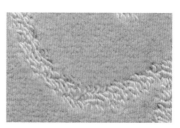
圈割地毯

除了编织工艺外，地毯按制作材质还可分为真丝地毯、纯毛地毯、混纺地毯、毛皮地毯、化纤地毯、棉麻地毯、塑胶地毯等。这些地毯由于材质不同，所以使用性能上也有很大区别。只有了解其材质特点，方能在运用地毯进行软装陈设时，因地制宜地铺设到位，使地毯在增添生活舒适度和美化家居方面发挥出色的作用。

真丝地毯

指以天然桑蚕丝线绾结编织而成的手工地毯。它凝结了手工艺人的智慧，具有富丽华美的艺术效果，是非常高档的地面和墙面装饰品。

世界上丝毯产地以伊朗和土耳其最为著名，图案大多由细密几何纹和变形花卉组成，充分显示了丝毯的精巧工艺。丝毯的实用性虽不如纯毛地毯等，但由于工艺复杂、价格昂贵，其保值和装饰性都远远高于其他地毯，具有极好的收藏价值。尤其是珍贵的波斯地毯，已成为一种财富和身份的象征，在欧美各国，许多昂贵的绘画、家具与时尚装饰都少不了波斯地毯的陪衬。

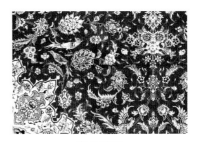
真丝地毯

纯毛地毯

泛指以羊毛为主要原材料编制而成的地毯，具有弹性好、有光泽、阻燃降噪、调节室内干湿度、保温效果佳等特点，是地毯中的高档产品。按制作工艺不同，纯毛地毯可分为手织、机织和无纺三种。其中，手工地毯价格较贵，机织相对便宜，无纺地毯是新品种，具有消音抑尘的优点。由于纯毛地毯价格相对偏高，容易发霉或被虫蛀，家庭装饰中常选用小块地毯进行局部铺设。（注：按我国行业标准，羊毛含量超过95%的都属于纯毛地毯。）

纯毛地毯

混纺地毯

泛指以纯毛纤维和各种合成纤维混合编织而成的地毯。其羊毛比率通常为20%~80%，低于20%为化纤地毯，超过80%则为羊毛地毯。虽然纤维是合成的，但混纺地毯的耐磨性和防腐性，却比纯毛地毯高出很多。同时还克服了化纤地毯有静电、易吸尘的缺点，具有图案美观、保温耐磨、抗虫蛀、造价低等优点，特别适合中低档及经济型装修使用，是一般大众消费者所青睐的品类。（注：按我国行业标准，羊毛含量为20%~80%的都属于混纺地毯。）

混纺地毯

毛皮地毯

动物的毛皮多以粗犷自然的原生态给人以奢华和不修边幅的感觉，深受前卫人士的喜爱。不规则的整张毛皮，或不同色块拼凑的仿毛皮地毯，都能为空间带来强烈的视线冲击，突显年轻的特质，恰似印象派画家的作品，制造出令人惊叹的装饰效果。从环保角度出发，冬天在居室铺上一块人造毛皮地毯，不但能彰显与众不同的个性，还可以为空间带来浓浓的暖意，营造出独具魅力的居室氛围。

毛皮地毯

化纤地毯

又称合成纤维地毯，有尼龙、丙纶、涤纶、腈纶等不同材质。化纤地毯的外观与手感有些类似羊毛地毯，具有弹性好、耐磨性强、防虫蛀、防污防霉等特点。家居中，选用化纤地毯可铺在走廊、楼梯等走动频繁的区域。由于地毯内的化学合成纤维，在空气和光照作用下会发生氧化，易产生静电和吸附灰尘，所以要慎重选用。（注：按我国行业标准，羊毛含量低于20%的属于化纤地毯。）

化纤地毯

藤麻地毯

亚麻以其独特的质感和纹理，具有天然简朴的味道，是一种非常环保低碳的家居用品。以天然藤麻为原料制成的粗麻、细麻及棉麻混纺地毯，不但有抗静电、耐高温、抑菌抑湿、防紫外线等功能，踩在脚下还会产生一种清凉的舒适感，不但能为居室带来朴实自然的气息和装饰效果，还是东南亚、地中海、清新自然以及各种乡村风格家居最好的烘托元素。

藤麻地毯

塑胶地毯

又称疏水地毯或地垫，主要采用聚氯乙烯树脂和增塑剂等多种辅助材料制成，具有质地柔软、色彩鲜艳、脚感舒适、不怕虫蛀、防水防滑、耐磨易清理等特点，可根据面积任意拼接组合，非常适用于宾馆、餐厅、商场、写字楼、剧院等公共场所。在家居环境中通常置于卫浴间或门口，可有效刮除泥尘和水渍，以便保持室内的清洁，是现代家居中的必备产品。

塑胶地毯

需要注意的是，家居环境中要尽量选择环保材质的地毯。有些低档的化纤地毯如长期铺在家中，老化后上面的化学细丝会不断脱落，即便用吸尘器都很难清理干净，家中有小孩或老人则更有损健康，因为这些细小的化学纤维，极易造成小孩和老人的呼吸系统方面的疾病。

地毯的花色与图案风格

作为软装设计师，在使用地毯对家居环境进行装饰过程中，除了要了解地毯的种类外，其花色图案的选择也是十分关键的要素。只有从室内的整体装饰风格入手，注意从家具样式、墙面材质、环境氛围、色彩效果、窗帘花色等方面综合考虑，再结合地毯的材质和色彩图案，方能搭配出和谐的效果，使地毯这一重要的布艺元素，在空间中展示出独特的装饰魅力。

由于市场上所看到的地毯通常是成品，因此只能在较为常见的花色图案中进行选择。了解地毯的主要花色与图案特点，对于制作软装设计方案，有着非常重要的作用。根据目前主流的花色图案来看，地毯大致可分为现代风格、东方风格、欧洲风格等。

现代风格

这种地毯多采用几何、花卉、风景等图案，有时也把大自然多彩靓丽的颜色融入其中，利用大面积色块的拼凑给视觉以强烈的冲击。这种风格的地毯一般有多种较粗犷的花色可供选择，其精致的抽象图案具有大胆的装饰效果，在深浅色调对比方面，能与直线条的家具进行有机结合，体现简约时尚的现代家居氛围。

抽象图案可产生强烈的视觉冲击，适合搭配简洁时尚的现代风格。

东方风格

地毯工艺源于东方，无论是精美绝伦的波斯地毯，还是历史悠久的中国纯毛地毯，其图案往往具有装饰性强、色彩优美、民族地域特色浓郁的特点。比如梅兰竹菊、岁寒三友、吉祥回纹、蝙蝠纹等题材，都带着浓郁复古的东方韵味。这种风格的地毯，或与传统的中式家具配搭，或与古典主义混搭，都非常合适，具有极好的装饰效果。

具有浓郁东方韵味的图案题材，用来装饰古典家居是不错的选择。

欧洲风格

这种风格的地毯，画面构成多以经典的欧式卷叶、大马士革纹、涡卷纹、玫瑰花、佩斯利纹以及具有自然气息的花鸟等图案为主。线条表现上通常运用动感变化的曲线，使之构成立体感强、线条流畅、色彩浓烈的毯面，彰显浪漫而优美的欧式风格，具有典雅华丽的特点，非常适合与西式古典家具相配，具有雍容华贵的装饰效果。

线条流畅的地毯图案，搭配欧式家具更能突显雍容华贵的装饰效果。

地毯的搭配技巧与选购方法

地毯的主要搭配技巧

　　前面已经详细介绍了地毯的种类及图案风格，但在软装陈设中，仅了解这些基本知识还远远不够。只有从家居环境的实际情况出发，全面考虑地毯铺设的空间位置、图案色彩风格与居室氛围的搭配、地毯的实用功能和脚感的舒适度，以及不同材质的耐磨性等因素，才能比较成功地运用好地毯这个元素，在家居空间呈现出不凡的装饰效果。

　　下面，笔者就从地毯的材质、图案、色彩和尺寸四大方面，具体总结一下其搭配技巧，供大家在实际中参考。

根据分区决定地毯材质

　　住宅中，地毯的实用功能与装饰效果，只有根据所铺设的区域而定，才能较好地将其不同材质和花色的特征充分发挥出来，达到物尽其用的最佳效果。通常情况下，玄关、客厅、餐厅、卧室等主要功能区，地毯的材质特点表现不同。

玄关区：玄关是连接室内外区域的过渡地带，门口铺设的地毯在材质上首先要有防污、耐磨和易清洁的特点，因此比较适宜选择化纤类等便于清洗的地毯材质。此外，在花色图案上，最好与室内风格相协调，给人进门后眼前一亮的感觉。

客厅区：客厅是家中访客了解主人审美品位的主要"窗口"，地毯铺设应把美观和档次放在首位。因此，可考虑选择质感较好的纯毛或混纺地毯，如装饰风格较为时尚或前卫，也可选择具有个性的皮毛地毯等，来突显个性与品位。

餐厅区：由于该区域的地毯大多铺设在餐桌和餐椅的下面，材质方面既要有舒适的脚感，又要有良好的耐磨性，因此，略带弹性的混纺或质量较好的化纤地毯，不但能彻底解决挪动餐椅所产生的噪声，还具有防静电、易打理的特点，使用餐环境变得更加舒适。

卧室区：卧室地毯主要以实用和舒适为主，因此舒适的脚感是决定地毯材质的重要标准。一般常根据不同季节，选用温暖或清爽的材质，其中纯毛、混纺或亚麻等都是不错的选择。色彩上可完全根据主人的喜好，因为毕竟是享受生活的私密空间。

根据室内风格搭配图案

地毯除了实用性外，最重要的作用就是要呼应室内的装饰风格。因此，在整体搭配上，应尽量根据空间氛围来选择地毯的花色和图案，使整体家居风格和谐统一，彰显画龙点睛的地毯表情。虽说在软装设计中没有一定之规，但在不同主流家居风格中，地毯所表现出来的图案特点，还是颇有共性可以参考。

长毛地毯上多彩流畅的几何线条，呈现出抽象跳跃的视觉效果，与客厅沙发有机地结合在一起，营造出简约而舒适的现代空间感受。

色彩浓烈的地毯图案与欧式家具相得益彰，体现出雍容华贵而浪漫优美的古典气息。

新古典风格：适合选用欧洲风格的地毯图案。这种图案多以卷叶纹、涡卷纹、玫瑰花以及具有自然气息的花鸟等为主，花纹线条以优美的曲线组成，而毯面色彩浓郁、立体感强、典雅大气，颇具华丽而浪漫的新古典气息。

现代简约风格：适合选择现代风格的地毯图案。这种图案主要以流畅的线条和抽象图案为主，如波浪、直线、几何图形等。只要与空间的整体氛围吻合，无论是素雅的单色，还是跳跃的彩色，都能对简约的环境起到良好的点缀作用。

新中式风格：适合选择东方风格的地毯图案。这种图案格调雅致、内涵丰富，具有中国传统文化的特征。无论是简洁的回纹、万字纹，还是象征富贵的牡丹花卉，都是东方特有的吉祥象征，对中式风格都能起到良好的衬托。

美式乡村风格：美式乡村风格具有质朴自然、复古怀旧、舒适浪漫的特点，因此，根据空间的整体氛围，在三种风格的地毯中都能找到适合的图案来搭配。无论是东方花卉、欧洲卷叶，还是现代条纹，都能反映出美式随性的生活态度。

地中海风格：具有地域特点的地中海家居，其地毯选择相对比较简单。不管是哪种风格的地毯，只要图案的表现形式是小碎花、藤蔓植物，或低彩度的条纹与格子，都符合地中海自然古朴的装饰特点，只是颜色上最好要清新淡雅一些。

东南亚风格：比较适合现代风格或东方风格的地毯图案。由于东南亚家居具有东方文化的装饰特征，所以在地毯的花色方面，根据空间基调选择或妩媚艳丽的色彩、或抽象的几何图案，都能表现出"绚丽的自然主义"风情。

布艺篇

根据朝向采光选择色彩

　　地毯作为占室内面积较大的布艺装饰品，在搭配上除了要挑选制作材质和图案外，颜色的选择也至关重要。因为在室内装饰中，像地毯这么大的地面饰品，其选色的成败与否，会直接关系到居室的整体装饰效果，具有至关重要的作用。

　　一般来说，根据主宰空间基调的背景色，或室内已有的主体色，来搭配地毯的色彩，不太容易出错。但是，笔者想提醒大家的是，铺设地毯千万不要忽视居室的朝向和采光情况。因为较大面积的颜色，在不同的光线作用下，所产生的装饰效果会有很大区别。只有根据房间朝向来搭配色彩，才能获得理想的空间感受。

　　在选择地毯的颜色方面，通常朝南或东南的房间，由于采光面积大，最好选用偏蓝或偏紫等冷色调的地毯，这样可以中和强烈的光线，让人感觉比较舒适；而朝北向的房间，因为长年缺少日照，适合选用偏红或偏橙等暖色调的地毯，如此可使较为阴冷的室内感觉更温馨，同时还能起到增大空间的效果。

冷色调的写意花卉毯面与白色沙发和谐地搭配在一起，减弱了客厅内强烈的光线，给人带来一种十分舒服的视觉感受。

根据家具规格测量尺寸

地毯大多是成品售卖，规格相对比较固定，因此在选择地毯时，究竟买多大尺寸的合适，如何与家具进行合理搭配，这些问题都直接关系到陈设后的空间效果。总体来说，根据家具规格来选择地毯的尺寸，并使其铺设面积与空间相互匹配，是软装设计中常用的方法。

客厅的地毯尺寸，通常以沙发组合后的长宽作为参考，但不管沙发如何摆放，地毯的长度至少不能短于长沙发。当沙发呈L形摆法时，最好将地毯的一侧压在沙发的底部。如果是玻璃茶几，建议选用中间有图案的地毯，这样可以呈现出美丽的毯面。而长方形实木茶几下，适合选用有边框的地毯。一般来说，20m²以上的客厅，地毯铺设面积应以不小于4m²为宜。

铺在餐桌下的地毯，长宽尺寸不能小于餐桌的投影面积，这样即便拉开餐椅就座，就餐人员依旧可以体会到地毯舒适的脚感。

卧室的床前和床边，均可铺放不同规格的地毯。床前毯可选择规格适中的矩形毯或圆形毯压在床脚下，其长度两边各超床宽30cm以上为宜。床两侧的边毯，适合选择图案一致、绒毛较高且柔软的长条毯，这样光脚上下床时会产生舒适的脚感。

根据客厅沙发和茶几摆放面积而铺置的地毯，不仅突出了现代家具的质感，还起到分隔区域空间的作用。

地毯选购方法

作为家居中较为常见的实用装饰品，地毯在生活中的作用十分重要。由于成品地毯的生产厂家不同，其加工原料和工艺水平都存在很大差别，因此，在选购过程中，不但要根据室内装饰风格选好地毯的材质与花色图案，对整体的产品质量也要认真对待。因为不管是什么风格的地毯，只有质量过硬，才能让我们放心使用，为家居生活增光添彩。

选购成品地毯，主要应从以下五点入手。

看色牢度

色彩多样的地毯，质地柔软，美观大方。选择地毯时，可用手或白布在毯面上反复摩擦数次，看手或试布上是否粘有颜色。如果粘有颜色，说明该产品的色牢度不佳，在铺设使用中易出现变色和掉色。

看绒头密度

地毯的绒头质量高，毯面的密度就丰满，这样的地毯弹性好、耐踩踏、耐磨损，舒适耐用。最简单的方法，可通过观察或用手去触摸，看看地毯有无掉毛和凹凸现象。如果绒头密度稀松、绒头易倒变形，这样的地毯不耐踩踏。

看材质用途

根据铺设场所选择不同材质的地毯，可以保证比较理想的使用效果。例如：通行频繁的走廊过道，可选择耐磨性较好的化纤类材质；门厅或卫生间内，需选用脚感好、防水防腐、易于清洁的橡胶地毯；等等。

看规格尺寸

由于成品地毯的规格无法更改，因此选购时，应根据房间内的铺设区域选择合适的尺寸，以免造成浪费或铺设面积不够，进而影响整体的装饰效果。

看背面衬布

一般来说，簇绒地毯的背面都有一层胶粘网格底布。在挑选该类地毯时，可用手将底布轻轻撕一撕，看看黏结力的黏度。如果底布与毯体轻易分离，说明粘胶质量不好，这样的地毯不会耐用。

作为布艺产品的组成部分——床品、靠垫和桌布，不仅能在视觉上及触觉上给人以温馨感和舒适感，还可以对室内整体装饰起到活跃空间气氛的重要作用。

床品 / 靠垫 / 桌布搭配方法

在软装布艺中，除了要选择好占空间面积较大的窗帘和地毯外，床品、靠垫、桌布等布艺制品的点缀作用，也绝对不可忽视。这些小的布艺饰品，如果在材质、色彩、款式、花型上选择得当，因地制宜地搭配在居室的各个角落，不但会在视觉上给人以温馨感、在触觉上带来舒适感，还能在表现形式上突显空间主题格调，对室内整体装饰起到活跃气氛的深刻印象，是软装布艺元素的重要组成部分。

由于床品、靠垫、桌布等饰品的体积不大、选择范围广、造价也相对便宜，所以更换起来非常简单，甚至可以根据季节的不同进行灵活调换，因此已成为家居装饰中一道流动的风景线。它们不但可以运用布料的材质和色彩，对居室的主色调加以点缀或补充，还能随时迎合主人的心情与感受，改变面料的图案和花色，具有极大的实用性和装饰性，可以说是家居生活中与人最亲近的布艺饰品。

柔化空间的床品

激活色彩的靠垫

愉悦心情的桌布

柔化空间的床品

　　床品泛指摆放在床上、供人们睡眠时使用的布艺制品，主要包括床罩、被褥、被套、床单、床笠、枕套和枕芯等物品。从软装陈设角度来说，床品除了具有满足房主舒适与健康生活需要的使用功能外，还担负着营造空间装饰风格、装点卧室温馨氛围的重要作用。一般来说，卧室的布置通常以床为中心，是视觉的焦点。因此，床上布艺的主色调在与家居风格相吻合的同时，可以根据季节进行搭配，比如，春夏季可选择一些清新淡雅的冷色调，而秋冬季可选择一些色彩丰富的暖色调，这样才能体现出舒适的生活氛围。

　　由于人生约有1/3时间都处于睡眠的状态，所以贴合身体的床品，如被套和床单等，最好选择纯棉质地的布料。纯棉布料触感柔软并且吸汗，非常有利于汗腺"呼吸"和人体健康，易于营造出就寝气氛和提高睡眠质量。床罩作为面积较大的床体覆盖物，在与卧室整体的搭配上，要从织物的面料、纹样、图案和色彩出发，追求匹配室内装饰的整体性，从而打造出空间协调统一的视觉效果。简单地说，床罩的花色图案尽量不要在室内独立存在，最好能与窗帘或地毯的色系相符，如此才能与空间装饰元素相呼应，营造出卧室内色彩和谐的温馨气息。

　　此外，选择床品风格也是卧室陈设中不可忽视的重要方面。无论是简约时尚的现代风格，还是华丽典雅的欧式风格，只有根据室内整体装饰特点来搭配适合的床上用品，方能发挥出床品在卧室内柔化空间的装饰作用。此外，在床品的花色搭配上，要充分考虑到卧室主人的年龄及性格爱好，切莫张冠李戴，把适合女孩房的粉红色床品摆到中老年人的卧室里面。

床品的色彩与花色，不仅能美化环境和调节心情，而且在营造卧室氛围方面具有不可替代的作用。

视觉感舒适的米黄色系，通常是床品颜色不错的选择。

　　卧室是住宅中比较私密的个人休息空间，对于软装配饰来说，基本可以根据房间主人的喜好来进行陈设搭配。但是，由于某些色彩在室内会对人的生理和心理产生强烈的潜在影响，所以在选择床品的花色方面，作为软装设计师，还是很有必要了解一下相关的色彩常识，以免做出不利于睡眠空间的颜色搭配。

　　卧室环境中，淡雅的乳白色、米黄色、白色等颜色，通常与人的视觉神经比较吻合，所以无论是床品还是家具，这些色调都可以作为首选。而绿色和紫色利于安神，能使人精神松弛，舒缓紧张情绪。青色有助于产生睡意，如果经常失眠，不妨可以考虑选择青色调的床单和被罩。橘黄色、天蓝色和粉红色，有使人精神振奋的作用，金黄色容易造成情绪不稳定。红色接触过多，会让人产生焦虑情绪，所以，家中如有高血压和神经衰弱等患者，非常不宜选用红色调床品，以免加重病情。

　　总之，卧室作为休息和睡眠空间，需要安静和舒适，因此在床品的色彩选择上，除了特殊情况外，要尽量搭配纯度较低的颜色，避免选用过于艳丽的布艺用品，这样才能使人有放松的感觉，在卧室内得到充分的休息。

纯度偏低的灰蓝色搭配使人倍感轻松舒适，床品的质感呼之欲出。

激活色彩的靠垫

有人说，靠垫和抱枕在居室中的装饰作用，几乎相当于手提包在时尚界的地位。此话听起来虽有些夸张，但是在现代家居生活中，靠垫类布艺饰品确实无处不在。摆放在居室内的靠垫，在视觉上不仅能冲淡人们对墙壁和家具的坚硬感觉，起到柔化空间线条的装饰效果，同时还兼具极强的使用功能。放在沙发和椅凳上的靠垫，不仅能调节坐具的高度、斜度，还可增加柔软度，使人坐感倍感舒服。除此之外，它还像个色彩的精灵，以小小的体积在居室空间发挥着醒目的点缀作用，传递着舒适与惬意的生活气息，是软装陈设中绝好的搭配饰品。

方形靠垫

靠垫又称"抱枕"或"靠包"，从某种意义上讲，可以说是家居内不可缺少的布艺制品，具有其他物品不可替代的实用和装饰作用。在生活中，人们可利用它们来调节人体与座位的接触点，以获得更舒适的依靠角度放松身体、缓解疲劳。另外，由于靠垫具有使用方便、抱靠灵活的使用特点，所以被广泛地运用在多种家居场合，既可以摆在沙发或床上当作腰靠，也能随意扔在地毯上充当饰品，有时还可以抱在怀中或压在腿下，寻求一种舒适和柔软的感觉……总之，靠垫的柔软，是舒适居家感觉的最好体现。

圆形抱枕

先抛开靠垫的实用性不谈，在软装陈设中，靠垫的装饰特点也极为突出。设计师可以通过靠垫色彩及面料的变化，与周围大面积的沙发或窗帘陈设形成一定的对比或呼应关系，并可根据装饰需要，利用靠垫的颜色变化，使室内家具和布艺陈设产生更加丰富的视觉效果。比如，深色靠垫适用于古典家居；色彩鲜艳的，则适合简约风格的房间。当室内总体色调比较简洁时，可用纯度高的彩色靠垫来活跃气氛；而在色彩丰富的环境中，可用素雅的靠垫来寻求沉稳的对比，使家居环境产生"动中有静"或"静中有动"的视觉效果，既沉稳大气又富有生机。

三角靠包

沙发上色调素雅的靠垫和谐地搭配在一起，在表现简洁雅致空间格调的同时，以纯度较高的黑色和金色靠垫来突显主题，营造出轻奢时尚的香奈儿风家居氛围。（CTM空间设计事务所作品）

除了可借助靠垫的色彩来突出装饰效果外，靠垫的面料、图案以及花边的处理方式，同样都是彰显室内艺术风格的得力工具。在实际陈设中，完全可以运用其素材的丰富性，使之在居室环境中起到相得益彰的点缀作用。比如，中式风格的家具，可选用绸缎及丝麻等面料，以刺绣图案或土布印花做装饰，展现东方古典文化的内涵。

靠垫在家中具有使用方便、坐靠灵活的特点，甚至可随手拿来用在很多场所。尤其是在床上、地毯上以及沙发上，更被视为常用品。一般来说，市面上较为常见的靠垫主要有两大类，一种是跟沙发配套的，另一种则是单卖的。作为沙发附赠品的配套的靠垫，其规格大小主要根据沙发的长宽来决定，通常为方形靠垫，并有三种规格，尺寸分别是400mm×400mm、500mm×500mm和600mm×600mm。单卖靠垫根据用途形状较多，尺寸也比较复杂。一般常规的方形靠垫尺寸是450mm×450mm和480mm×480mm，当然还有一些其他规格的，可根据实际需要进行选择。

除此之外，靠垫的形状也可以加以变化，根据空间环境设计成圆形、心形、三角形以及各种动物和卡通造型。这些形状各异的抱枕和靠垫，可以有效地一改沉闷单一的装饰风格，在居室内起到画龙点睛的装饰效果。一般来说，方形和长方形靠垫能增加室内的庄重感；圆形靠垫在端庄中略显活泼；心形靠垫比较浪漫温馨；而各种动物造型的靠垫具有个性，适当摆上几个，可营造出居室内轻松活泼的生活情调。

运用好靠垫面料材质与色彩的变化，就能根据装饰需要激活空间色彩，营造出"动中有静"或"静中有动"的视觉效果。

愉悦心情的桌布

桌布又称"台布"，主要指覆盖在家具或餐桌表面，用以抗磨防污或增加美观的纺织品。如今，随着人们生活质量的大幅提高，越来越多的都市家庭对桌布的要求，除了最基本的实用功能外，已变成希望运用漂亮的桌布来装点居室整体格调，营造具有异域风情的用餐氛围。因此，桌布已逐渐演变成一种折射生活品位的家纺用品。

事实证明，一块搭配出色的桌布，不仅可以展现主人独特的审美情趣，更能打造出浪漫典雅的用餐环境，让用餐者赏心悦目并食欲大增。从用餐角度来说，由于色彩具有影响人们用餐情绪的作用，因此，利用布艺面料丰富和花色繁多的特点，制成与室内装饰风格相符的台布和餐巾摆在餐桌上，不仅能给人以温馨感，而且能提高进餐的兴致，彰显优雅的生活情调。此外，桌布还有转换心情的作用，例如：清新的条纹图案有轻松愉悦的感觉；雅致的米灰色可突显悠闲的气质；橙色具有刺激食欲的开胃功效；而一个人进餐时因为乏味，可选用红色的桌布消除孤独感。

除了就餐使用外，桌布还有点缀空间的装饰作用。在软装陈设中，通常以餐桌的形状来决定桌布的铺法。一般来说，圆桌由于桌面较大，可在底层先铺好垂地的大桌布，上层再铺上一小块的桌布，以增加华丽感；正方形餐桌，不适宜用单一色彩的桌布，可选择图案较为大气的桌布成菱形铺在桌面上，看上去比较自然生动；而长方形的餐桌，可先铺一块长方形的底布，上层再交错铺盖上两块正方形桌布，或以两块正方形的桌布中间交错铺陈，中间用蝴蝶结和丝巾固定，这样效果也不错。

漂亮的桌布不仅能折射出居室主人的审美情趣，还可以营造空间优雅的生活情调。

具有视觉张力的桌旗，可给单调的桌面增添多元色彩，大幅提高装饰品味和优雅格调。

桌旗起源于中国，多由上等的真丝或棉麻面料制成，具有古老而神秘的东方色彩，如今在欧美日韩等国也较为盛行。在国内家居软装和卖场陈设中，桌旗常被铺在桌子或茶几的中线或对角线上，以展示一种浓郁的文化氛围，是目前高档家居中较流行的装饰台面的布艺用品。

作为软装中纯粹的布艺饰品，桌旗虽不具备太多的实用性，但在视觉上却非常具有张力，不仅能给单调的桌面增添多元色彩，还可以软化硬质的桌面和台面，使摆在上面的物品看起来更温馨，提升装饰品位和优雅格调，为平淡的家居配饰注入鲜活的元素。

陈设方面，桌旗既可以直接铺在桌面上，也可以与素色桌布搭配使用，因此，不仅要考虑餐具及餐桌的色调，还需与家中的整体装饰风格相协调。作为布艺点缀品，在花色上，桌旗的颜色要尽量柔和，素色通常为流行主色。在材质选择上，其面料最好与桌面质地相协调；图案选择虽可以相对大胆，但不要让人有突兀的感觉，当然也可以适当搭配一些摆饰，来化解视觉上的冲突。总之，要想利用桌旗来提升家居格调，切记不要选择面料粗糙、图案俗艳的式样。只有这样，才能发挥出桌旗锦上添花的装饰作用，进一步彰显居室的文化内涵与艺术品位。

碗碟等餐具一般都由陶瓷制成，如果餐桌的桌面是玻璃的，那么就餐的感觉将是何等的"生硬"。近年来，时尚的餐桌上悄然流行起桌旗，它一扫冰冷的生硬，让就餐变得温馨。

选用同色系的桌布和桌旗，可有效化解视觉上的突兀，进而提升家居格调、丰富文化内涵。

布艺篇

与空间装饰风格相吻合的桌布和桌旗，不仅能给人以温馨感，还能提高进餐兴致，彰显优雅的生活情调。

垂搭在餐桌上的桌旗，既运用其抽象图案为餐厅增添时尚元素，又以雅致的深灰色调表现出现代空间的视觉张力。
（CTM空间设计事务所作品）

灯具篇

PART 5

展演光影情调的"魔术师"

照明方式和空间表现效果
居室灯光设计原则与误区
人工光源及常用灯具种类
居室各空间灯光配置要点
展演空间情绪的用光方法

软装八大元素中的灯具，如果说仅仅具有室内照明与空间装饰的双重作用，笔者以为这样还不够全面。固然，入夜后的照明，是灯具驱除居室黑暗的基本功能；丰富多彩的造型，也能在装饰风格上给家居增添不少艺术情趣。然而除此之外，还有非常重要的一点，需要作为软装设计师的我们在家居陈设中加以完成，那就是通过灯具的不同投射方式，为居室营造出柔和剔透的美感，展现光影律动的空间魅力。

现代家居装饰中，很多人习惯上将灯具叫作灯饰，从这种称谓上的变化就可以看出，灯具的功能已逐渐由最初的单一性，变成集实用性与装饰性为一体的家居用品。所以，灯具的选择，除了要考虑安全省电的实用功能外，还要顾及材质、种类和风格品位等诸多因素，使其可以通过丰富的造型和多变的色彩，成为室内的一种装饰。灯具在空间陈设中不但具备较直接的观赏性，还能成为装点居室风格的艺术品，给室内装饰增添无限情趣。

照明可以说是灯具的最基本功能，因此在选择灯具时，首先要了解它属于哪种照明方式。尽管现在市场上的灯具品类目不暇接，按类型可分为吊灯、壁灯、吸顶灯、落地灯、台灯、射灯等，但运用哪些照明方式来渲染室内的光影效果，始终都是家居灯光设计的基础。只有了解光线和色彩的基本知识，结合空间的大小、家具的样式以及不同房间的照明需求，科学合理地搭配灯光的明暗色调，才能使空间环境获得最佳的视觉效果，展演出丰富的空间情绪。

家居装饰中灯具除了基本照明功能外，还是体现室内风格的重要艺术品。它可以通过造型款式以及明暗的变化，为居室展现出光影律动的空间情绪。

照明方式和空间表现效果

对于现代家居照明来说，灯火通明的搭配方法已是昨日黄花，因为居室内不同区域，根据功能特点所需要的亮度肯定会有所不同。比如，客厅是全家人休闲娱乐的地方，需要提供整体的明亮环境；而卧室主要用于休息，亮度不宜过高，柔和的光线才会使人舒适。室内光线中除了自然光以外，人工光源可交错应用的方式有很多，不管是整体照明、局部照明，还是重点照明，只有根据区域功能和生活需求合理搭配，才能营造出不同质感的光影空间。

其实，光线赋予空间的真正意义，就在于如何巧妙利用多种照明方式，来营造室内环境中不同的光影变化，以达到赋予空间深度、丰富室内情绪的灯光装饰效果。

由于照明方式所产生的视觉效果有所不同，选择灯具时，要充分考虑到配光的合理性。一般来说，多点照明比较利于打造室内的光线效果，假如房间内配置的灯具数量较少，或投射方式单一，则很难表现出空间的层次。因此，在软装陈设中，根据照明方式的不同光感特点科学地搭配灯具，不仅能改善照明质量，满足客户的多种照明需求，还可以起到美化环境和营造气氛的重要作用。按照灯具的散光特点，室内照明方式主要分为直接、半直接、间接、半间接和漫射五种。

高低错落的吊灯与光线柔和的灯带有机地结合在一起，营造出现代客厅富有空间层次的灯光效果。

现代家居空间，只有合理搭配灯具种类并利用多种照明方式，才能营造出不同的光影变化，获得比较丰富的室内灯光效果。

灯具篇

直接照明

灯具上方0%~10%、下方100%~90%的配光方式，即灯具通过不透明反射伞射出的光源，全部或90%以上可直接投射到被照物体上。这种照明方式的特点是亮度大、给人以明亮和紧凑的感觉，同时具有强烈的明暗对比感，可造成生动有趣的光影效果。但由于亮度较高，不适于与视线直接接触。裸装的荧光灯、白炽灯以及灯光向下直射的台灯等均属于此类。代表灯具有：射灯、筒灯等。

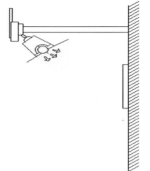

直接照明

明暗对比的筒灯照明

半直接照明

灯具上方10%~40%、下方90%~60%的配光方式，即灯具通过半透明伞射出的光源，60%~90%直接投射到被照物体上，另外的10%~40%经反射后再投射到被照物体上。这种照明方式的特点是亮度仍然较大，但与直接照明相比光线显得柔和，以半透明塑料和玻璃做灯罩的灯都属于此类，常用于天花较低的房间，因为漫射光线能照亮平顶，能产生较高的空间感。代表灯具有：吊灯等。

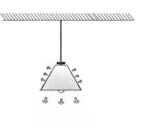

半直接照明

空间感高的台灯照明

间接照明

灯具上方90%~100%、下方10%~0%的配光方式，即灯具通过不透明伞射出的光源，90%~100%通过天棚或墙面反射到被照物体上，只有低于10%的光线直接照射到物体上。通常做法是，将光源装在灯槽内或不透明的灯罩下部，使射向物体的光线反射成间接光线。这种照明方式的特点是光线柔和、光感弱、无眩光和明显阴影，具有安详与平和的气氛，一般灯罩朝上开口的吊灯和壁灯等属于此类。代表灯具有：壁灯等。

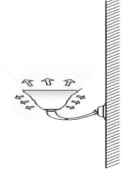

间接照明

光线柔和的壁灯照明

半间接照明

　　灯具上方60%~90%、下方40%~10%的配光方式。与半直接照明相反，这种方式将半透明的灯罩装在光源下部，即灯具通过半透明伞射出的光源，60%以上的光线射向平顶形成间接光源，10%~40%的光线经灯罩向下扩散。这种方式比间接照明亮度大，能产生比较特殊的照明效果，使低矮的房间有增高的感觉，适用于住宅中的门厅和过道等小空间。代表灯具有：壁灯、朝天灯等。

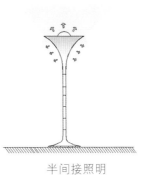

半间接照明　　　　特殊光感的朝天灯照明

漫射（扩散）照明

　　灯具上方40%~60%、下方60%~40%的配光方式，即灯具通过半透明磨砂玻璃或特制的格栅来控制眩光，使光线形成多方向的漫射。其照明大致有两种形式，一种是光线从灯罩上口射出经平顶反射，两侧从半透明灯罩扩散，下部从格栅扩散；另一种是用半透明的灯罩把光线全部封闭而产生漫射。这种照明方式的特点是光照均匀、光线柔和，具有很好的艺术效果。代表灯具有：球型灯、地脚灯等。

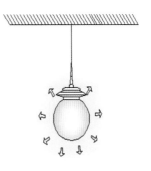

漫射照明　　　　扩散均匀的球灯照明

运用多种照明方式营造出来的颇具质感、具有丰富视觉效果和灯光层次的现代客厅空间。

灯具篇

居室灯光设计原则与误区

灯光是软装陈设中较为灵活的装饰元素之一，它不仅能满足人们日常生活的照明需要，还是一种重要的空间造型和烘托气氛的手段。因此，居室内灯具的选择，除了要注重灯具本身的照明功能外，还要考虑光线与空间环境的配合，避开室内用光的种种误区。只有根据不同的环境用途来选择相应的灯具，才能较好地满足人们视觉生理和审美心理的需要，使灯光在室内空间中最大程度地体现出实用价值和审美功能的和谐统一。

根据室内环境和实际用途来设计灯光，不仅能满足日常生活所需，还可以起到烘托空间氛围的作用，营造出审美与实用和谐兼具的灯光效果。

居室灯光设计原则

灯光设计是软装陈设中的重要组成部分。为了使大家能够轻松地掌握灯光规划思路，笔者结合自己的实际经验，归纳出以下三大基本原则，供诸位参考。

根据装饰风格选择灯具外观

虽然灯具的种类繁多，但在选择上首先要具备观赏性。因为除了入夜后的照明需要外，灯具造型本身还肩负着美化空间的重要作用。这种装饰性不仅要表现在材质、造型和色彩上，更重要的是灯具的外观应与室内设计风格相协调、与家具款式相配套。只有在造型和材质上与空间风格一致，灯具才能成为营造格调氛围的有力元素。比如：在古朴典雅的中式居室内，搭配一盏木雕宫灯，就比较符合对传统文化的诉求；而在简洁明快的现代家居中，金属质感的灯具更富有时尚的气息。

与传统中式家具和谐搭配在一起的仿古宫灯与格栅灯池。

欧式复古情调的帽式壁灯及吊灯，与室内壁炉和家具融为一体，彰显新古典风格唯美而又不乏贵气的文化品位。

根据照明需求搭配灯具种类

灯具可分为吸顶灯、吊灯、壁灯、射灯、台灯、落地灯等多种类型。这些安装位置与照明方式不同的灯具，所适用的场所也有很大差异。在以往的家居空间中，人们通常习惯在每个房间都安装一盏照明用的"主体灯"，而且大多选用吊灯或吸顶灯，装在顶棚的中心位置。此外，再根据需要设置一些壁灯、台灯、落地灯等作为"辅助灯"，用于局部照明或者辅助照明。这样就可以全面满足家居生活的照明需求了吗？笔者以为还远远不够。

真正到位的灯光设计，应该根据不同的空间、不同的场合和不同的对象，来选择相应的照明方式和灯具品类，并运用不同光源的特性，保证恰当的照度和亮度，这样方能打造出富有感染力的空间环境。因此，室内空间中所谓的"主体灯"与"辅助灯"，在不同的功能区域往往是相对而言的，根据不同的照明需求，其功能也会发生置换。比如，在以休息和睡眠功能为主的卧室，明亮的主体灯就没有太大的用途，无论从照射角度，还是在营造氛围上，都不如柔和的壁灯、温馨的床头灯以及体贴的地脚灯使用起来方便。

没有主灯的卧室，床头灯和落地灯不仅能充分满足所需，还可以营造出温馨而宁静的氛围。

低垂在餐桌上方的铁艺吊灯，与吧台上的三盏灯遥相呼应，既满足了不同照明需求，有巧妙地区分开了功能区域。

根据空间氛围决定照明方式

除了照明与装饰作用外，灯具还是营造空间格调、渲染情调氛围的软装利器。设计师可以通过不同的照明方式，运用透射、反射、折射等多种手段，对室内灯光的明暗、隐现、抑扬、强弱等进行有效控制，充分发挥光线具有调整角度与丰富层次的功效，创造出或浪漫温馨、或宁静幽雅、或扑朔迷离的艺术情调，为家居生活增添丰富多彩的情趣与艺术感受。

科学与合理的灯光配置方案，首先应根据空间氛围需要来决定照明方式，这样才能使光线与室内其他装饰元素得到恰到好处的呼应，并取得相得益彰的光线效果。在同一个室内空间中，设计师首先要明确哪些区域应给予充分的照明，哪些区域要营造出朦胧的光影氛围。只有根据居室内各功能区域的不同特点，妥善考虑搭配各种灯具，才能充分利用光线具有方向性的特点，营造出改变空间氛围的光影变化。例如：如果想使居家视野显得宽阔，可利用间接或反射的照明方式，让光线恍如潺潺流水般自然洒入；如果想使居家视野收敛一些，可使用向下投射的照明方式，如台灯、落地灯或悬挂较低的吊灯等，拉近光线与地面或台面的距离，这样才能饱和空间张力。

吊顶四周的蓝色光带，与明暗对比性较强的射灯有机地结合在一起，为影音室增添了几分扑朔迷离的艺术感受，营造出一种幽雅而浪漫的空间情调。（CTM空间设计事务所作品）

开放的LDK空间中，设计师根据不同功能区域的使用需求，运用直接与间接的照明方式，打造了具有丰富层次感的灯光效果，呈现出洗炼而大气的现代居室格调。

灯具篇

由于家居中的灯光不仅具备照明功能，还有渲染情绪的潜在作用，如果运用不当，就会对久居室内的人们的心理和生理感受产生较为强烈的负面影响。因此，在选择灯具和光源时，一定要根据实际采光需求，科学地选择灯具和光源，避免造成不必要的室内光线污染。

五彩斑斓的灯饰固然好看，但如果搭配不当同样会产生照明误区。在软装设计中，居室内的灯具并非只要外观好看就行，那些外观色彩过于鲜艳的灯具、过亮和过暗的光源选择，以及不合理的灯光设置，有时不仅会造成安全隐患并浪费能源，严重的还会给人们的生活起居造成潜在影响，使居住者在不知不觉中产生焦躁的情绪，从而影响身心健康。

下面，笔者对常见的家庭照明误区做简要的分析，供大家在灯光配置中参考。

家居中过于混乱的灯光设置，会对人们的心理感受产生强烈的负面影响。

误区一：照明亮度过高或过低

所谓亮度，就是室内光线的明亮程度。住宅是日常生活环境，因此照明用光应该遵循适度原则，室内亮度既不能太高也不能太低。亮度过高，不但会对眼睛有害，还可能使空间缺乏表现层次；而亮度太暗，易产生视觉疲劳，令情绪感到压抑，不利于家人身心健康。

对于家居照明来说，不同的功能区域所需的亮度是不一样的，所以灯光配置的正确思路，应该是本着按需分配的原则。例如：客厅和餐厅是全家人聚会与用餐的地方，有时还要接待客人，一般应提供较为明亮的整体照明；卧室主要用于休息，亮度不高的壁灯更便于营造舒适的睡眠环境；书房是工作或阅读的地方，局部照明必不可少；而厨卫照明，亮度适中的柔和灯光较为适合。

尽管家中各区域的照明亮度有所差异，但需要注意的是，室内光线总体上应柔和均匀，不要忽明忽暗变化过于明显。因为人的视线在不同亮度中切换时，需要频繁调节眼部肌肉来适应环境，如果光感明暗变化过大，极易引发视觉疲劳。

室内照明的亮度过高或过低，总体来说都不利于身心健康。图中客厅的灯光亮度就有些过低，长期在这种环境下看电视，肯定会产生视觉疲劳。

误区二：冷暖光使用场所混淆

室内光源有冷暖色之分，如果大家在为灯具选购光源时稍加留意，就可以在商品包装上看到色温或光色的标识，即色温在3300K以下的为暖色光、3300~5300K的为中性白光，而5300K以上的为冷色光。一般来说，暖色光偏黄，可为室内带来温馨舒适、有暖意的照明效果，而冷色光偏蓝，它透彻明亮，非常有助于精力集中地工作或学习。

很多人习惯认为，家居空间是休息和娱乐的场所，所以需要全部使用暖色光来营造温馨的环境，这种想法虽说有一定道理，但决不能一概而论。正确的用光方法是，根据空间的使用功能不同来科学地搭配冷光和暖光。例如：客厅和厨房等需要集中注意力的区域，使用中性的白光较为合适；餐厅灯具选择柔和的暖色光源，不但易于辨清食物的颜色，增进食欲，还能营造出和睦温馨的家庭聚餐气氛；书房作为经常工作和学习的地方，顶灯采用偏冷的光源十分有利于提高效率。

另外，由于光源的显色特性不同，冷光与暖光对室内颜色有强化或减弱的作用。因此冷暖光的选择，还需根据墙面和空间的主色调进行妥善调节。例如：墙面是蓝色或绿色，就不宜使用冷光，最好选择带有阳光感的黄色灯光，这样能营造出温暖的感觉；而墙面是淡黄色或米色，就比较适合选用偏冷的中性白光或冷光，如此营造出来的空间效果相对柔和。倘若室内家具的主色调是栗色或褐色，选用暖光通常会显得宽敞温馨，选用冷光则感觉狭小压抑。

黑白灰为主色调的客厅，在冷色偏蓝光源的照射下，显得异常昏暗和寂寥，让人情绪感到压抑。

以红黄为主色调的厨房，选用了有炙热感的偏黄暖光，即使不下厨做饭也会让人觉得十分燥热。

冷暖光和谐搭配的客厅空间，公共区白光透彻明亮，会客区黄光柔和温馨。

灯具篇

误区三：明暗感对比过于强烈

众所周知，室内光线太暗，则很难看清东西，而为了看清楚，眼睛会不知不觉地去靠近目标，努力进行捕追，这样时间一长，眼睛的屈光系统便会产生变化，容易引发近视。反之光线过于明亮也不是很好，当光线过于炫目，人们就会感到刺眼，视物只见轮廓看不清细节，同样会加重眼睛的负担。因此在选择灯具光源时一定要加以注意，不管光线太强还是太弱，都容易让人产生视觉疲劳。

说到室内光线的明暗对比，尽管很多人都知道不同区域的照明亮度不宜有强烈的高低变化，但在此我们所指的是在同一个房间内，也经常出现明暗对比较为强烈的使用误区，而且还常常被人们所忽视。例如：有些家庭常在客厅的电视墙上安装射灯，夜间看电视时为了追求视觉效果也经常打开，殊不知这样会带来电视墙和周围环境的明暗对比，潜在地影响视觉感受并引发视觉疲劳；还有人在看书学习时，习惯借助台灯而关闭主照明，表面上看可以省电，但由于局部与整体光感的强烈对比，也会影响视力健康，反而得不偿失。

整体来看，无论是大的居室环境，还是小到一个房间，都不应该出现对比强烈的用光。无论从节电环保，还是保护视力，均匀照明才是家中营造舒适环境的用光原则。因此，为了避免形成室内灯光明暗的强烈对比，一定要周到地考虑室内整体与局部照明的灯具搭配，尽量选择有亮度调节功能的灯具或开关。这样才能有效地避免室内局部区域过于刺眼的照明，让我们的眼睛始终处在一种舒适的光线下，休息、看书或欣赏电视节目。

过于明亮甚至有些刺眼的卧室顶灯。　　　　　　　　电视墙四周的灯带，会让眼睛产生不舒服的感觉。

误区四：滥用彩色灯光效果差

不少家庭在购买灯饰时，喜欢选择有色彩的灯罩，或者为了追求光线斑斓的感官效果，在室内安装各种颜色的灯具，将居室打造成五光十色的灯具世界。这种搭配方式尽管表面上看起来很华丽，但在现实生活中，杂乱的彩色光线，不但会对整体家居环境造成一定的光污染，还可能给家庭成员带来不小的视觉压力，时间久了会影响情绪健康。

尽管彩色灯光有调节室内气氛的作用，但对于住宅来说，室内环境中的灯光，通常只需配置一种主色调即可，因为居住空间毕竟不是酒吧或者KTV等娱乐场所。如果发光体颜色过多，或者灯具本身的色彩过于艳丽，无形之中就会给空间环境造成杂乱无章的印象。作为可以发光的灯具，其明暗的光影本来就是一种美丽的装饰，而过于斑斓的色彩，有时不但起不到装饰空间的效果，还可能适得其反，在家居环境中使人视觉疲劳并感到身心不适。

家居中的彩色光线，尽管表面上看起来很华丽，但有时会给家人带来不小的视觉压力，长期使用则可能影响身心健康。

总之，室内灯光既能产生光影魅力，也有使用误区。只有根据居室特点科学地选择灯具，扬长避短合理地搭配照明方式，才能让美丽的灯光服务于我们舒适的生活，为家居环境增光添彩。

灯具篇

人工光源及常用灯具种类

众所周知，再漂亮的灯具也离不开照明光源。居室内除了白天射入的自然光线外，夜晚所使用的人工光源，伴随着人类文明和科学技术的进步，早在100多年以前，就已从远古时的火把、油灯、蜡烛等明火照明，发展到安全稳定的电灯时代。如今，随着新技术和新工艺在灯具生产中的不断应用，各种各样的光源也是层出不穷。其实，这些目不暇接的人工光源，如果按照发光原理进行分类，无外乎分为白炽灯系列、荧光灯系列和LED光源三种。为了使大家能够更好地使用这些光源，下面简单介绍一下它们的照明特点。

白炽灯光源   荧光灯光源   LED光源

人工光源种类

白炽灯系光源

白炽灯在1879年由美国人爱迪生发明，使人类从此进入电光源时代。白炽灯的发光原理简单地说，就是将灯丝通电加热到白炽状态，利用热辐射发出可见光，主要分为钨丝灯和卤素灯两大类。白炽灯系的光色普遍暖黄，较能真实地表现物体的本色，适用于频繁开关的场合。由于发光效率仅有15%左右，与其他光源相比，白炽灯最大的缺点就是使用寿命短、能耗比较高。

卤素灯又称钨卤灯或石英灯，是白炽灯的一个变种，具有成本低、显色性好的特点。由于卤素灯泡的使用寿命较长，以及发光强度远远高于钨丝灯，而其能耗可降低三分之一左右，所以常与射灯或筒灯配套使用，用于室内需要光线集中照射的地方。但它的照射温度较高、热辐射大，对照射物体会有一定损害。

钨丝灯泡

荧光灯系光源

　　荧光灯又称日光灯，它本身并不发光。其工作原理是利用低气压的汞蒸气在通电后释放紫外线，然后通过紫外线照射灯管内壁的荧光粉发出光线。因此，传统的荧光灯属于低气压弧光放电光源，热稳定性差且发光效率不高。1974年，荷兰飞利浦研制的三基色荧光粉得以应用后，不仅可节省能源，还促进了紧凑型高效节能荧光灯的诞生，对荧光灯系的发展起到了巨大的推动作用。按形状，荧光灯主要分为直管形和环管形两种，它的色温接近太阳光，具有明亮柔和的特点。光色有日光色、冷白色和暖白色三种。其中三基色荧光灯管具有显色好和寿命长的优势，并比普通荧光灯管的光效高出20%左右。

　　荧光灯是目前市场占用率较高的灯具，它具有光线柔和、温度低、使用寿命长等优点，发光效率约50%左右，是白炽灯的4倍。不足之处在于，荧光灯有射频干扰，对环境周围温度比较敏感，温度过低不但启动困难，还会造成发光不匀和闪烁。此外，线路相对复杂，需辅助器件，使用寿命与开关次数有直接关系，因此需要频繁开关的场合不建议选用。

　　节能灯，又称省电灯泡、电子灯泡和紧凑型荧光灯，指将荧光灯与镇流器组合在一起的一种照明光源，按灯管形状可分为U形管、螺旋管、梅花型、佛手型等。因其外形和灯座接口与白炽灯相同，可直接取代白炽灯泡，具有结构紧凑、显色好、发光率高和寿命长的特点。而且只需耗费普通白炽灯用电量的1/5~1/4，因此可节约大量的电能和费用。但由于它的工作原理所限，灯管中有汞蒸汽，万一破损很有可能造成汞污染，因此不建议在家庭照明中大量使用。

U形荧光灯管

直管形荧光灯

紧凑型荧光灯

环形荧光灯管

贴合在天花板上的吸顶灯，具有光效高、耗能低和寿命长等特点，可满足室内空间的全面照明。

LED灯系列光源

LED（Light Emitting Diode）即半导体发光二极管。它是一种固态的半导体器件，可以直接把电能转化为光源，属于新一代固体冷光源。其能耗仅为白炽灯的1/10，节能灯的1/4，具有光效高、耗电低、寿命长、光色柔和、耐冲击、无紫外线（UV）和红外线（IR）辐射、安全可靠、免维护、不含铅汞等污染元素、应用范围广、绿色环保等很多优点。

LED灯的发光效率，据统计是白炽灯的8~10倍，也就是说15W就可取代100W的白炽灯，是无闪直流电，适用性强、稳定性高，对眼睛可以起到很好的保护作用。因此，在性能上远远优于其他灯具，其内在特征决定了它将成为取代传统光源的最理想的灯具，具有广泛的用途。随着价格的逐渐下降，相信LED光源一定会成为今后家庭照明的首选。

另外，随着LED技术的不断提高，还打破了传统光源的设计思路。由于LED可根据需要做成各种点、线、面形式的轻薄产品，为今后家居灯光设计提供了广阔的空间。目前软装领域，已有设计师开始利用LED芯片，来营造家居中的情景照明和情调照明。即从环境的需求（情景）和人的角度（情调）为出发点来设计灯具，旨在营造一种意境般的光照环境，为家居空间增添更具魅力的光影画面。

LED球泡灯

LED装饰灯

各种款式的LED吊灯（宝纳瑞国际家居供图）

居室常用灯具类型

灯具的种类繁多，按造型主要分为：吊灯、吸顶灯、壁灯、射灯、筒灯、地脚灯、落地灯、台灯、烛台等。其中，吊灯、吸顶灯、壁灯、射灯、筒灯和地脚灯需要安装在特定的位置，不可以移动，属于固定式灯具；而落地灯、台灯和烛台无需固定安装，可自由放置在需要的地方，属于移动式灯具。在家居环境中，不同种类的灯具可随意组合搭配，并以其各具特点的照明方式，为住宅空间提供丰富多彩的光影变化，给家居生活增添无穷的艺术感受。

美国国会大厦内的水晶吊灯和云石吊灯。

吊　灯

吊灯是住宅中使用最广泛的照明灯具之一，适用于有装饰性要求的空间，不仅能满足日常照明功能，还有较好的装饰效果。在结构上，吊灯主要利用吊杆或吊链来连接灯具，有直接、间接、向下照射、均匀散光等多种照明方式。主要分为单头吊灯和多头吊灯两大类，前者多用于卧室和书房等面积不大的居室，后者宜装在客厅和餐厅等空间较大的地方。吊灯适于安装在有垂直高度的天花板上，最低安装高度以距地面不少于2.2m为宜。吊灯造型丰富且花样繁多，居室空间经常使用的有：欧式吊灯、水晶吊灯、中式吊灯、羊皮纸吊灯、现代简约吊灯和各种花罩吊灯等。

利用吊杆或吊链链接的单头吊灯及多头吊灯，造型丰富、款式多样，装饰效果突出，但安装高度最好不低于2.2米。

欧雅特脱蜡铸铜吊灯

欧雅特纯铜云石吊灯

灯具篇

吸顶灯

　　所谓吸顶灯，就是安装在天花板上的照明灯具。因为灯具上部较平，紧靠屋顶安装，像吸附在屋顶上，故此得名。由于现代住宅的天棚较低，所以吸顶灯在家居中使用较多，具有安装简单、亮度高、照射面积大等特点，可赋予空间清朗明快的照明感觉。吸顶灯主要有散光灯、向下投射灯、全面照明灯等几种灯型；常用光源有白炽灯泡、管形节能灯和LED等。其中LED吸顶灯因具备省电环保与光色柔和等优点，很受消费者的欢迎。

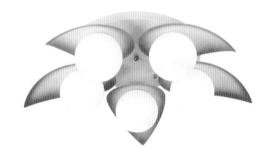

流星雨水晶吸顶灯

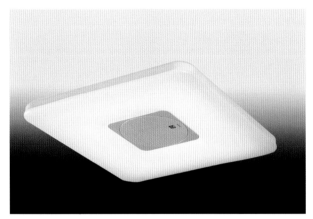

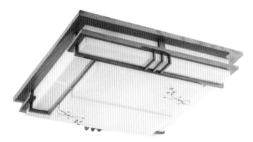

贴合在天花板上的吸顶灯，款式多样、安装简单，可有效弥补低矮房间不能装吊灯的缺陷，赋予空间清朗明快的感觉。

LED现代简约吸顶灯

壁 灯

　　壁灯是直接安装在墙壁上的灯具，主要用于局部照明、装饰照明和辅助照明。其光线比较柔和，安装高度以略高过视平线为宜。居室内常见的壁灯种类主要有：床头壁灯、过道壁灯和镜前壁灯。床头壁灯一般装在床头两侧的上方，灯头可向外转动，光束集中便于阅读；过道壁灯安装在走廊的墙上，主要用于照亮画品或饰品；镜前壁灯大多装在镜子上方，目的是全方位照亮人的面部。总之，壁灯的光线富有艺术感染力，常给人以幽雅之感。

安装在墙上的各种壁灯，光线柔和、富有艺术感染力，是室内照明的辅助灯具之一，通常安装高度为1.8米左右。

铁艺壁灯

欧式壁灯

鹿角壁灯

现代壁灯

筒 灯

筒灯是家居空间使用较多的灯具之一，有明装和暗装两种。其中暗装筒灯较为常用，一般被安装在天花板内，是一种光线下射式的照明灯具。它的最大特点就是不占据空间，不会因灯具的设置而破坏吊顶装饰的完美。与射灯相比，筒灯的光线相对柔和，可增加家居空间的温馨气氛；不足之处在于，内嵌式筒灯需要在有吊顶的空间才可以安装。

明装筒灯　　　　　　　LED调角度筒灯　　　　　　直螺筒灯　　　　　　LED防雾筒灯

射 灯

射灯是一种营造特殊氛围的照明灯具，主要用于室内重点区域或主题装饰品的光线照射，以起到突出重点、丰富层次、制造气氛的灯光效果。高度聚光的射灯光线，通常直接照在需要强调的物体上，既可以对整体照明起主导作用，又能局部采光，烘托空间装饰气氛。根据安装方式，射灯一般分为轨道式、点挂式和内嵌式等类型，其中内嵌式可装在天花板内。射灯的种类主要有：卤素射灯（石英射灯），功率为35W或50W，耗电且热量大；金卤射灯，功率为70W，投射效果明亮；LED射灯，目前最常用的就是LED射灯，除了耗电较少外，最重要的是热度低，对照射物的损害较小。

射灯是典型的无主灯，不但能自由变换光线角度，而且组合照明的效果也富于变化，家居中常用于局部照明，可突出视觉焦点、烘托空间层次。

 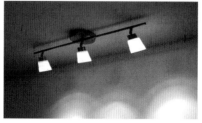 

轨道LED射灯　　　　　　　三头LED射灯　　　　　　　短臂卤素射灯

地脚灯

　　地脚灯又称"入墙灯"，通常安装在距地面20~30cm高的墙内，以方便人员夜间行走。它的优点是夜晚出入无需开灯，可避免刺眼的光线对使用者和他人造成影响。以前，地脚灯一般应用在医院病房和宾馆走廊等公共场所，但随着人们生活水平的提高，以及灯具声控技术的发展，目前很多家装都喜欢将这种体贴的照明方式，安装在门口、楼梯、台阶或走廊等地，为家人夜间的偶尔活动，提供安全保护和照明方便。倘若在装修时没有预留安装地脚灯的位置，那么也可以购买些小夜灯成品，接在电源插座上来解决夜晚微光照明问题。总之，这些充满人性化关怀的地脚灯和小夜灯，会对家居生活起到非常应景的帮助，可有效避免家人起夜时的跌跌撞撞，感应而亮倍感温馨。

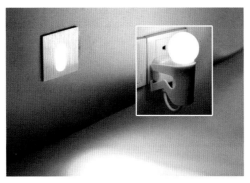

户外台阶上的地脚灯，不但提供了良好的照明，还以温馨的光线烘托出住宅浪漫的夜晚氛围。

无论是暗装还是明装的地脚灯或小夜灯，最好选择光线柔和并具有感应功能的灯具，这样才能为起夜提供比较舒适的微光照明。

造型可爱的地脚灯，摆在角落里不仅可以提供感应照明，还能成为室内很好的装饰品。

落地灯

　　放在地面上的灯具统称为落地灯。主要用于室内局部照明，光线柔和、移动便利，对营造居室角落气氛十分有利。它常与沙发配套使用，以满足房间局部照明的需要。落地灯一般配有灯罩，支架多以金属或木材制成。落地灯照明方式主要分为直接下投射式和间接照明式两种，下投射式灯具比较适合阅读或聊天等场合，而间接照明式适用于调整室内整体的光线变化。除此之外，落地灯还可以凭借自身独特的外观，成为室内一件不错的摆设。

现代落地灯　　　　　复古落地灯　　　　　中式落地灯　　　　　欧式落地灯　　　　　创意落地灯

台 灯

台灯是家居中较为常用的照明灯具。其主要作用是把灯光集中在一小块区域内，以满足居室局部照明或装饰需求，按使用功能可分为工作台灯和装饰台灯两种。工作台灯以实用功能为主，主要用于看书写字，外形比较简洁，可调整灯杆的高度、光照方向和亮度。而装饰台灯大多外观漂亮、结构复杂，款式高档多样，主

材质与款式丰富多样的台灯，在家居空间已变成一种不可多得的艺术品，既有局部照明功能，又有装饰空间作用。

要用来点缀空间。如今，台灯的装饰性越来越强，书桌、茶几、床头，都可摆盏台灯作为装饰，因为不管是在亮灯还是关灯的情况下，它都是一件独特的艺术品。

欧式复古台灯

现代铁艺台灯

古典美式台灯

双头纯铜台灯

烛 台

烛台可以说是一种较为特殊的照明器具，在现代家居中，其装饰性已远远大于实用性。各种造型精致的烛台配上工艺蜡烛摆在家中，不但可以装点居室空间氛围，而且作为古老的照明用具，烛光摇曳之间会给人带来温馨浪漫的情调。随着制造工艺的发展，烛台的种类已极大丰富，仅按材质就可分为玻璃烛台、陶制烛台、铁制烛台、铜制烛台、木质烛台等。这些风格各异的烛台运用在家居装饰中，在突出房主高雅品位的同时，已成为浪漫生活方式的一种象征。

作为最古老的灯具，烛台的种类很多，利用它的造型和烛光，在现代家居中不但可以增添生活情趣，更能突出房主的品位。

玻璃烛台

风灯烛台

木制烛台

佛手烛台

居室各空间灯光配置要点

尽管所有灯具的功能都适用于照明，但试想一下，倘若家居中所有的房间采用同样的灯光配置，恐怕再有创意的空间陈设，都很难在相同的灯具照耀下，展现出不同的光影魅力。在住宅中，由于各个功能区域的照明需求和装饰特点有所不同，因此，只有因地制宜地选用合适的灯具，并根据视觉感受来运用不同照明方式，才能更好地满足人们在生活中对灯光的多种要求和期待，使室内空间层次变化得丰富多彩。

下面就按进入住宅后所途经空间的先后顺序，来看看各个空间的灯光如何配置。

宽敞通透的客厅与开放式餐厨空间，灯具搭配既考虑到了使用需求又别具匠心，吊扇灯不但能满足照明，还有助于空气流通。

玄关照明

玄关是家的门面，在这个进入室内产生第一印象的地方，首先要给人以明亮的感觉。

玄关可根据面积大小和棚高，选择尺寸合适的吊灯或吸顶灯，再搭配1~2盏壁灯或射灯。安灯位置通常选在进入室内空间的交界处，这样会显得门厅比较宽阔。射灯或壁灯可安装在鞋柜上方，用来照射玄关内的造景元素（花品、画品或精美摆件）。这样即可营造出一个优雅和谐且照明得体的过渡空间，让人进门就有好心情，抬眼就能感受到主人的不俗品位。

玄关灯光搭配示意图

为了营造更贴心的入户感觉，声控地脚灯也可以打破常规作为玄关选装的灯具，这种进门后足下生辉的感觉，肯定会让家人和访客倍感亲切。除此之外，玄关后面的过道同样需要较亮的照明。此处建议安装带有调光装置的开关，以便根据需要随时调整光线的强弱。还有就是应急照明设备也不可或缺，可考虑放置一个手电筒以满足突然停电时的不备之需。

台阶下的灯带，细微之处体现出人性化设计理念，既满足了换鞋需要，又为脚下提供较亮的照明，使人产生步入玄关就足下生辉的感觉。（CTM空间设计事务所作品）

欧式吊灯营造出气派而明亮的玄关氛围，挂画在射灯的照射下为空间增添了优雅的知性品味。

灯光搭配小贴士

◇ 玄关的照明通常是暂时性的，因此，可选用具有特殊效果的灯光设计；

◇ 卤素灯的亮度较高且显色性好，适合选用造型别致的灯具来展演玄关气氛；

◇ 出入玄关为了避免摸黑或者开灯不便，所以特别适合选择感应延时开关。

客厅照明

客厅是全家人的重要活动场所，具有会客、视听、阅读、游戏等多种功能，而明亮舒适的灯光非常有助于大家在相处中活跃气氛、愉悦心情。所以，客厅的照明配置应运用主体照明和辅助照明相互搭配的方式，来营造空间氛围。通常可根据空间面积大小和不同装饰风格，来配置适合的吊灯、吸顶灯、筒灯、射灯、台灯、落地灯等相关灯具，这样才能全面满足家庭生活中的多种需求。

客厅灯光搭配示意图

可以说，安装在天花板中央的顶灯是客厅内最为重要的灯具，它的款式造型对呈现家居装饰风格具有十分突出的作用。因此，在选择客厅的主灯造型及其材质时，应特别注意与客厅内陈设的家具样式相谐调，这样才能营造出风格统一的家居环境。

从种类上来说，款式庄重、照度明亮的吊灯或吸顶灯作为客厅主灯较为适宜，但具体选用哪种，最好根据客厅的面积和高度来决定。虽然大多数人都偏爱富丽堂皇的吊灯，但如果客厅吊顶后的高度低于2.6m，则不宜选用多头吊灯，否则容易让人产生压抑的感觉，使空间变得拥挤不堪。当客厅面积较小或天花板偏低时，安装一盏款式新颖、造型与整体风格相符的吸顶灯，同样也能达到很好的照明作用和装饰效果。

图中客厅以水晶吊灯为主，灯带、筒灯、壁灯和台灯为辅，多种灯具各司其职、和谐搭配，营造出层次丰富而唯美典雅的空间氛围。

灯具篇

有吊顶的客厅，可以考虑在顶部的四周加装一圈隐藏的灯带。这样在看电视或与家人好友聊天时，就可以关掉明亮的顶灯，点亮一盏壁灯或落地灯，在顶棚灯带渲染出的柔和光晕下辅以局部照明灯光，享受安静而优雅的客厅氛围。此外，如果想用主灯来营造这种气氛，也可以在选择主灯时，挑选灯罩口向上的吊灯或吸顶灯，使灯光照向天花板，这样即便打开主灯，其反射下来的光会让人觉得比较柔和，比直接向下照射更有味道。

射灯和壁灯作为辅助性照明，在客厅中有一定的装饰作用。无论背景墙、陈列柜还是墙上的挂画，在壁灯和射灯的光线照射下，都能达到重点突出、层次丰富的艺术效果。客厅如有吊顶，筒灯也是不错的选择。这种嵌装在天花板内的隐性灯具，向下投射的光线可减轻空间压迫感，为室内增添一种柔和气氛。需要注意的是，筒灯光源最好不要使用高热辐射的石英卤素灯管，避免过热发生危险。

落地灯和台灯本身就是不错的室内装饰品。如果把它摆到客厅，即可成为很实用的局部照明方式。这类灯具向下投射的光线，不但适合随时浏览书报，那些透过灯罩的灯光还可以柔和地散射到整个座位区，营造出很融洽的交谈气氛。另外，放在沙发后的落地灯或台灯，也能起到调整角落光线、丰富空间层次的作用，为客厅营造出光影律动的优雅感受。

嵌入顶棚的射灯烘托画品的质感，辅助照明的壁灯和台灯让空间显得十分宁静和温馨。

沙发旁的落地灯和台灯，不仅方便随时阅读书刊，还能为客厅营造出融洽的交谈气氛。

灯光搭配小贴士

◇ 自然光是客厅最好的光线，千万不要忽略窗帘的光影效果，巧用窗帘材质会对室内光感有很大影响；

◇ 客厅主灯最好避免使用荧光灯，因为这类光源显色性不好，不但会使脸色发青，频繁开关还容易损坏；

◇ 作为家中使用率最高的空间，客厅灯光设计要有层次感，灯光配置要全面，以满足生活上的多种需求；

◇ 电视机光线很强，为减弱客厅内明暗反差，在电视旁配置一盏低照度的白炽灯，有利于家人保护视力。

餐厅照明

为餐厅配置灯具，首先应该把灯光的装饰重点放在餐桌的上方。餐厅空间的棚高如果在2.5m以上，应首选垂悬的吊灯，垂下来的高度，通常把握在距桌面约55~60cm为宜，以免光线刺眼或遮挡视线。倘若棚高偏低，可安装能升降的吊灯，就餐时拉至与用餐者的视平线相同高度即可。吊灯的光源最好选择具有一定明亮度的柔和暖光，这样不仅能让餐桌上的菜肴看起来更加美味，还可以促进食欲，增添家庭成员聚餐时的愉悦气氛和温馨情调。

为了保证光线能均匀地照射在桌面上，尺寸较大的长方形餐桌顶部，可安装2~3盏小吊灯或一盏长条形的大吊灯。开关最好配置明暗调节器，以便根据照度需要随时调整光线。一般来说，中餐菜肴讲究色香味形，明亮的暖色调灯光比较容易烘托出佳肴的诱人色泽；而享用西餐时，可适当将光线调得柔暗一些，以便营造出浪漫而温馨的西式就餐情调。

家居生活中，由于餐桌经常兼作其他工作，具有升降功能的吊灯相对比较实用。此外，根据需要适当加装一两盏壁灯为辅助照明，对烘托室内气氛也很有帮助。需要注意的是，辅助灯具与主灯的开关最好分开，以满足室内用光的灵活控制。餐厨一体化空间，灯光配置则稍微复杂一些，除了餐厅外，还需考虑厨房的照明需求，相关内容可参照厨房照明。

餐厅灯光搭配示意图

餐桌上方的吊灯为就餐环境提供了舒适的照明，既不妨碍视线，又为居室烘托出洗炼的空间氛围。

灯光搭配小贴士

◇ 各种款式的吊灯有助于营造餐厅的空间氛围，近距离照明食物看起来会更可口；

◇ 餐厅的光源适合选择亮度较高的暖光，白炽灯显色性好，LED光源可作为首选；

◇ 最好不要选择荧光灯作为餐厅照明光源，因为它的光色会破坏食欲和菜肴美感。

吸顶吊灯与射灯有机地结合在一起，为地中海风格饭厅营造出明亮且有生活气息的就餐环境。

灯具篇

厨房照明

从某种意义上讲，厨房还是家居中从事烹饪活动的工作室，因此需要明亮且无阴影的常规照明，所配置的灯光应该能照亮所有的表面，不仅限于水平台面，还包括垂直工作面，以便家人在上下橱柜中都能清楚地找到各种物品。通常安装在棚顶，具有防油烟功能的吸顶灯，或与吊顶配套的嵌入式灯具，都是厨房照明不错的选择。这类造型简洁的灯具，不仅美观耐用，光线还能很好地覆盖整个厨房，基本上可以满足烹饪者操作时的照明需要，另外，打扫卫生时也便于擦拭上面的灰尘和油烟。

厨房灯光搭配示意图

除了主灯外，厨房内一般不需要过多的辅助照明。但由于安装在台面上方的吊柜，有时会对顶灯光线有不同程度的遮挡，使烹饪者在洗菜和备餐时感觉到局部较暗，所以除了抽油烟机自带的隐形灯外，最好在水槽和砧板的上方或在吊柜底部加装一盏有防护罩的管灯，这样就能极大增强清洗和备餐的局部照明。

如今的家居中，餐厨一体化越来越流行，在为这种空间选用灯具时还需以功能性为主，外型以现代风格为宜，不要使用装饰复杂的灯具，照明也应按区域功能进行规划。比如，就餐处以餐桌为主，上装吊灯；操作区光照明亮柔和。但二者应以双控开关分别控制，这样就可有效避免往返于餐厅和厨房之间频繁开关灯具，既不方便又劳心费神。

另外，厨房内的光源，要尽量选择显色性好的**LED**光源。如果使用荧光灯，经常开关不但容易损坏灯具，而且显色性不好，使女主人精心烹制的菜肴，看上去没那么色味俱佳。

为避免厨房筒灯照明的单调，备餐台上安装的小吊灯，既满足了局部照明，又丰盈了灯光层次。

灯光搭配小贴士

◇ 厨房光源最好避免使用荧光灯，不利于频繁开关且显色性差，使菜肴看起来卖相不佳；

◇ 水槽和砧板上方或吊柜底部加装一两处局部照明灯具，以方便清洗与备餐操作之用；

◇ 顶棚上的灯具，其款式造型以简洁大方为宜，不但视觉上干净利落，还便于擦洗油污。

厨房中岛吧台上方的三支吊灯，可为操作和就餐提供良好的照明，通透的玻璃灯罩既不妨碍视线，又能烘托出洗炼而时尚的空间格调。

卧室照明

卧室是供休息和睡眠的私密空间，灯光可适当多配几种，根据需要混合使用，以便营造出温馨的气氛。但不管如何搭配，灯光必须柔和，不能有刺眼的炫光。有时也可用壁灯、落地灯或其他间接照明方式，来代替天花板上的顶灯。

如果需要主灯来增加整体照明亮度，可在床尾对角线交叉点的位置安装一盏吸顶灯来解决问题。这样无论将来使用珠帘还是吊蚊帐，都不会受到影响。需要注意的是，切勿将灯具安装在床的正上方，如此会给躺在床上的人很不安全的感觉。一般来说，卧室内应避免安装吊灯，因为吊灯悬挂在床的上方，低垂的灯头既有压抑之感又具安全隐患。

卧室灯光搭配示意图

床头灯、落地灯、筒灯和备用主灯，构成了可全面满足使用需求的灯光组合，为卧室营造出宁静而舒适的休息环境。

卧室灯具的光源，最好选择橘色和淡黄色等暖色调，这样不但有助于营造舒适温馨的空间氛围，还有催眠的作用，使人更容易进入睡眠状态。一般来说，除了光线柔和的主灯外，壁灯和台灯也是卧室内最常选用的灯具。这两种灯具不仅造型漂亮、款式多样、可挑选余地大，而且在营造室内气氛方面，都具有独特的光感效果。此外，卧室内还适合加装多种可营造特殊情调氛围的灯具，如感应体贴的地脚灯、波纹浪漫的帘布灯、半透光的隔栅灯、朦胧的洗墙灯等。这些富有创意的间接或漫射照明方式，都可以打造出优雅浪漫的光影效果，对美化卧室环境均能起到舒适而温馨的照明作用。

床头灯在卧室中具有非常重要的作用，它既可以增加局部照明，又利于睡前整理思绪，同时也方便起夜。如果房主有睡前阅读的习惯，可用床头壁灯代替台灯。这种壁灯通常将底座固定在床头柜上方，光线可从斜上方投射在胸前，不但没有阴影，还能调整光线角度，以免影响枕边人休息。另外，卧室内如有沙发，可搭配一盏落地灯，阅读时光线朝下，平常将光线打到顶棚，同样能营造出美丽的光影。

带有遥控和调光装置的灯具，对于卧室来说应该特别适用，它能为家人的起居生活提供不少方便。此外，安装在室内的所有灯具，最好都设计成单独的开关，如在装修布线时，提前考虑到在门口与床边装成双开双控和调光开关，会极大地方便房主与家人入住后的生活。这种体贴的设计，相信一定会得到他们的称赞，因为讲究生活品质的人，谁都不喜欢躺在床上后去起身关灯，然后再摸黑上床。

灯光搭配小贴士

◇ 床头灯必不可少，既可以增加局部照明，又利于睡前看书或整理思绪，同时也方便中间起夜；

◇ 应避免使用直射灯光，多运用间接光源渲染室内氛围，所有灯具最好有调光功能和遥控开关；

◇ 最好室内不要选用荧光灯及光源，梳妆台上方的照明也不用日光灯管，这样会显得气色不佳。

床头书桌上的台灯所营造出来的暖黄色调，与窗帘和壁纸和谐地融为一体，让卧室空间充满了温馨的家庭感觉。

床头背景光是营造卧室氛围很给力的灯具。这种独特的光感效果，无疑可以制造出许多温馨浪漫的室内情调。

人性化感应小夜灯，是卧室体现生活细节设计的点睛之笔。它除了方便起夜外，还凝聚着对家人的用心和关爱。

床头双控与调光开关的体贴设计，不仅能极大地方便日常起居，还可以体现出优雅的生活品质。

书房照明

现代住宅中的书房，应该说是个私密性较强的多功能空间，除了通常用于办公、看书、写作、上网等日常活动外，有时还可以躲到里面沉思冥想、听音乐、与好友聊天下棋或干一些其他自己喜欢的事。总之，这样一个需要让人沉静的空间，其灯光设计总体上应以沉稳安静为原则，方能更好地满足空间功能的照明需求。

书房灯光搭配示意图

一般来说，体积较大的吊灯和吸顶灯不太适合安装在书房，否则会产生很强的压抑感。如果空间内确实需要较高的亮度，可考虑加装一盏造型古朴的单头小型吊灯，或在吊顶四周或某面墙的顶部凹槽里，安装一条灯带作为间接光源来补充照明。这样设计不但会使空间整体看上去更加舒适，还可以有效避免灯光直射对视觉所造成的眩光伤害。

除了灯光外，其实大自然的光线，同样也能为书房打造出别具味道的美丽效果。桌椅是书房内最重要的家具陈设，因此从保护视力利用自然光的角度出发，书桌最好能放置窗前，摆在自然光可以照到的位置，这样不但便于白天看书学习，有时还可以透窗凝思、观景远眺，缓解视力疲劳。喜欢情调的房主，还可以在书房的窗户上挂上百叶帘，通过旋转叶片，调整光线角度，获得阳光洒落室内的美丽光影。

遮光卷帘与落地灯构成了阅读区舒适的照明。这种安静祥和的间接照明方式，不仅能体现主人的文化品位，还可以营造出颇有意境的书房氛围。

说实话，直接照明方式不太适合用于书房环境。因为过于明亮的灯光，不但会产生阴影、使人炫目，还容易造成视觉疲劳，不宜于长时间看书学习。一般来说，间接照明具有光线柔亮、安静祥和的特点，所以书房内的灯光设计，最好以隐藏式的光源形式呈现，这样才利于主人静心思考，享受舒适幽静的空间氛围。此外，书房内如有书柜或挂画，可利用轨道射灯或嵌灯，让光线投射到柜内的藏书和墙上的饰品上，不但能突出焦点装饰，体现主人的文化品位，还能用灯光营造出室内与众不同的视觉端景，颇有意境。

台灯可以说是书房中最具实用性和装饰性的灯具。从实用角度出发，建议最好选择可调节高度并能改变投射方向的电子台灯。这种台灯不但能照亮桌面，方便阅读写作，还可以根据需要改变投射角度，灵活满足书房的多种需求。比如，使用电脑时若周围灯光太亮，不但看不清屏幕，眼睛也容易疲劳，这时可将台灯光打到电脑上方的墙上，这样不但保护视力，还能打造出漂亮的光影；需要阅读时，调整方向就能当台灯使用。另外，有的台灯还有让光线从侧面投射的功能，可有效避免在书桌上形成身体阴影，可谓近身照明的"利器"。

作为私密性较强的多功能空间，书房的灯光设计既要考虑到主体照明，又不可忽略营造安静氛围的局部照明，因此功能性的台灯与装饰性的射灯通常必不可少。

透过百叶窗洒落在书桌上的自然光是白天最美丽的光线，可调角度的台灯不但能保护视力，还可以在夜晚为书房营造出漂亮的光影。

灯光搭配小贴士

◇ 书桌最好摆在靠窗的位置，这样既可利用自然光线、眺望窗外缓解疲劳，又能透过百叶窗的设计调节室内光线；

◇ 书房内的人工光源应以间接照明为主，这样容易烘托出书房沉稳宁静的气氛，使人容易静下心来工作或学习；

◇ 如果常在书房使用电脑，建议配置一盏可360°旋转或可伸缩灯臂的电子台灯，非常实用，上网看书两不误。

灯具篇

卫浴照明

卫浴空间通常会给人留下阴暗潮湿的印象，所以在灯光配置过程中，除了灯具款式造型外，一定要注重光源的选择。因为如果灯光运用得当，同样可以打造出清爽宜人、舒适温馨的空间感觉。目前住宅内的卫生间，大多是卫浴一体的结构布局，面积虽然不大，但分成洗面台、马桶和淋浴三个功能区，因此灯光设计更要从实用角度周到考虑，既能安全防潮，又要柔和明亮，以便充分满足家庭成员对舒适生活的照明需求。

卫浴灯光搭配示意图

由于卫生间内大多水气较重，不具备防水性能的灯具容易出现故障，所以密封效果好的吸顶灯，或与吊顶材料配套售卖的嵌入式灯具，通常为主体照明的首选。还有一种天花流明的照明方法，也是卫生间照明不错的选择。即在装修吊顶时，预留出一块较大的灯池，接好内置光源后，在天花板上加装一块透光的亚克力板才或磨砂玻璃，这样不但能防水防潮，还可以为室内提供较大面积的柔光照明。

用水空间相对比较阴冷，所以青白色的荧光灯一般不太适合卫浴空间。相反，暖黄色的白炽灯或柔和明亮的LED光源，则是卫浴空间较好的选择。除了顶灯照明外，洗面台上方还需以壁灯或镜前灯来辅助照明。因为顶灯有时会有阴影，不方便梳洗和剃须。另外，局部照明不可忽视。如果卫浴空间的面积较大，能干湿分区并有地方挂画或摆放小绿植，可以考虑用小射灯来点缀照明，以便给浴室带来丰富的层次感，营造出轻松而温馨的空间氛围。

安装在镜面上的壁灯发挥出镜前灯的作用，运用反射效果为盥洗区营造出通透而温馨的灯光氛围。

洗面柜镜箱上下内藏的LED灯带，散发出柔和的暖黄色光晕，为冰冷的卫浴空间打造出层次丰富的浪漫光感。

灯光搭配小贴士

◇ 卫浴空间的灯具首先要有良好的防水性，以免水气侵入发生故障，进而引发安全隐患；

◇ 除了顶灯外，洗面台上方要用壁灯或镜前灯来辅助照明，以便提供梳洗、剃须所需的亮度；

◇ 卫浴空间最好选用暖光灯或LED等柔和光源，冷色调的荧光灯会让空间感觉又阴又冷。

展演空间情绪的用光方法

灯具的种类很多，如果能灵活运用各种灯具搭配组合，满足居室中不同功能区域的照明需求，固然是个很不错的办法；然而在实际家居装饰中，有些特殊的室内灯光效果，并非成品灯具所能表现出来的。对于营造整体空间氛围来说，利用灯具只是其中的一种方式，如果能再佐以利用空间条件打造出光影氛围，才能创造出充满个性的神来之笔。

位于日本大阪城郊的光之教堂，由建筑大师安藤忠雄设计，阳光从墙上的十字洞口倾泻到教堂内部，形成了著名的"光之十字"，使人震撼地感受到神圣、清澈和纯净的光影效果。

灯光最具魅力之处，在于明暗对比中所产生的美丽光影。因此，有经验的设计师不但会善用成品灯具，有时还能根据室内的空间条件及装饰特点，利用居室中原有的建筑结构与陈设的家具，创造出一种别具特色的光源载体，并把它们活用到室内的灯光装饰之中，进而展现出光影律动的情调与氛围，使家居环境焕然生辉，平添几分与众不同的艺术意境。

说句实在话，倘若找对方法，利用灯光展演空间情绪并不是一件十分困难的事。有时既不必大兴土木，更无需购入昂贵的灯具，最重要的在于设计师能否运用巧思，在空间中最常见的天棚、地板、墙面、陈设的元素之中获得创意灵感。如果想法到位，有时只需花极少的钱，就能达到令人惊叹的效果。下面，就随着笔者来看看，居室中有哪些地方可加以利用，并能演绎出别具韵味的光影之美。

家居顶棚的灯光，设计好了不仅能弥补结构上的视觉缺陷，还可以美化整体环境，提升生活品位。

顶棚用光技巧

夹层光源营造光晕

　　如果希望用灯光烘托出夜晚静谧的居室环境，在吊顶时，利用天花板的造型或落差，在下面夹层里暗藏灯带或灯管，就能呈现出投射均匀的屋顶光晕。这种做法对于营造空间氛围具有非常显著的光影效果。

漂亮的夹层光晕

暗槽洒光温柔洗墙

　　以光洗墙，可以得到渐变生动的灯光效果，特别是用于别具质感或凹凸不平的墙面，视觉效果会更加明显。比如，对于大幅落地窗帘或纹理粗糙的主题砖墙来说，这种从天花板内漫射下来的光线，会呈现出十分柔美的光波。

生动的洗墙光波

局部开孔打造光井

　　在室内需要强调的区域上方，比如门厅、走廊或茶室等地的平面吊顶上开出一个或几个方格，嵌入光源后盖上亚克力板，这种"天花流明"或"光井"的做法，不但可与地面互动，还能为单调的天棚带来颇有味道的光影变化。

柔美的天花流明

墙面用光技巧

射灯烘托墙面焦点

墙面的挂画及饰品，往往最能体现出主人的艺术品位。针对这些可成为室内视觉焦点的装饰物，运用轨道灯或造型别致的射灯来强调画作的美感，是烘托墙面气氛的极好方法，千万不可错过。

利用射灯光线来烘托画品美感，是打造室内视觉焦点的不错方法。

踢脚藏光足下生辉

单调而缺少变化的墙面底部往往被人忽略。如果在地面或墙根处嵌入柔和的光源，不仅可使足下生辉，还能成为轻盈有趣、富有动感的美丽光带，仿佛涓涓的小溪，在空间中温柔地流淌。

安装在墙面底部的灯带，既能足下生辉，又可以为室内添光弄影。

透光墙呈朦胧美感

如果家中正好有面玻璃砖墙，或需要开扇假窗造景，那就千万别浪费这个机会，想办法在后面加上光源，这样室内就多出一块晶莹剔透的背景光墙，为空间呈现出不可言传的朦胧意境。

嵌入墙内别致的灯箱画，可为居室空间营造出妙不可言的浪漫情调。

墙洞生辉别具韵味

古人为了刻苦学习，可以凿壁偷光。现代家装中，如果希望获得与众不同的灯光装饰效果，不妨利用非承重墙的厚度，凿出一个可内藏光源的墙洞，相信卤素射灯下的精美饰品，一定会带来令人惊叹的美感。

摆放在墙洞中的艺术品，在内藏光的照射下会带来别具味道的美感。

门扇用光技巧

巧用房门透光造景

　　家居中有不少门扇都镶有磨砂或艺术玻璃来体现通透，这样的门扇其实非常适合用来引进光线，比如，将衣帽间或卫生间的房门嵌入一块透光材质，那么坐在阴影中，就能感受到这种来自"室外"的光影味道。

木制格栅推拉门

柜体嵌灯光影婆娑

　　家中漂亮的酒柜、书柜以及衣柜等家具，如果柜门为透光玻璃，或者木栅和百叶造型，均可加以利用。只要在柜内顶部装上筒灯或射灯，其向下投射的光线便能透过柜门映衬到室内，形成别具情调的灯影。

内置射灯酒柜门

隔断屏风亦为光景

　　在分隔空间区域的隔断和墙体中嵌入柔和的光源，或在可透光的屏风后面摆放一盏台灯，都能出其不意地打造出一道靓丽的室内光景。这种隐藏起来的漫射光源，可为室内营造出迥然不同的情调。

彩色玻璃砖隔断

卫生间温暖的黄光透过磨砂玻璃做成的推拉门，为卧室营造出温馨而自然的生活情调。

阳台/庭院用光技巧

引进窗外自然光影

阳台通常是居住者接受光照、吸入新鲜空气、养殖花草或晾晒衣物的场所，但随着人们对居室舒适性的追求，传统意义上的阳台，如今已成为家中具有观景休闲作用的功能区域，因此灯光自然也就纳入了设计的范畴。先不管赋予阳台何种用途，在把握用光技巧方面，笔者认为，最为重要的是要善用对外窗享受天光，利用阳台最大程度地引进美丽的自然光影，为居室营造出通透有变化的光线。

自然光透过阳台的木栅栏洒落在室内，生成通透且柔和的美丽光影。

融入室内用光造景

如果阳台私密性或景观不佳，可采用悬挂卷帘的方法进行遮挡。升降自如的竹藤帘既能保护隐私，又可以为室内营造出一种朦胧意境。要想将阳台景观融入室内其实并不困难，只要在阳台墙上挂些绿植，角落里铺些小石子，装上光线柔和的壁灯和地灯，就可以惬意地坐在室内欣赏到花草枝叶间透出的光线，和家人一起感受自然且温馨的公园氛围。

照射在挂墙绿植上的光源，轻而易举地打造出别有洞天的阳台花园。

庭院植物以光辉映

户外庭院的夜间照明，最主要的用光技巧就是所选灯光不宜过多过亮，一般只要几盏即可。灯具的造型以古朴为佳，但防水性能要好。灯光颜色一般以白色和蓝色为宜，因为彩色光线会使绿植变得比较难看。植物下面或水景下方安装的灯具，不但可作为夜间照明，自下而上投射出的光线还能与植物枝叶相互辉映，树影婆娑、静谧安详，很容易营造出一种柔美浪漫的气氛。

庭院角落中石灯笼所散发出来的光线，让植物的枝叶看上去颇有质感。

除了以上列举的这些方法外，其实家居空间中可运用的光源还有很多。作为软装设计师，能否善用不同的空间条件进行灯光创意，最重要的在于是否拥有一双可开发亮点的眼睛。既然大家认为灯光是展演空间情调的魔术师，那么就应该努力成为那个挥舞魔术棒的人，充分利用自己的巧思，无中生有地将那些美丽的光影变化出来。

饰品篇

PART 6

突显生活品位的"点睛笔"

软装配饰种类和陈设特点
饰品材质及空间效果表现
居室画品应用与悬挂技巧
花艺表情与绿植摆放宜忌
家居饰品的整体陈设原则

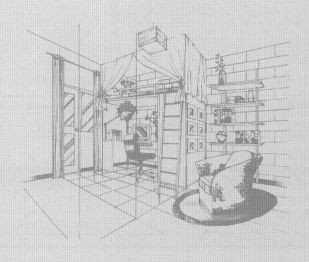

软装饰品又称"室内陈设品"，是家居环境中除了家具、布艺和灯具外，最为重要的元素的总称。由于它涵盖的物品范围广泛、制作材质丰富、表现形式也多种多样，随着"轻装修、重装饰"家装理念的不断深化，家居饰品作为能表现房主文化品位与审美情趣的重要陈设，越来越多地发挥其他元素所无法代替的多重功能。可以说，它对空间风格的塑造、室内氛围的表达以及格调的渲染，都能起到画龙点睛的作用，是家居空间中必不可少的装饰风景。

试想一下，如果现代家居中除了必备生活用品外，没有任何装饰品来点缀空间，那会是种什么样的情景？且不谈各种饰品对强化室内风格所起到的烘托作用，单是环视四周所看到的乏味四壁，以及匮乏生机的室内环境，就足以让走入这个空间的人们从心底生出一种孤寂和无趣。倘若长期生活在这样的家居环境中，那么很有可能会使人逐渐丧失生活情趣，变成毫无生气地吃喝拉撒，终日百无聊赖、浑浑噩噩。产生如此感觉的根本原因，是因为饰品早已不再是一种单纯的摆设，在家居空间中，它所蕴含的是人们热爱生活的精神内涵。

生活品质是从室内陈设的装饰品中表现出来的。图中客厅内充满文艺气息的各种饰品，与家具相呼应，展示出房主前卫并有艺术感的文化品位和审美情趣。

按用途来说，家居中的软装饰品可大致分为"实用性陈设品"和"观赏性陈设品"两大类。实用性陈设品主要包括灯具、织物、电器、书刊、器皿、时钟等。而装饰观赏性陈设品泛指具有审美价值的所有艺术品，如字画、摄影、雕塑、工艺品、收藏品，以及观赏类动植物等。这些林林总总的陈设品摆放在室内空间，通过墙面、台面、柜橱等方式的陈列，呈现出千姿百态的视觉美感，在空间中与居住者进行亲密的精神交流，反映出主人陶冶性情的审美情趣和文化追求。

林林总总的两类陈设品摆满了壁炉两面的书架，既有实用性又具观赏性，不但使人感受到浓厚的生活气息，还折射出主人的情趣爱好和文化追求。

虽说饰品在软装八大元素中处于从属地位，但时至今日，软装配饰已成为跨越装饰与时尚、生活和艺术的综合学科。配饰设计的价值在于，用趋于完美的风格表现更加贴近生活的设计理念，使空间与居住者在个性、审美和行为等方面亲密交融，让生活在建筑中的人们不再单调地重复生活，在历久弥新的空间里感受更加丰富多彩的居家生活。

综上所述，从营造整体空间氛围的角度来看，缺少饰品的室内环境肯定是不完美的空间。为了更好地运用软装饰品，使其成为家居中突显品味的点睛之笔，下面就简要了解一下工艺摆件、画品挂饰、花品绿植、收藏品和日用品这五大类家居饰品的陈设特点。

工艺摆件

花品绿植

画品挂饰

收藏品

日用品

饰品篇

软装配饰种类和陈设特点

家居空间中，可用于软装陈设的饰品种类异常丰富。这些造型别致、各具特色的装饰品，宛如一道流动的风景线，赋予居室丰富的情感和色彩，并以靓丽的图案、多彩的颜色及丰富的材质，发挥着强化空间风格和增添审美情趣等重要作用，成为室内环境中不可或缺的点缀。如果按陈设方式划分，这些统称为饰品的软装元素，大致可分为工艺摆件、画品挂饰、花品绿植、收藏品和日用品几大类。

工艺摆件

工艺摆件在饰品中是个十分广泛的概念。简单地说，凡是以摆放形式供人观赏的工艺品都属于这个系列，如雕塑、瓷器、花品、玉石、织物、人物和动植物造型等，都在它所涵盖的范围内。如果按工艺材质分类，还可分为竹木、陶瓷、金属、树脂、玻璃、泥石、藤草等多种材料。另外，家居中还有些特殊摆件，是人们通过对日常用品进行艺术加工而成的，旨在发挥它美化环境的装饰作用。

雕塑是体现造型艺术中最具代表性的摆件之一。它们题材丰富且内容广泛，常通过雕、刻、塑等制作方法，呈现出千姿百态的三维造型，并在室内背景和灯光的衬托下，为居室带来可视可触、栩栩如生的立体感受。家居空间中，无论普通材质的瓷塑、铁艺、木雕、根雕或石雕，还是名贵的玉雕和牙雕，都可以作为室内的装饰品。这些具有一定吉祥寓意的艺术品，不但可以在视觉上丰富空间层次，更能深层反映出居室主人与众不同的情趣爱好、审美观念或宗教意识，彰显对美好事物的精神追求。

除此之外，家庭生活中还有一些其他类别的实用物品，也可作为装点空间的工艺摆件，如精美的书刊、浪漫的蜡烛、时尚的闹钟、钟爱的乐器、优雅的熏炉、温情的相框和常用的文具等。总之，只要是房间主人喜欢的物品，都可以信手拈来当作摆件，并根据用途把它们放在空间的各个角落，既便于使用，又能为室内环境增添一份灵动气息和生活情趣。

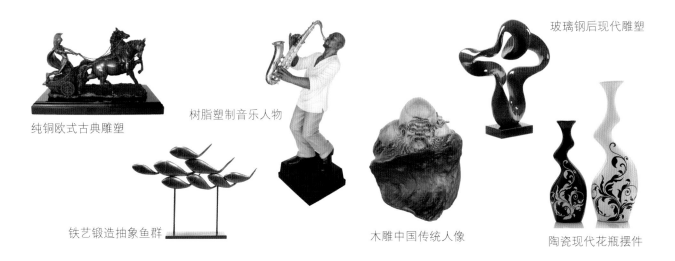

玻璃钢后现代雕塑

纯铜欧式古典雕塑

树脂塑制音乐人物

铁艺锻造抽象鱼群

木雕中国传统人像

陶瓷现代花瓶摆件

摆件的陈设特点

摆件是居室内应用较多的饰品。由于题材和材质种类繁多，在室内所摆放的位置也大不相同，所以在陈设过程中，需要特别注意与空间场所相协调，遵循"寓多样于统一"的美学原则，使之在大小、色彩、位置等方面与家具形成一个整体。只有这样，才能形成独特的装饰特点，赋予居室深刻的文化内涵。

摆放在书架上的精美瓷器，高低搭配、色彩和谐，在灯光的照射下呈现出赏心悦目的视觉美感。

室内空间中，桌面、台面及柜橱内都是陈设摆件的较好位置，因此根据装饰风格和陈设位置选择摆件种类就显得十分重要。一般来说，大小适中、材质精美、宜于远距离欣赏的摆件，适宜摆放在低于视线的台面上，上方再辅以射灯光线加以烘托，就会形成美不胜收的视觉效果。而数量大、品种多、形色多样的小陈设品，适宜摆放在略高于视平线的分层搁板、博古架或柜橱中进行展示，这样可以达到多而不繁、杂而不乱的装饰效果。

由于摆件的形态千变万化，其材质及造型也各具特点，因此在实际陈设过程中，摆放的技巧就显得尤其重要。往往同样的物件因摆放方法的差异，会产生截然不同的视觉效果。尽管各空间的条件不同，陈设方法难以一概而论，但摆放时只要用心观察，从饰品的造型、色彩、材质、纹样、尺度和光感这六个方面进行综合考虑，并遵循色彩干净、层次清晰、焦点突出三大摆放原则，就一定能在空间中将摆件最美的效果呈现出来，起到画龙点睛的室内装饰效果。

客厅电视柜和茶几上的饰品，无论从造型、尺度还是颜色上，都突出了材质光感，在素雅的空间环境中起到画龙点睛的装饰作用。
（CTM空间设计事务所作品）

饰品篇

画品挂饰

在软装元素中，画品和挂饰经常被统称为墙面陈设品。它们最突出的装饰特点就是挂在墙上使室内的四壁不再单调，丰富视觉空间，为室内增添层次感。在家居环境中，墙饰品大致分为两种，一种是实用性和装饰功能兼具的生活物品，如壁架、挂钟、镜子等；另一类是彰显艺术气息的绘画作品与墙壁挂饰。

具有形象鲜明特征的绘画作品，是艺术品中最主要的代表形式。它运用线条和色彩等艺术语言，在二维空间塑造出静态的视觉形象，表达出作者的审美感受，具有深刻的思想内涵和视觉冲击力。绘画的种类繁多，按地域划分主要有东方绘画和西洋绘画；按绘制技法和使用材料不同，可分为中国画、油画、版画、水彩画和水粉画等主要画种。

挂满墙面的艺术瓷盘和画品，极大地丰富了室内视觉感受，使空间彰显独具魅力的艺术气息。

居室内用于装饰空间的画品种类很多，除了名家创作的各种手绘画作外，以现代工艺制作的各种装饰画，以及具有高清画质和写实风格的摄影作品，也越来越受到人们的青睐。这类饰品具有造价低廉、表现形式丰富且时尚简洁的显著特点，因此，已逐渐成为现代家居空间装饰墙面的主流形式。这些林林总总的"画作"和"壁饰"，或彩色或黑白、或大框或小幅、或写实或抽象，均以生动的色彩和意象的构图，在居室生硬与冰冷的门窗之间，营造出独特魅力的视觉效果和艺术气息。

木雕挂饰

风光摄影

静物油画

写意画作

除了各种画品外，挂饰也是室内墙面的重要装饰形式。目前家居空间中较为常见的挂饰主要有相框（相框墙）、织物、标本和镜子等平面艺术品。其中，能够折射室内陈设的镜子，虽算不上是纯粹的装饰品，但由于具有反射室内景色、成倍放大空间的视觉作用，同样也能达到为居室润色的效果，如挂墙角度巧妙，其美化环境的功能应更具特色。

另外，目前在家居墙饰中颇受欢迎的还有源自欧美的相框墙。它是近几年较为流行的一种时尚的软装方式，不但能根据墙面大小和形状随意增减相框数量，进行规则或不规则的排列组合，还可以自由更换画芯，或展示自己喜欢的画作、或彰显主人的摄影作品、或记录亲情的温馨时光，使家中原本枯燥的墙面，成为居室装饰中最能体现个性的地方。

放在边桌上的镜子不仅具有实用性，还利用倾斜角度反射出花品的繁茂，在美化环境的同时，扩大了空间的视觉效果。

根据墙面形状设计的世界建筑照片墙，看似有些不规则，但全部相框的排列组合里呈现十分对称的美感。（CTM空间设计事务所作品）

长沙发后面与视线平行的成套挂画，与白色组合柜遥相呼应，不仅高度适中，还为墙面留出了合理的空白，呈现出十分舒服的空间视觉效果。

单幅画品延伸出空间的纵深感。

多幅挂法呈现了视觉的丰盈感。

三幅画烘托着贝壳椅的焦点感。

画品与挂饰的陈设特点

　　虽说画品与挂饰的陈设位置相对比较单一，都必须悬挂在居室四周的墙上，但由于墙面装饰物的悬挂位置基本都在视线水平高度，所以很容易吸引人的眼球。因此，在装饰中除了需要注重选择色彩和图案外，墙面和陈设品之间的大小比例关系也十分重要。只有留出相当的空白墙面，让视觉获得休息的机会，才能表现出这类饰品的美感，起到画龙点睛的装饰效果。

　　进门后人们视线的第一落点，通常是最应该挂画的地方，这样才能产生新鲜感，不会使人感觉居室的墙壁很空。一般来说，狭长的墙面比较适合悬挂横幅大画和多幅组合画，而方形墙面适合悬挂一些竖版画、小幅画或方形画。选择多幅挂法时，应尽量选择小尺寸的画作，幅数以4幅或6幅为宜。如果需要在空间中悬挂较大的壁画或成套相框墙，可采取垂直或水平伸展的构图方式，这样可形成完整的视觉效果，起到主题背景墙的装饰作用。

　　空间中画品和挂饰的尺寸，应根据室内面积以及摆放家具后留白的墙面大小来决定。一般情况下，20㎡左右的房间，单幅画品的规格以不大于60cm×80cm为宜；挂在走廊或过道　中的成套画品，最好选择单框小于40cm×40cm的来搭配。另外，挂画位置也是不可忽略的细节。在注意画品与家具上下对应关系的同时，画框底部的高度，通常要略低于人站立时的视点平行线；而沙发后面的装饰画，应挂得更低一些才好看。总之，挂画是一件需要反复比试才能决定最佳位置的细致工作，视觉上舒服与否是最好的标准。

两大幅抽象绘画居中悬挂，四周大面积留白的墙面非但不显单调，反而极大地突出了视觉焦点，使简洁素雅的现代空间充满了艺术品位。

利用废弃的木柜做成一个立体植物园，让家具和绿植有机地结合在一起，既体现出家居装饰中的创意情调，又为室内营造出自然脱俗的盎然生机。

花品绿植

花品和绿植同样是家居中最为常见的软装饰品。广义上的"花品"指一切具有观赏价值的植物，在家居空间中，最有代表性的便是绿植与插花了。顾名思义，"插花"就是将剪切下来的植物花果枝叶，经过技术和艺术加工后插入适合的容器中，从而形成富有诗情画意的花卉摆件。"绿植"则是绿色赏叶植物的简称，大多以原生于热带及亚热带地区的阴生植物为主，因其耐阴性较强，并具有净化空气的功效，故被人们移植到室内作为观赏植物种养。

在家居空间内，无论"插花"还是"绿植"，都是不可或缺的情调点缀。其中，源自2000年前的古老插花艺术，是人们利用花材的自然形态所追求的一种意境美。它不但能为居室呈现赏心悦目的视觉美感，更可以通过花卉在空间的定格，彰显主人的优雅气质与脱俗品位，进而陶冶情操、愉悦身心。而"绿植"不仅能给居室带来新鲜空气，展示出自然的室内生机，还能使人修身养性，使家庭成员在轻松舒适的环境中感受到绿色所带来的生机勃勃。

花品和绿植的陈设特点

　　花品和绿植象征着生命的律动和繁荣。家居中它们不仅能美化环境、为居室带来绿色生机，还可以提高空间舒适度，平息烦躁、净化空气，给人们带来充满活力的自然气息。与其他饰品不同的是，这些有生命力的植物由于科属不同，对阳光和湿度等生长环境的要求存在很大差异。为了能让它们在居室内得以健康生长，更好地发挥应有的作用，因此了解它们的习性，根据摆放位置进行合理选材，是陈设上最为关键的一点。

　　干花和植物加工品是居室中较为常用的花品类型。随着工艺水平的不断提高，其技术造诣已达到以假乱真的境界，非常适合装点室内空间。除了鲜切花需要放置在有阳光的地方，其他干花类饰品都没有浇水的麻烦，基本可以与摆件一样陈设在室内的任何干燥场所。大株的花品可落地陈设，而小棵的插花可以根据需要放在醒目的台面上。需要注意的是，花品最好不要与绿植放在一起，因为它们截然不同的质感会互相抵触，使各自的装饰效果黯然失色。

　　对于绿植来说，最重要的生长要素无外乎阳光雨露。因此，除了特别喜阴的植物外，在家居空间中，它们的摆放位置最好选择阳光可以照射到的地方。如果因陈设需要，实在不能放在自然光照到的位置，那么最好相应地辅助些人工光源，比如让落地灯或射灯光线从后面照射在植物上，这样能使绿叶的颜色看上去充满活力，茎叶的剪影感觉更加柔和漂亮。另外，摆放绿植时，还要注意挑选共同陈设的物件。只有色彩和谐、大小比例合适、材质搭配得当的饰品与绿植摆在一起，才能收到良好的视觉效果，使得居室装饰整体平衡。

按照植物的喜光特点摆放在居室内不同位置的绿植，不仅可以较好地生长，还能为室内带来生机盎然的绿化效果。

垂吊在空中的绿植，不仅具有超强的净化空气能力，还能立体装饰空间、不占面积，闲暇之余看着嫩绿的枝条轻飘在窗前，会感到别有韵味和舒心惬意。

收藏品

收藏品是家居环境中比较特殊的一种饰品。对于居住者来说，能称得上是自己收藏的东西，往往都是具有特殊意义的物品。虽然广义上的收藏品，一般泛指那些可以保值或升值的艺术品，但在家居空间作为软装元素的收藏品，笔者认为，它所涉及的种类已远远超出有价古董的范围，应该是指某些凝聚了房主收集心血且得之不易或者具有保留价值、自己内心十分看重的物件。

墙上的老式挂钟与古朴的室内陈设浑然一体，运用这种以收藏品来突出视觉焦点的方式，既自然地展示主人的珍藏，又增添了山间木屋的文化沧桑感。

固然，那些具有升值空间的字画或古瓷等艺术品，颇能体现收藏者的经济实力和专业眼光。但对于大多数的收藏爱好者来说，他们之所以喜欢收集某类藏品，其最主要的出发点，应该还是用来充实自己的业余生活和兴趣爱好，以达到丰富社会交往内容、提升生活品位的目的。

由于很多收藏领域都承载着较深的文化内涵，所以当收藏宗旨与盈利无关时，便有了丰富文化、见证历史和把玩享受等多种乐趣。在林林总总的收藏品中，无论是具有文献价值的期刊、经典的黑胶唱片、电影海报和光盘，还是稀奇古怪的酒瓶、老式相机钟表，以及风景名胜的瓷盘，所有这些四处淘换来的藏品，可以说几乎每一件背后都有一段曲折动听的故事，期待有人来欣赏和倾听。虽然对于绝大多数热衷于收藏的房主来说，其内心追求的是一种自得其乐和陶冶情操的生活态度，但如果在家居中把这些凝聚着他们心血的藏品恰当地展示出来，相信一定会得到他们的认可和赞许。

古色古香的多宝阁上摆满了房主收藏的瓷器，藏品风格与传统家具和谐呼应，为室内环境平添了颇有品味的文化内涵。

此外，在家居空间中，除了上述那些能以实物进行展示、富含文化品味的各种收藏品外，其实很多承载着个人荣誉并具有特殊意义的东西，对于房主来说，同样也是人生中十分珍贵的收藏品。它们也许是立功受奖的证书、比赛获得的荣誉、与名人的合影、父辈发黄的照片，或者祖上留下的传家宝、挚友馈赠的礼品，等等。总之，所有这些能让房主拥有美好记忆的东西，都是他们内心深处的无价藏品，没有其他物品可以取代。

　　如果能与房主进行深入沟通就会发现，其实每个人的生活中都能找出值得"收藏"的物品。无论是他（或她）花费心血收集的喜爱之物，还是能唤醒内心情感的普通纪念品，所有这些若能作为饰品，都会对房主及家人产生特别的意义。在软装设计范畴内，实际上凡是希望在家居空间展示出来的"个性饰品"，每一个背后都会有段动人的故事。要想把它讲诉出来，作为软装设计师，只有关注这个主题，尽心尽责地站在客户的角度，通过深入交流细心琢磨，方能捕捉到这种可以触动内心的信息。因此，如何利用"收藏品"为房主打造出既个性又温情的居住空间，是我们在软装陈设中需要特别重视的问题。

且不说每个藏品瓷盘的曲折来历，单是挂在墙上的整体装饰效果，足以让人感到耳目一新。

琳琅满目的DVD碟片，整齐地排列在嵌墙的书柜内，体现着房主兴趣爱好的电影藏品，不仅为影音室增添了专业发烧味道，还演绎出颇有情调的空间氛围。（CTM空间设计事务所作品）

收藏品的陈设特点

收藏品陈设是家居软装中具有较高要求的装饰项目。要想成功地展示出生活中的收藏之美，彰显房主与众不同的文化品位或生活情商，首先要充分了解藏品的类型，然后根据空间情况制订具体陈设方案，这样才能体现收藏品本身"独一无二"的特性。首先，如果客户家中确实有一些昂贵价值的藏品，如字画、瓷器或古董等需要展示，那么在新房装修之初，就应该考虑好陈设方式及摆放位置，有的甚至还需要量身定制相应的家具来使用，以保证陈设方面的安全。

由于个人收藏品种类繁多，装饰特点也不尽相同，所以，选择它们的摆放位置或悬挂场所，显得十分重要。在家居中，只有根据物品的装饰特点进行适合的陈设，方能收到良好的视觉效果。比如，字画可挂在书房内醒目位置、瓷器适合摆在稳固的台面或柜橱内、老式钟表高低错落地挂在墙上、风景瓷盘可配合家具做成主题墙，等等。假如房主收集的是邮票、钱币、徽章等较小的物品，则可以装在专用的票册或盒子里，摆放在柜橱内进行陈设。

需要注意的是，由于藏品本身就是很好的饰品，所以在有此爱好的业主家中，无须添置过多的其他饰品，以免画蛇添足，削弱装饰主题。只要适当地搭配些绿植，即可达到丰富空间层次、突显主人与众不同的文化品位。

玻璃门橱柜是收藏精美餐具的必备家具，既有较好的室内装饰效果，又便于使用时取放自如。

硕大的算盘和古老的电扇，既是收藏品又是装饰品，在清新淡雅的书房中述说着动人的故事。

日用品

　　软装元素中所说的日用品，并非日常生活中经常使用的物品，而是专指那些具有一定观赏价值的生活必需品，比如餐具、茶具、酒具、化妆品和部分家用电器等。这类日用品的共同特征是造型美观、做工精细、格调高雅，既能满足生活的使用功能，又兼具独立欣赏的审美价值。比如，选择一套与室内设计风格相匹配的餐具和酒具，陈设在餐柜里或餐桌上，就能恰到好处地表现出房主独特的审美品位，以及高品质的生活态度。

各种家用电器

洗漱化妆用品

厨房烹饪器皿

愉悦精神的书刊

　　随着都市收入水平的大幅提高，不少对生活品位有追求的人士，已越来越重视生活环境系统化这一观念。在家居设计方面，他们希望通过统一规划，使各类生活用具相互联系并默契呼应。住宅中除了要求家具、布艺、饰品、灯具等元素要风格统一相互协调外，很多人还把目光投向更加细微的地方，比如，选择一套适合自己家居氛围的餐具，其风格不但要与餐厅的设计相得益彰，看上去还能赏心悦目，调节进餐时的心情并增加食欲。

　　由此可见，现代家居中，餐具除了日常的使用功能外，其观赏作用也越来越受到人们的重视。一套样式美观且工艺考究的餐具，不仅可以在图案风格上与室内装饰氛围相呼应，还可以成为居室内重要的装饰品，在满足人们就餐功能的同时，体现出一种高品质的生活方式。

日用品是体现家庭生活气息最好的装饰，因此，精美的餐具在满足亲朋好友聚餐需求的同时，更能彰显一种高品质的生活方式。

　　在众多材质的餐具中，瓷质餐具最受欢迎。从烧制材料上划分，骨瓷和强化瓷为高档餐具。其中，奶白色的骨瓷，质地轻巧、透明度高，是世界上公认的高档瓷种；而含镁质成份的强化瓷，有高白度、高强度等优点，瓷质洁白如玉、晶莹润泽，是家庭餐具中比较理想的选择。

　　除了质地高档和工艺考究的餐具外，酒具、茶具以及女主人的化妆品等，同样也是表现居住者的生活方式和审美品位的重要日用品。这些生活中看似普通的物品，陈设中如能精心搭配，不但能以其优美的形态、雅致的色彩和时尚的韵味，为室内空间平添几许情调，还可直接以品质诠释生活，将实用和装饰有机地结合起来，营造出精致文雅且从容温馨的家居氛围。

日用品的陈设特点

　　与其他装饰品有所不同，日用品的主要功能是随时拿过来使用，所以完全没有必要去刻意寻找什么特殊的摆放位置。对于所有日用品来说，如果空间条件允许，最合适陈设的地方，那就是需要经常使用它们的场所，即该放哪儿就放哪儿！只有这样，才能最便捷地发挥它们的使用价值，呈现出自然的装饰效果。

就近摆放是日用品陈设的最好法则。图中床头收纳柜上的书刊，既方便随用随取，又为家居空间增添了文化气息。

饰品篇

饰品材质及空间效果表现

摆件是软装饰品中重要的组成部分，具有很强的艺术表现力和感染力。由于其种类繁多、造型丰富，所以在陈设时经常让人无从下手，不知究竟选择哪种材质更宜于烘托室内整体氛围。究其原因，是因为在"多感官"的家居空间，往往摆件的材料本身就具有特定的视觉感受。作为软装设计师，只有了解这些材质的装饰特点，并根据空间表现需求进行合理搭配，方能突显陶瓷的典雅晶莹、玻璃的通透璀璨、树脂的多彩精致、木器的质朴温润、金属的冷峻时尚。因此在某种情况下，摆件的材质甚至比造型还要重要，是打造居室视觉焦点的关键所在。

陶瓷饰品

陶瓷是陶器和瓷器的总称。虽然它们都是由黏土或以黏土和石英等混合物烧制而成的器皿，但在质地和物理性能上有很大区别。简单来说，陶器用一般黏土即可制坯烧制，烧成温度相对较低；而瓷器大多以高岭土作坯，烧成温度也较高。由于原材料和烧制温度不同，瓷器的透明度与坚硬程度远高于陶器，所以形成了陶器胎体硬度较差、敲击时声音发闷、坯体厚重不透光的显著特点。

陶制艺术品

瓷质艺术品

中国是世界上最早制造陶器并发明瓷器的国家，早在欧洲人掌握制瓷技术的千年以前，中国人就已经造出了非常精美的陶器和瓷器，并因具有极高的实用性和艺术性而备受世人推崇。我们经常提到的，历史上最负盛名的宋代五大名窑——钧窑、汝窑、官窑、定窑、哥窑，就是中国进入"瓷器时代"的辉煌写照。下面就来欣赏一下这些堪称国宝的名窑古瓷。

中国名瓷欣赏

钧瓷：宋代五大名瓷之首，工艺精湛、配釉复杂，以独特的窑变艺术而闻名于世，素有"黄金有价钧无价"和"家有万贯不如钧瓷一件"的美誉。窑址位于今河南省禹州市城内。

汝瓷：宋代被钦定为宫廷御用瓷，釉层薄而莹润、釉泡大而稀疏，有"寥若晨星"之称。釉色主要有天青、天蓝、淡粉等，釉面有俗称"蟹爪纹"的细小纹片。窑址位于今河南省宝丰县。

官窑：原为宋代官府经营的瓷窑，后泛指明清时期景德镇为宫廷生产的瓷器。官窑瓷器以素面为主，有的用凹凸直棱和弦纹为饰，其中以北宋青瓷最为出名。由于精品仅供皇宫专用，坊间存世量极少，堪称瓷中瑰宝。

定窑：宋代五大名窑之一，以产白瓷著称，兼烧黑釉和绿釉，文献中分别称其为"黑定"和"绿定"。白瓷装饰技法以白釉印花、白釉刻花和白釉划花为主，纹样秀丽典雅，别具一格。窑址位于今河北省曲阳境内。

哥窑：宋代五大名窑之一，其胎色有黑、浅灰及土黄多种，釉色以灰青为主，属无光釉，呈"酥油"般光泽，釉面有网状开片，釉内含有气泡，如珠隐现。常见器物有炉、瓶、碗和盘等，做工精细，多为宫廷用瓷的式样。

如今在国际高端市场上，中国现代瓷器有些名不见经传，但作为家居装饰用瓷，还是可以找到不少质量过硬且工艺精美的产品。比如，景德镇的青花瓷、粉彩瓷、单色釉瓷，广东潮州的珐琅彩瓷，江苏宜兴的紫砂，湖南醴陵的五彩瓷、中国红瓷，福建德化的白瓷和浙江龙泉的青瓷等，都是比较著名的品种，陈设在家中同样是颇具品位的装饰佳品。

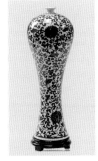    

| 景德镇青花瓷 | 景德镇粉彩瓷 | 中国红瓷 | 潮州珐琅彩瓷 | 龙泉青瓷 |

饰品篇

当然，对于高端客户来说，要想打造品位不凡的装饰效果，除了国产名瓷外，还可以选择一些世界顶级的欧洲名瓷，来点缀富丽堂皇的居室空间。这些甚至与LV、CHANEL齐名的著名品牌，尽管售价不菲，但以其温润如玉的质感、晶莹光润的釉面以及精美优雅的造型，随便摆上几件，就可以成为家居陈设中的"奢瓷"和"镇宅之宝"。

外国名瓷欣赏

Wedgewood（威基伍德）：1759年创始于英国，是世界骨瓷餐具中知名度最高的品牌。它以拥有动物骨粉含量最高为特征，质地坚硬不易碎裂，具有良好的保温性及透光性，兼具完美的实用性和艺术价值，是大部分到访英国的游客都希望购买的当地名产。

Bernardaud（柏图）：1863年创始于法国中南部，是许多国家宫廷餐宴指定的餐瓷品牌。历史上俄国沙皇、法国拿破仑、英国伊莉莎白女王都曾选用过柏图餐瓷款待贵宾。它多次荣获巴黎万国博览会金牌，是法国时尚精品瓷器的代名词。

Royal Doulton（皇家道尔顿）：1815年创立于英国，黛安娜王妃生前十分青睐，是首个获得皇室授权使用皇家为商标的品牌。其乡村玫瑰系列，将金色玫瑰花贴在骨瓷餐具上，具有不可抵挡的魅力。值得一提的是，该品牌是众多西式瓷器中唯一开发中式餐具的。

Royal Copenhagen（皇家哥本哈根）：1775年创始于丹麦，是丹麦引以为傲的国宝级手绘瓷，以"只制造真正的精品"为宗旨，运用传统北欧手工艺融合东方瓷绘风格，制造独特而典雅的瓷器。其LOGO中的皇冠标志着皇室御用权威，三条波纹代表围绕丹麦的海峡。

Lladro（雅致瓷偶）：1953年由雅致三兄弟创建于西班牙，是备受藏家推崇的贵族瓷偶品牌。其每件瓷偶的构思和工艺都堪称经典，作品将新浪漫主义的怀旧与流行风格互相融合，富有生命与情感元素，并以细腻工艺和精妙设计为人们带来美的享受。

曾专供于皇室、拥有悠久历史的欧洲名瓷,自古以来就是软装陈设中的奢侈品,具有极高的艺术价值,已然成为高品质生活的标志之一。

自古以来,陶瓷饰品就是室内装饰的"重器",而"无瓷不雅"的装饰理念也早已深入人心,关于这点诸位稍加留意即可以发现。无论是中国的皇宫,还是西方贵族的宅邸,乃至于中外的王公大臣、商贾名流、文人墨客的家中,几乎无处不在地都可以看到瓷器漂亮的身影。这种高温玻化材质所呈现出来的特殊肌理效果,不仅能增强室内的色彩感在整体环境中更加跳跃,还能极大地丰富视觉感受,为空间带来琥珀般的冷艳韵味,散发着撼人心魄的魅力。

另外,经现代科学研究证实,陶瓷还是一种非常环保的装饰品。由于制瓷原料中所含的微量元素对人体有改善新陈代谢、促进血液循环等保健作用,它在常温下发射的红外线,与人体自身发出的红外线波长基本吻合,所以当人体接近陶瓷时,便能自然产生共振现象,十分有益于人体健康。所有这些恰恰都是其他材质的饰品所不具备的优点。

由此,在现代家居中,可以根据室内装饰风格,充分利用陶瓷饰品的材质特点来点缀居室氛围,营造出或典雅华贵、或古朴自然的空间格调。比如,在新古典和新中式的家居中,选用高雅晶莹的瓷器,以其温润如玉的质感、富于变化的釉色,彰显特殊的意蕴美感和文化品位。而在地中海、日式极简与美式乡村等空间,运用古朴自然的陶器,凭借泥料那独特的肌理感受,为空间带来清新意境与生活韵味,体现出耐人寻味的自然气息。

即便不是什么昂贵的名瓷,那些恰到好处摆在家居内的瓷器,依然可以凭借其漂亮的色彩和琥珀般的质感,为空间带来高雅的视觉感受。

摆放在八仙桌上的釉上彩花鸟罐,为中式家居风格装点出博大精深的传统文化内涵。

饰品篇

玻璃饰品

以通透、多彩、纯净和莹润而著称的玻璃饰品，一直充满着让人无法抗拒的魅力，在家居空间演绎着五光十色的视觉效果。这些大多以手工制胎、雕刻和烧制而成的透明装饰品，虽不像机制产品那样完美，同款之间甚至还可能存在细小的差别，但依然拥有其他材质饰品所不具备的动人之处，那就是透光与反光的变幻之美。

玻璃是一种高度透明的物质，可以吸收或穿透紫外线和红外线，具有晶莹透光、态势神韵变化无穷和表现力超强的特点。在加工过程中如果加入各种金属氧化物，就能改变玻璃的颜色，烧制出五颜六色的工艺品。一般来说，玻璃饰品大多以玻璃棒为主要材料，运用氧气与液化气进行加热，使之由固态渐变成胶熔态和液态，然后经过人工吹制、拉制等复杂的工序进行塑形。通常吹制而成的饰品器壁都很薄，创作时经上下翻卷而自由成形，体现出高超的手工技巧。

运用复杂的工序以及高超的技巧而制成的玻璃饰品，充满着让人无法抗拒的魅力。

除了普通玻璃制成的各种器皿外，水晶玻璃和琉璃也是该工艺品中颇具代表性的装饰品类。由于天然水晶日渐稀少且不易开采，所以目前市面上所见的绝大多数制品均为人造水晶。水晶玻璃器皿源自欧洲，主要产地为德国、法国、意大利、捷克等国。现在高端的人造水晶已全部采用无铅技术，其清澈度主要表现在打磨技术与晶体品质上。晶莹剔透的水晶玻璃制品，是家居中极好的实用装饰品，它灿烂的光芒、流线的设计、剔透的质感以及悦耳的声音，都能为房主的视觉、听觉、味觉和触觉带来无比的愉悦感。

晶莹的玻璃花瓶与质朴的原木桌面形成鲜明的对比，为简约现代空间带来纯净而通透的视觉感受。

陈设在美国纽约某奢侈品专卖店中、售价不菲的美轮美奂的水晶玻璃器皿。

与瓷器一样，作为代表高品质生活的奢侈品，水晶制品同样也成就了众多世界品牌，下面列举几个世界著名品牌，以供诸位了解。

SWAROVSKI（施华洛世奇）：1895年创始于奥地利，从21世纪初开始，施华洛世奇就已被世界各国公认为优质水晶和璀璨夺目的化身。它的魅力主要源自材料品质及加工方法。作为制作切割水晶的龙头品牌，它不仅生产精雕水晶饰品，还为全球首饰和照明业提供水晶石，数量都十分惊人。

Baccarat（巴卡拉）：1764年创立，是法国皇室御用级水晶品牌。其制品以华丽的光芒赢得了各国权贵的青睐，被誉为"王侯们的水晶"。作为历史悠久的奢侈品，它已成为尊贵的代名词，英国女王等各国皇族政要都是它的顾客。该旗下的水晶产品包罗万象，灯具、首饰、餐具等均包含在内。

Kosta Boda（珂丝塔）：1742年创建于瑞典，是世界上最古老的水晶公司，已成为瑞典的文化遗产。首批波希米亚移民技师加入该公司后，极大地推动了日用水晶和艺术水晶制品的发展。目前，个人艺术的多样性以及不受约束的自由创作，已经成为Kosta Boda品牌与众不同的特征。

Moser（摩瑟）：1857年创立于捷克，是世界著名的奢侈酒具和装饰品生产商。其产品的雕刻和镶金工艺可谓登峰造极，具有无与伦比的崇高地位。英皇伊莉莎白、挪威国王和西班牙国王等人，都曾长期订购摩瑟水晶制品，有"国王玻璃"的美誉，目前已成为世界政商名流餐桌上不可或缺的佳品。

琉璃起源于中国，指以各种颜色的人造水晶为原料，采用古代青铜脱蜡铸造法，经数十道工序精修细磨方能制成的水晶饰品。由于它对光线的折射率很高，因此具有品质晶莹剔透、色彩美轮美奂的装饰特点。琉璃制作十分复杂，稍有疏忽便会失败或出现瑕疵。自古以来就是皇室专用，对使用者有严格的等级要求，是一种高贵华丽、标志着主人身份与地位的陈设品。如今，摆在现代家居中的琉璃饰品，早已不是一种材质的称谓，而是一种文化的象征。它不但拥有流光溢彩、变幻瑰丽的视觉效果，还可视为东方人精致与含蓄的审美体现，是彰显中国古代文化与现代艺术完美结合的装饰元素之一。

运用传统脱蜡铸造古法制作的美轮美奂的琉璃工艺品。

总之，无论是玲珑剔透的玻璃饰品，还是璀璨晶莹的水晶器皿、色彩绚丽的古法琉璃，它们的颜色和质感有所不同，但都能在家居空间中营造出色彩流动的光影效果。作为无毒无害的"绿色"摆件，玻璃的质感虽然坚固，却不像金属那么冰冷，十分易于和其他材料进行搭配，并且还可利用其透亮的特点，将花品或绿植栽放在其中，在室内生成独特的装饰效果，因此，它可以说是软装陈设中不可或缺的营造通透感和明亮感的材料。

具有透光与反光变幻之美的玻璃饰品，可以使人感受到器皿呼吸中透出的纯净，为生活空间带来最具生命力的动感。

通常软装设计师都很喜欢玻璃饰品带给空间的印象和感觉，它们不但可以使人感受到器皿呼吸中透出的纯净之美，还能透过色彩与光的折射，让人体会到精美造型所带来的意境之美。它们是水与火的结晶，集中了理性与感性的精华，跨越了有形与无形的界限，走在存在与虚无的边缘，是室内空间中最具生命力的动感之窗。

具有极高折光性和透光性的水晶器皿，摆在家中不仅可以提升视觉上的享受，还能集艺术性与实用性于一体，为家居空间呈现出高贵典雅和晶莹剔透的华美姿态。

树脂饰品

树脂饰品通常以天然树脂或合成树脂为主要原料，通过模具浇注成型而制成的各种造型精美的人物、动物、风景、浮雕等摆件，同时还可运用先进的加工技术，将产品做成仿金、仿铜、仿木、仿玉石、仿水晶等材质效果，具有种类繁多、色彩丰富、形象逼真，以及耐腐蚀、易清洗等显著特点。

由于树脂受热后有软化和熔融特性，可塑性非常好，可以通过不同模具塑成任何造型，且尺寸可大可小，不受任何规格的限制，因此它的应用范围十分广泛。家居中有些体积较大的落地摆件，如大型雕塑、假山喷泉等，均可采用树脂制成。在自然资源日趋紧张的今天，随着人工树脂的环保技术不断提高，树脂饰品会为家居生活带来更多的惊喜。

与其他材质的装饰品相比，品类丰富和物美价廉已成为树脂饰品的两大优势。虽然目前国内的低端产品有些粗制滥造的现象，使人感觉有些不上档次，但随着饰品市场的不断成熟与细分，相信大量款式新颖、做工精细的中高档树脂饰品会逐渐热销起来，成为大家喜闻乐见的家居装饰品。

利用树脂良好的可塑性制成的各种假山喷泉，材质逼真且耐腐蚀易清洗，已然成为家居软装中营造自然景观的利器。

仿玉石雕塑　　　　　仿铜美洲豹　　　　　仿木雕群马　　　　　仿金关公像

利用合成树脂制成的各类动物摆件，在家居中具有生动形象且惟妙惟肖的装饰表情。（CTM空间设计事务所作品）

饰品篇

木制饰品

木制饰品指以木材为主要原料，通过手工或机器加工制成的工艺品，具有材质稳定性好、环保质朴、色泽自然等显著特点。传统的木制摆件通常用雕刻方法制作，选用木料多以质地细密柔韧、不易变形的树种为主，如椴木、桦木、楠木、樟木、柏木、银杏、龙眼、红木等。国内的木雕流派常以地域来划分，主要有浙江东阳木雕、乐清黄杨木雕、广东金漆木雕、福建龙眼木雕和泉州木雕，这五大流派经过数百年的发展，已形成自己独特的工艺风格。

居五大木雕之首的东阳木雕，发源于宋代的浙江东阳，主要以浮雕技艺为主。设计上采取散点透视、鸟瞰式透视等构图，布局丰满、散而不松、多而不乱、层次分明、主题突出、故事情节性强，因而深受收藏家喜爱。黄杨木雕作品以人物题材为主，雕刻技法丰富、材质纹理细腻、坚韧古朴，具有象牙般效

装饰在玄关的大幅精美木雕，既是对巧夺天工的传统技法的展示，又是暗喻家居文化与品味的象征。

果。龙眼木雕材质近似红木，人物形神兼备、衣纹流畅，富有不同的质感，产品色泽古朴、颇具"古董"之美。金漆木雕发源于唐代，擅长用樟木雕刻再上漆贴金，具有金碧辉煌、刻工细腻和立体感较强的特点。泉州木雕以种类繁多而闻名，其中平雕、线雕、根雕、花格雕和神像雕等种类独具一格。

除了上述著名木雕种类之外，根雕也是木制饰品中较为重要的传统雕刻艺术之一。它以树根的原生形态

黄杨木雕

龙眼木雕

东阳木雕

金漆木雕

泉州木雕

为素材，通过巧妙构思和工艺处理，创作出各种艺术形象。自古以来，根雕制作就讲究"三分人工，七分天成"。由于根艺创作的构思必须着眼于最大限度地保护自然之形和自然之美，需要运用根材的天然形态来加以创作，所以这种艺术品具有极其难得的不可复制性，几乎每个作品都是独一无二的，颇能彰显主人个性和审美品位，因此，可以成为家居装饰中不可多得且很有特色的装饰元素。

对于喜欢木制摆件的人群而言，在现代家居装饰中，还有一种非常值得推荐的艺术品，那就是极具原始魅力的非洲木雕。与中国形态逼真的传统木雕不同，非洲木雕并不刻意追求形象的逼真，而是通过整体夸张变形的写意手法，来表现作品鲜活的内在生命和节奏，体现出一种毫无掩饰的原始美感。

无论是以漆黑如铁的硬木制成的小雕像，还是表面粗糙、被涂上几种鲜艳色彩的软木作品，雕塑中具有代表性的非洲人像，通常用一根木料雕制而成。它们虽少有姿势动作并看似僵硬，但黑人艺术家通过各部分体积的安排，表达出雕像的各种感情，使作品呈现或稳定或轻盈、或优雅或凝重的节奏，赋予空间大胆的创造精神和美的思索，可以说是现代或乡村风格家居陈设中极具魅力的装饰品。

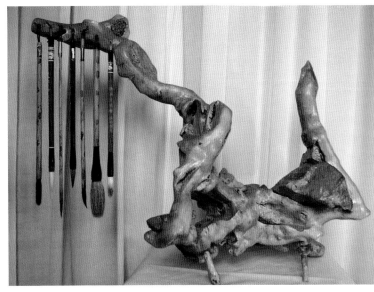

利用树根天然造型制成的根雕笔架，既有实用性又有观赏性，呈现出独一无二的自然美感。

具有原始美感的非洲木雕，在家居装饰中不仅能体现出鲜活而凝重的生命节奏，更能彰显浓郁的异国风情。

金属饰品

金属饰品主要指以金、银、铜、铁、锡等为主辅原料制作的各种工艺品。其历史悠久、种类繁多，一般根据加工材料可分为金器、银器、铜器、锡器、铁艺制品等。自古以来，我国的金属制作工艺就十分发达，历史上曾出现过很多著名的金属工艺品，如商代的青铜器、战国的金银错、唐代的铜镜、明代的宣德炉、清代的景泰蓝等。如今在家居中比较常见的金属饰品主要有造型各异的合金摆件、铁艺制品、仿青铜器、锡制器皿、景泰蓝、依靠翻砂技术制作的绒沙金类产品等。

传统金属饰品中最值得一提的，就是堪称集中国传统工艺之大成的景泰蓝。它以金银铜等多种天然矿物质为原材料，既运用了青铜和瓷器制作手法，又融入了手工绘画和雕刻技艺，集美术、铸造、雕刻、镶嵌等技术为一体，经反复烧结、磨光镀金而成，具有鲜明的民族风格和深刻文化内涵。北京是中国景泰蓝的发祥地和重要的产地，它以典雅雄浑的造型、繁富的纹样、清丽庄重的色彩著称，给人以细腻工整和金碧辉煌的艺术感受，并与雕漆、玉器、象牙一起被称为北京工艺品的四大名旦，可谓"国宝京粹"。因此，陈设在现代家居空间的景泰蓝饰品，不仅能表现出浑厚持重与古朴典雅的文化品位，还可以为居室增添精美华贵的艺术气息。

锡制浮雕茶罐

绒沙金麒麟摆件

青铜人物雕像

铜包瓷镶嵌果盘

不锈钢抽象雕塑

巴基斯坦铜雕马

运用景泰蓝工艺制成的日用品，不仅有较好的实用性，摆在家中作为饰品，还可以体现出古朴典雅的中式风格与文化品位。

铁艺制品也是现代家居中别具风情的金属摆件之一。与其他材质的物品不同，这些表面上看起来冰冷黯淡的铁艺饰品，通常能以其自身材料的沧桑质感，以及手工打制的特殊品质，在居室空间发挥出画龙点睛的装饰效果。它们不但具有简约柔美的曲线，而且富有古朴厚重的质感，无论是可兼做生活日用品的酒架、花架，还是纯装饰用的工艺摆件，都可以表现出独具内涵的文化气息。特别是以复古元素为主的欧式铁艺制品，极具古朴典雅的异国风情，往往在看似粗犷的外表下，都渗透着温文尔雅的细腻之感。用它们来装点家居，不仅能够打破室内陈设的沉

铁皮车模是金属饰品中颇有特点的铁艺摆件，几乎每款造型都浓缩着一段传奇的历史，摆在家居中为喜欢它的人们释然复古的不解情怀。

闷，使人产生一种舒展自然的亲和力，还能起到丰富空间层次、彰显个性化装饰特点的作用。

近几年来，随着国际文化交流的不断深入，在贵金属中仅排在金银之后的锡器，也逐渐成为高档家居用品与饰品之一。以纯锡加铜、锑制成的各种合金锡器，不但品种繁多、造型典雅，光泽性可媲美熠熠生辉的银器，还有极好的净化杀菌和防腐保鲜的作用，具有"储茶不变味、盛酒更淳厚"的独特功效，深受追求品位人群的青睐。目前国内市场较为常见的锡器，主要以马来西亚和俄罗斯的产品为主。不管是精美的酒具、高雅的茶具，还是典雅的烛台、漂亮的花瓶和相框，锡器都以平和柔滑的质感、历久弥新的光泽以及多元化的用途，成为家居生活中文化和品位的一种象征，让人爱不释手且一见倾心。

摆放在DVD上的成套黑人乐队锡雕，尽管体积不大，但栩栩如生的演奏表情可令人过目难忘，作为摆件不仅能打破室内装饰上的沉闷，还会增添许多生活情趣。

居室画品应用与悬挂技巧

作为软装八大元素之一的画品，是室内装饰中最为古老的一种物件，在家居中具有十分重要的陈设作用。由于它具有较强的视觉感知度，既可以描述现实中的生活场景，也能表现超越时空的想象空间，因此不但可以彰显居室主人的艺术品位和审美情趣，还对烘托空间氛围有着画龙点睛的装饰效果。通常挂在家中的画品，大多是为了装点室内格调而用，从陈设角度来说，只有适合与不适合的差异，而没有高低贵贱之分。所以，要想运用好画品这种平面艺术表现形式，了解画品的所属种类以及风格特点，是选画的重要步骤之一。

家居中常见绘画种类

绘画是艺术门类中最丰富的表现形式之一。从地域上划分，美术界认为，从古埃及、波斯、印度和中国等东方文明古国发展起来的东方绘画，与从古希腊、古罗马发展起来的以欧洲为中心的西方绘画，是世界绘画艺术的两大体系。它们在各自发展的历史中相互影响，对人类文明做出了十分重要的贡献。由于绘画是种可视的静态艺术，可长期对画中美学形式和内容进行欣赏和体验，所以它是人们最易接受且较为喜爱的一种艺术形式。

绘画作品的种类十分丰富，从不同的角度可以分成不同的类别。而且它本身的可塑性，具有很大的自由创造度，既可以表现现实空间，也能表现想象世界。所以它们的绘画体系和技法有很大差异，拥有各自独特的表现形式与审美特征。

如果按绘制工具和材料分类，绘画可分为水墨画、油画、壁画、版画、水彩画、水粉画等主要画种。根据题材内容，又可分成肖像画、风俗画、历史画、风景画、静物画等多种形式。由于大部分用于装饰居室的画品，其主要功能是美化环境，彰显居住者的艺术品位，因此，造就了与上述分类不太相同的种类特征。一般来说，在现代家居空间中，较为常用的陈设画品主要有国画、油画、装饰画、摄影作品、墙体手绘等几大类。

中国画

油画

装饰画

摄影作品

国 画

国画又称"中国画"或"水墨画"。它以散点透视的表现方法自成体系，讲究诗、书、画、印交相辉映，形成了独特的形式美与内容美，是东方绘画体系的主流。中国画的绘制方法主要有工笔和写意两种，按题材内容可分为山水、人物、花鸟和民俗画等。与西洋画系相比，中国画的表现形式重神似而不重形似、重意境而不重场景，不强调自然界对于物体的光色变化，不拘泥于物体外表的肖似，以抒发作者的主观情趣为主，讲究"以形写神"，追求一种"妙在似与不似之间"的感觉。

家居装饰中，很多人习惯选择传统的国画。的确，在客厅、餐厅或书房内，挂些适合的字画作品，不但能体现清雅气氛，还可以彰显文化情趣，给人带来一种颇为儒雅的感觉。因此，国画可以说是中国元素的重要表现形式。然而在现代家居中，国画虽可以运用在多种装饰风格的室内陈设中，但需要注意的是，一定要根据空间功能和文化特点的不同，来选择画品的内容和尺度，否则可能出现不伦不类的装饰效果。比如，典型中式风格的居室环境中，无论采用卷轴还是手卷的形式悬挂，都不会有太大问题。而在现代风格的空间，最好采用镜框装裱的方式来展示，这样才会更容易与整体环境相融合，在体现传统文化韵味的同时，彰显现代家居的时尚感。

广州四季酒店客房内悬挂的中国画，大幅留白的写意画面，为空间营造出清雅而深远的意境。

裱在床头的大幅国画，不仅巧妙地融入了庭院月亮门的造型，还以古色古香的质感，为新中式空间呈现出传统文化的韵味。

油　画

　　油画是西洋绘画中最具代表性的画品，其主要特点是以调和颜料在画布上描绘对象。油画按创作题材可分为人物画、风景画和静物画三大类，具有色彩丰富、立体感强的特点。它与水彩画、水粉画和版画同属于西方绘画体系，是世界艺术中最有影响力的画种。与中国画的表现方式不同，油画非常注重透视关系，讲究人物比例，强调色彩变化，并凭借颜料的遮盖力和透明性，来呈现画面较为真实和立体的意境。

古典油画

现代油画

后现代油画

　　按风格划分，油画大致可分为古典油画、现代油画和后现代油画三大类。一般来说，古典油画基本以写实风格为主，笔触细腻，画面平整且颜色较薄，早期大多取材于圣经故事，具有浓厚的宗教色彩。现代油画的风格较为多样，如印象派、野兽派、荷兰风格派等均属此列，画面通常用浓厚的色彩来表现明暗关系，多注重表现抽象和夸张的感受，以人的世界为表现主体。而后现代油画的概念相对复杂，它比现代油画更注重强调杂糅性及其前后事件的复杂关系，内容大多抛弃形体本身而独立存在，画面表现多以较为抽象的内容为主。

　　与其他画品不同，油画在家居装饰中通常会产生极其浓郁的艺术气息，因此，很多不同装饰风格的室内陈设中都可以看到油画作品。它们的构图或雍容古典、或简约现代、或色块鲜艳、或温馨淡雅，并可根据空间装饰风格，来选择材质及造型不同的画框，具有很强的灵活性。比如，纯欧式风格的房间，可选择复古味道较浓的古典油画，来彰显雍容华贵；而简约的现代空间，可选择一些抽象或图案夸张的现代油画，来增添居室的时尚感。

英国白金汉宫内展厅，精美的古典油画挂满四周墙壁，呈现出厚重与优雅的艺术气息。

装饰画

　　装饰画应该说是现代家居中人们选用最多的画品种类。虽然它是一种介于绘画与图案之间的边缘艺术表现形式，不是特别强调较高的艺术性，但十分讲究与室内环境的整体协调与美化。因此，装饰画不但具有与一般绘画所不同的独特魅力，而且还有一定的工艺性，且因风格多样、物美价廉，深受大家的喜爱。随着近些年来新工艺和新材料的不断发展，装饰画的门类也出现了极其丰富的变化，被广泛地运用于家庭、办公和酒店等场所来美化环境。

　　材质多样、种类繁多是装饰画最突出的特点之一。如果根据材质划分，它可以分为雕刻类、镶嵌类、编织类和粘贴类等几种，画面内容几乎涵盖了人物、动物、植物、风景、静物、抽象、卡通、摄影图片等所有题材，因此具有丰富的选择性，与不同风格的空间都能进行很好的搭配。在装裱形式上，装饰画主要有无框画和有框画两种。相对于传统的有框画来说，无框画则摆脱了传统画边框的束缚，具有简约时尚和无拘无束的个性特点，既可独立悬挂，也能套画多拼，十分符合现代人的审美观念。

　　在丰富的种类里，印刷品装饰画是现代装饰画品中的主流产品。这类由出版商采用现代写真技术所转印的作品，虽然画作本身的收藏价值不高，但由于题材广泛、造价便宜，所以在家居中应用得十分广泛。此外，实物性装饰画也是近年来新兴的画种，其表现形式主要是将一些具有观赏性的首饰、钱币、玉器或瓷器装裱后上墙，并通过画框和卡纸的烘托，赋予这些物品以崭新的生命。手绘装饰画则由艺术价值较高的手绘真迹制成，但因价格昂贵，作为装饰品已很少有人问津。

有框装饰画

无框装饰画

实物装饰画

饰品篇

摄影作品

据说，摄影photograph一词源于希腊语"光线phos"和"绘画graphê"的组合，意思是"以光线绘图"。作为一种可视性的静态艺术形式，由于照片能真实地反映拍摄时的情景，所以某些重要的场景定格与人物写照，通常可以成为值得回忆的珍贵画面，让人从中获得感动与思索。因此从某种意义上讲，摄影作品既是艺术品也是纪念品。

在现代家居中，通常用来陈设空间的摄影作品大致可分成两类：一类是居住者自己拍摄的风景和人物照片、或家人与亲朋好友的生活照片；另一类是能触动内心深处某种感受的他人摄影作品。近几年来，随着数码相机和智能手机的高度普及，喜欢摄影的人可以说越来越多，因此利用可承载着家庭成员重要记忆的照片来装饰并点缀

二楼摄影展示区挂满了家庭成员不同时期的照片，这些承载着珍贵记忆的生活画面，不仅体现了主人丰富的阅历，还折射出家中温暖的亲情。（CTM空间设计事务所作品）

家居空间，自然也就成为一种时尚、一种有个性的家居装饰方式。由于生活中几乎每张照片背后都有段感人的故事，因此选用一些自己或他人拍摄的作品以及记录着家人美好回忆的照片挂在墙上，不仅能折射出居住者重视亲情的心理诉求，还可以体现出主人丰富的阅历以及对生活的热爱。

现代美式风格的客厅内，一幅纽约经典建筑"熨斗大厦"的摄影作品醒目地摆在壁炉上，既表达了主人的审美情趣，又突出空间的装饰主题。

用于装饰室内空间的摄影作品，与其他画品的不同之处在于，它不但可以展示居住者的照相水平，将自己记录下的美丽瞬间与来访者分享，还能根据自己的品位选择喜欢的照片装裱上墙，借助这种写实的影像来表达独特的审美情趣。每个人都有独一无二的视角，通过摄影作品把自己眼中的世界展现出来，这种装饰方法不仅温馨有趣，同时更能为居室增添颇具个性的元素，赋予有限的室内空间以无限的想象与丰富的意境。

黑白照片是摄影作品中独具特色的表现形式。由于人的眼睛对黑白灰的认知程度远比对其他色彩的敏感程度要高，所以在室内空间，黑白照片具有优先唤起视觉神经感知的特性。因此，无论是祖辈留下的老照片，还是大师们或自己拍摄的经典图片，在家居

书架上陈设的人像摄影作品，以鲜活生动的影像效果，体现了房主热爱生活的情感表达方式，是空间中最具个性的装饰元素。

装饰中都不妨尝试一下用无色彩的黑白方式来呈现它们。或许将自己喜欢的照片装裱上墙后就会发现，这种鲜活生动的黑白影像，不仅可以表现怀旧情调，而且比彩图更能引起情绪的共鸣，调动启迪内心的力量，为空间氛围渲染出独特的视觉魅力。

实木相框中的黑白电影剧照，以最直观的画面质感营造出影音室洗练而雅致的空间氛围。（CTM空间设计事务所作品）

美国奥兰多迪士尼主题乐园中装裱在墙上的黑白照片，不仅利用拱形垭口造型营造了视线纵深感，还渲染出一种特殊的怀旧情调。

挂在沙发上方的无框风景照片，以鲜明和深邃的黑白基调为现代风格居室彰显简约而有内涵的空间格调。

颇有创意的线条手绘墙抽象简洁，唯我标记的独创想法体现出房主追求时尚的艺术个性。

墙体手绘

　　墙绘艺术源自古老的宗教壁画，后因结合了流行于欧美的街头涂鸦艺术，而被众多前卫设计师带入现代家居文化的设计中，形成独具一格的绘画方式。作为室内装饰的表现形式，墙体手绘最早起源于法国，当时有许多年轻的画家都喜欢在建筑墙体上手绘抽象作品，用以渲染公共建筑或空间的艺术风格，后来被引申到空间范围较小的艺术酒吧，或讲究生活情调的居室内，来展现充满个性与时尚的空间氛围。

漂亮的花鸟手绘墙与客厅沙发有机地结合在一起，为新中式风格居室营造出色彩明快的空间气氛。

目前国内较为常见的墙面彩绘种类主要有转印彩绘、贴纸彩绘、模板彩绘和纯手工彩绘等，其中以手工彩绘最具艺术感染力。现代家居空间中，一面有创意的墙，有时远比很多复杂的设计更能传递感觉，因此墙体手绘可以说是极具人文风格的一种软装形式。由于手绘作品的每道笔触都需要画师进行原创，在绘画前通常要根据室内结构、居室风格和整体氛围，认真构思画面并选择色调和图案，所以这种特殊的艺术形式，除了环保和时尚的装饰特点外，最与众不同之处在于，它会更多地融入房主的"创造性想法"，进而营造出极具个性的"唯我标记"，彰显居室主人颇具时尚个性以及不乏创意的娱乐精神，深受年轻房主们的喜爱。

如今用于室内墙体手绘的颜料，主要由颜料粉和丙烯酸乳胶调和而成，可用水稀释且无毒环保。与其他油画颜料相比，具有颜色鲜润、层次丰富、速干耐磨、便于擦洗、画面保持性长等优点。因此，完全可以根据房间主人的爱好和兴趣，通过画师灵巧的手，配合家具陈设和空间环境进行灵活创作，随心所欲地描绘出房主心中最想要的那种迥异风情，使家居的墙面呈现出画面生动、独具个性、创意不凡的视觉效果，代替壁纸和涂料，完成其他元素所无法表现的墙面装饰感觉。

尽管墙体手绘的表现方式灵活多样，可以不拘泥于某种风格进行自由创作，但与街头涂鸦还是有着明显的区别。因此，在家居空间进行手绘时，首先要考虑到房主的审美习惯，而不能任凭画师按照自己的想法无限夸张。总之，作为软装设计师，一定要根据室内整体陈设风格，预先设计出墙体手绘的主题内容，以及符合空间氛围的图案和色调。只有这样，才能保证在彰显个性的同时，在室内环境中表达出具有内涵的空间美感。另外，需要注意的是，由于墙体手绘的视觉冲击力较强，因此在同一空间尽量不要过多地运用手绘，往往在它只是独一无二时，才能成为家居中最醒目的点缀。

街景手绘墙不仅渲染出风格迥异的室内氛围，逼真的画面还巧妙地延伸了视觉空间，使人产生身临其境的户外感觉。

床头上方的国画手绘与床品相互点缀且寓意深刻，圆形图案代表幸福美满，依偎在一起的小鸟表示朝夕相伴。倘若不按房主的想法进行创作，用其他方法还真难表达出这样的情感。

饰品篇

配画原则与悬挂技巧

对于以上画品的种类和装饰特点有所了解后，那么如何根据室内整体风格来配画和挂画，就显得十分重要了。由于家居空间装饰画品的可选性很大，不同的图案和色彩都有其独特的表达情绪，所以，要想运用好画品为居室添光增彩，彰显优雅的艺术气息，只有经过合理搭配与巧妙陈设后，方能呈现出最终期待的装饰效果。

画品的图案和色彩具有独特的表达情绪，因此只有根据室内风格和空间特点进行搭配，方能取得事半功倍的装饰效果。

画品搭配原则

家居配画所涉及的要素实在不少，不但要根据装饰风格来选择画品种类，还应注意与室内环境相协调，既要考虑到居住者主观的喜恶，又不能忽略画框材质与家具的融合……总之，选画虽事无巨细，但也有一定规律可循，对于经验较少的人来说，只要在搭配时把握以下五大原则，基本就可收到事半功倍的良好效果。

以家居装饰风格为导向

在室内陈设中，画品通常是用来体现装饰主题的点睛之笔，因此，只有局部风格协调并服从于整体风格，才会呈现出居室的和谐之美。一般来说，家居空间的画品搭配，首先应根据室内整体装饰氛围和主体家具风格而定。同一空间中所搭配的画品种类，最好与装饰风格保持一致，否则就会让人感到迷茫，使画品在空间中无法发挥视觉焦点的点睛作用。

突显欧式古典风格的油画

与居室功能需求相吻合

由于画品的主要作用是调节居室的气氛，所以只有与空间使用功能相结合进行陈设，才能体现出室内不同功能区域的装饰特点，贴切地营造出符合功能需求的艺术情调。比如，客厅配画一般应稳重大气；餐厅挂画最好能勾人食欲；儿童房画品之所以多以活泼的卡通图案为主，就是为孩子打造出一种轻松快乐的成长氛围。

电影剧照表现视听室功能

注意色彩对比及光线强弱

要想突出画品在空间中的装饰作用，在搭配时除了要考虑居室色调和挂画位置外，光线强弱也不容忽视。因为画品色彩只有与环境形成适当的反差，才能体现出较强的效果。例如：光线弱的居室应避免选择色调浅淡的画作，这样会使空间显得更加沉闷；反之，室内光线过于明亮，则不宜搭配暖色调的画品，以防视觉失去重点或眼花缭乱。

浅色调画作装饰明亮客厅

尺寸适中并预留墙面空间

选择画品需注意其画幅大小与墙面比例是否协调，倘若尺寸过大，则会产生较强的压迫感，使空间感到狭小。一般来说，挂在主体家具上方的单幅画规格，应小于其长度的2/3为宜，否则会产生头重脚轻的感觉。而狭长的墙面，最好采取多幅对称式挂法。总之，挂画忌讳过满，只有在墙面上预留出合理的空白，方能突出画品的美感。

居中画品使沙发稳重大气

突出装饰主题忌杂乱无章

由于画品具有较强的视觉感知度，需在室内预留足够的空间来启发想象。因此，家居中的配画不宜过多或过杂，通常不同的功能区域，搭配1~2幅表达装饰主题的画品即可。同一视觉空间内，如果想要悬挂几幅画，则需考虑它们之间的内在联系。这样才能使图案与色彩达成一个整体风格，营造出多而有序且焦点突出的装饰目的。

女孩房中的母女主题油画

饰品篇

挂画常识与基本技巧

画品选好后悬挂上墙，虽说是一件比较愉悦的事，但挂画的方式正确与否，则会直接影响到画作的情感表达和空间的协调性。因此挂画前了解一下相关常识还是很有必要的。

首先，居室内的主画悬挂位置，应选在引人注目的墙面和易于被看到的地方，要尽量避免将画挂在房间的角落或光线不佳之处。其次，挂画高度对观赏效果也有很大影响，一般来讲，人的最佳视线范围在上下约60°的圆锥体之内，所以，最适合挂画的高度是离地1.5~2m间的墙面，且画面中线不要高过人的视平线。同时，要想获得较佳的观画角度，画幅偏大的作品，顶部最好向地面微倾；而倚靠在地面或台面上低于水平视线的画品，应呈仰角向上倾斜摆放。

另外，挂画还有改变房间高度比例的效果。若天花板较低，最好选竖幅画作，反之则比较适合选用横幅画作。在家居陈设中，挂画高度还应参照家具的摆放位置，并适当留出空白。另外，如果画品下方的台面上需放置其他物品，其高度应以不高出画品的1/3为宜，这样方能保证观赏到较完整的画面。

家居中挂画的方式与位置正确与否，会直接影响到空间整体装饰效果，切不可掉以轻心。

挂画的高度

由于人体身高上的差异，以及画品所陈设位置的不同，因此，挂画高度不宜以具体数字来做硬性规定。一般来说，画品挂好后的中心线与视平线基本在同一高度，就是比较舒适的看画高度，如此在空间中的装饰效果也相对最佳。

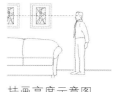

挂画高度示意图

挂画的宽度

除了挂画高度外，画品整体陈设宽度也有一定规则。如画品周围有家具，还需考虑与家具的比例关系，注意在四周的墙面上留白。以下图为例，画品的总体宽度，最好要小于下面的沙发长度，这样可以避免造成头重脚轻的空间感觉。

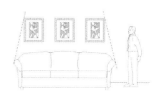

挂画宽度示意图

挂画基本技巧

在居室空间悬挂画品，除了要注意与室内整体风格协调外，还要充分考虑墙面的形状，并针对不同的墙面情况与家具位置，来决定画幅的数量、间距及悬挂方式，以便打造出最佳的视觉效果。虽然通常情况下，将选好的画品直接平行地挂在室内最醒目的墙上，是一种既简单又有效的挂画方法，但有时选用多幅小画或照片，以组合式方法进行墙面陈设，则更能呈现出变化丰富和主次分明的视觉美感。

画品位置示意图

下面，笔者将家居空间较为常见的9种挂画技巧，用图例的方式具体表现出来，供大家在实际陈设中参考。

技巧一：对称均衡挂法

此挂法是较常见的平行挂画方式。画品高低一致、对称悬挂、均衡分布，画品间距相同是其最明显的特征。该挂法十分适合相同规格与材质的画框，而图案内容与色调，最好也同为一个系列。

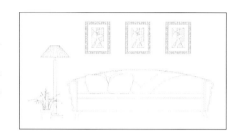

技巧二：重复规则挂法

此挂法是多行多列的挂画方式。画幅尺寸相同、间距一致，上下左右对称为其显著的特征。多幅画品重复悬挂，具有装饰整体感，可营造较强的视觉冲击力。但画间距不可过大，不适合层高较低的房间。

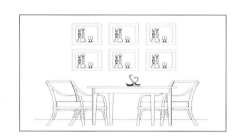

技巧三：上下水平挂法

此挂法是根据视觉效果要求将画框外沿进行上对齐或下对齐的挂画方式。其中，上水平线齐平的挂法，既有灵动的装饰感，又不显得凌乱。如果照片的颜色反差较大，可采用样式和颜色统一的画框来协调。

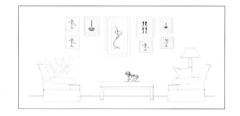

与上线齐平的挂法相反，将所有上墙画品的下水平线齐平，则会产生较大的想象空间，显得随意感较强。其照片最好表达同一主题，如采用相同样式和颜色的画框，整体效果会更好。

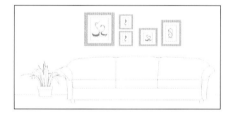

技巧四：中线平分挂法

此挂法综合了上下水平线的挂画特点，以中线为基准分上下排列画品，具有构图灵动的视觉效果。这种中线对齐的挂法，需根据被装饰物的形状来选择画幅的尺寸，在搭配时应注意墙面的左右平衡。如图所示，大小画品的悬挂走势与贵妃椅的L形基本一致。

饰品篇

看上去随意挂在墙上的三幅画，其实画框底边是与沙发靠背平行的。这种下水平线对齐的挂画方法，通常很适合现代风格居室，自如伸展并有较大想象空间。

技巧五：矩形框内挂法

　　要想为空间打造出一个既有整体感又不失随意性的视觉中心，矩形框内挂法是不错的选择。这种挂画方式自然灵活，对画框材质、大小及颜色都没有严格限制，只要将其合理挂在方框内，就会形成不错的整体效果。

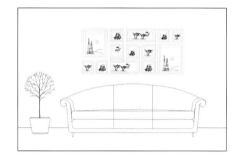

技巧六：墙体结构挂法

　　根据室内墙面形状，结合家具或楼梯走势悬挂画品，是欧美国家早期极为盛行的装饰手法。这种具有复古情调的挂法，虽表面看起来较为随意，但在画品的搭配上还是颇有讲究。特别是沿着楼梯走向悬挂画品，要想打造出具有旋律的视觉美感，还是有一定难度的。

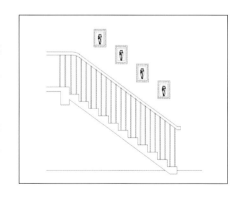

技巧七：呈放射状挂法

根据墙面的大小和形状，以一幅最喜欢的画品为中心，在四周成放射状随意搭配一些大小不等的画作，就会形成焦点突出且布局自然的装饰效果。该挂法不但能呈现不拘一格的装饰特点，而且易于通过画框颜色的选择，与室内风格进行协调呼应。

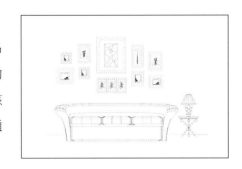

技巧八：搁板衬托法

现代家居中常以搁板来增加储物空间，殊不知用搁板来摆放画品或相框也是不错的选择。这样既不用在墙面上钉钉，也无需担心挂画偏高或偏低，而且更换起来很方便。此外，搁板上除了摆画外，还能放置一些轻巧的饰品，这样可与画品相互衬托，共同装点居室氛围，具有不错的装饰效果。

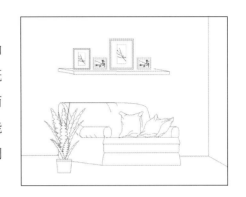

技巧九：自制挂线法

喜欢涂鸦是孩子的天性，童趣盎然的儿童画及种类繁多的卡通画，往往是孩子们最乐于展示的"艺术品"。由于这些画作更换频率较高，不适合装裱入框且长期挂在墙上，所以可在儿童房内自制一条挂画线，用夹子将孩子们喜欢的画片悬挂起来，既方便更换又利于展示。

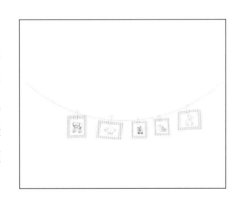

操作简单并有趣味的拉线挂画法，特别适合有小孩的家庭空间。在线上用夹子把喜欢的画片挂起来，既方便更换又利于展示。

饰品篇

居室空间的配画要领

住宅中按使用功能划分通常有玄关、客厅、餐厅、卧室、书房等不同空间，而配画作为一种装点室内氛围的陈设品，与家居各功能区域存在着很强的呼应关系。由于居室各空间都存在潜移默化的心理暗示因素，因此只有掌握好家居不同空间的装饰特点，才能更好地根据房间的使用功能配置画品，使它在居室环境中发挥切合需求的美化作用，赋予家居各空间丰富的感情与色彩。

玄关配画

玄关是进入室内的必经之地，画品既是访客第一视线的落点，又有表现家居风格承前启后的作用。因此，画品图案最好能与客厅的主画内容相协调，或选择一些能预示某种美好愿望的画品，以显示主人优雅不凡的品味。由于空间跨度不大，建议选择精美小幅画品，悬挂高度以距地面140cm左右为宜。

玄关配画首选小幅画品

客厅配画

客厅是居室中重要的活动场所，配画不仅要与整体装饰风格相协调，画面内容更要彰显出稳重与大气。无论是欧式风格的油画、现代简约的抽象画，还是潇洒写意的国画，总之，客厅配画一定要在尺度和气势上具有较强的视觉冲击力，营造出典雅与祥和的家居氛围，这样才能起到突出空间主题的装饰作用。

客厅配画要有视觉冲击

餐厅配画

餐厅是家人和待客聚餐的地方，好的绘画作品不仅可以增进家人感情，还能给就餐空间带来寓意吉祥的美感。因此，画品色泽最好以淡雅柔和为主，并尽量选择一些可诱发食欲的图案，如花草、果蔬、静物、风光等都是不错的题材，这样不仅会给主人带来愉悦的进餐心情，还可以营造出一种轻松舒适的交谈氛围。

餐厅配画需要愉悦心情

卧室配画

卧室是家庭成员的私密空间，因此在选画方面无需刻意限制，满足个性喜好是最好的设计。如老年人喜欢安静怀旧、中年人讲究舒适温馨、青年人追求时尚浪漫、小孩子酷爱活泼卡通。另外，挂画方式也可灵活多变，除了挂墙外，将画品摆在台面上，同样有助于增添随意气息。

卧室配画满足个性喜好

书房配画

书房是安静的空间，需要营造一种文化气息，因此总体上对配画艺术性要求较高。其题材既能与客厅风格一致，也可另选主人喜欢的个性画品。总而言之，书房中不管搭配哪种画品，把握好"静"与"境"两个字至关重要，只有这样才能体现出主人的品位和内涵。

书房配画体现内涵品味

走廊及楼梯配画

作为室内空间转换的结合部，家居中的楼梯和走廊是最容易产生旋律的地方。装饰画品在这里具有很强的自由发挥度，无论是排列整齐的组合画作，还是拾级而上、错落悬挂的照片墙，都可以为居室打造出一处画品长廊，彰显不同凡响的艺术气息。

楼梯配画挂法错落有致

卫浴配画

卫浴空间的面积虽然不大，但也是不该忽略的挂画场所，因为对于软装陈设来说，往往是细节中见品位。在注重防水性的同时，选择1~2幅清爽宜人或诙谐的小画，挂在如厕看得到的地方，不仅具有点缀空间的装饰效果，有时还可以成为一种特殊的视觉享受。

卫浴配画建议诙谐幽默

花艺表情与绿植摆放宜忌

现代家居中，姹紫嫣红的花卉以及郁郁葱葱的绿植，可以依靠植物花蕊和叶片的颜色，具有天然差异的对比特点，来增加空间的表现力，这样不仅可为居室注入盎然生机，使室内环境变得赏心悦目，还能借助有生命力的花草，表达内心世界对生活的感悟，体现出人与自然的完美结合。与住宅中的其他饰品不同之处在于，花品和绿植是有生命的植物，它们除了可以美化室内环境外，还能缓解精神压力并激活居室的气场，削弱甚至抵消装修材料及家用电器造成的郁结之气，用其所呈现出来的意境和色彩，起到愉悦身心的重要作用。

家居空间中，赏心悦目的花品和绿植，不仅能为居室带来盎然生机，还可以表达内心世界对生活的感悟，起到愉悦身心的重要作用。

花与花器的空间表情

插花与盆景等同，属于造型艺术的范畴。插花指将剪切下来的植物枝叶或花果，经过修剪及造型加工，与容器共同组成的富有自然美感的观赏艺术品。通过艺术加工的各种干鲜插花，不但能为居室增添造型上的灵动美感，令家中充满大自然的清香气息，还可以利用或古朴凝重、或玲珑剔透的容器，来营造不同的人文气息，展现主人的优雅气质与脱俗品位。传统意义上的插花，是一门不折不扣的综合艺术，其质感和色彩的变化，对室内环境起着重要的作用。而它最具艺术魅力之处在于作品的意

根据造型各异的花器而创作的插花，不仅可以为室内带来质感和色彩上的变化，还能以形传神地营造出丰富的空间意境。

境，因此它既不是单纯的枝叶组合，也不是复杂的色彩造型，而是要求形神兼备且以形传神，注重构图的立体感和韵律美，使观赏者在心灵上与之产生共鸣，给人以丰富的想象空间。

据科学研究结果表明，摆在室内的鲜花，不但能刺激大脑分泌出"疗愈激素"，对人体健康可以起到镇静情绪、缓解压力和激发干劲等作用，其繁盛的枝叶和色彩，还能为家居空间增添很多活力。因此在强化室内装饰效果方面，鲜花往往比普通绿叶植物更胜一筹。由于大多数鲜花的盛开期较短，加上平日栽培根茎也需要一定专业技巧，稍有不慎就会使其枯萎凋谢，所以，很多人会选择不受时令限制的生切插花，代替盆栽鲜花来装点家居环境。

起源于2000年前的插花艺术，根据艺术风格可分为西式插花、东方插花和现代自由式插花三类。西式插花又称欧式插花，其主要特点是选材种类多、注重花材外形、色彩艳丽浓厚、构图以几何造型为主，作品多呈现雍容华贵及热情奔放的风格。东方插花以我国和日本为代表，其选材简练，重视线条与造型的灵动美感，作品多为平衡式构图，善于利用花材的自然形态来表达意境美。现代自由式插花也叫非形式插花，作

品特点是强调色彩、崇尚自然，在选材、构思及造型上不拘一格，强调装饰性和特殊性，非常适合家居日常摆设。

随着现代人审美品位的不断提高，家居中具有自然气息和艺术魅力的插花，越来越受到青睐。人们除了喜欢选购成品来装饰居室外，有时还希望自己动手插花入瓶，这样既可以陶冶情操、调剂生活，又便于利用花材来美化家居。所以，作为软装设计师，了解并掌握一些插花方法还是很有必要的。如今较为常见的插花形式，根据所用花材种类主要分为鲜花插花、干花插花和人造花插花。

丰富的花品在午后的阳光下，为客厅带来了生机勃勃的祥和氛围，彰显出一种高品质的生活格调。

东方插花

现代自由式插花

西式插花

鲜花插花

鲜花插花，顾名思义就是全部或主要花材都选用鲜活的、经过预处理的切花枝叶进行插制。其主要优点是最具自然花材之美、色彩绚丽、花香四溢，饱含真实的生命力，富有较好的装饰效果和艺术魅力。鲜花插花生动美丽，应用范围十分广泛，常用切花材料主要有牡丹、芍药、月季、蔷薇、玫瑰、郁金香、山茶花等。直立式插花多选用玻璃或陶瓷花瓶作为花器，枝叶高度一般为花瓶的1.5倍以上，造型讲究高低错落且疏密有致。

具有生命力的鲜花，不仅能为居室带来自然真实的装饰效果，还可体现主人不凡的生活品味。

人造花插花

人造花又称仿真花，指以纸、绢、丝绸、天鹅绒、通草、塑料、涤纶等材料制成的人工花卉。总体来说，这类花材具有种类繁多、色彩艳丽、易于造型、物美价廉、便于清洁、易于长期摆放等特点。它们做成插花，虽然也有一定的仿真性，但由于缺乏自然美感，整体效果显得过于生硬，因此常用于舞台或橱窗布景，不太推荐家居中作为主要插花饰品来使用。

常用于舞台或橱窗布景的人造花，质感上略逊于真花，如需装饰家居，建议摆放在稍远一些的地方。

高雅而美丽的鲜花具有非常生动的自然表情，即使随手摆在客厅的角落，同样可以为空间创造出富有生命力的装饰效果。

干花插花

　　主要采用自然的干花或经过加工处理的植物材料完成插制。干花的美丽在于其自然的枯萎，经过加工处理的干燥花材，既不失原有植物的形态美，又可随意染色组合，并省去了换水养护的麻烦。由于其工艺水平已达到以假乱真的境界，所以已成为室内陈设中极受欢迎的装饰品类，在欧美国家十分盛行。干花作品不仅能体现大自然的气息，而且插制后管理方便且可长久摆放，不受采光的限制，对器皿也没有什么固定要求，各种材质花器均可利用。有时甚至还可以利用废弃的物品来做容器，为空间营造出颇有创意的自然情趣。

易于打理的干花，是家居装饰中较为不错的选择，既省去了换水养护上的麻烦，又具有自然的气息。

所谓花器，指用于插花的容器，它不仅具有盛放和养护花材的作用，也是作品构图的重要组成部分。虽然现代插花艺术对器皿的选择已远远超越了传统的花器范畴，变得插花无定器，主张凡是具备插花条件又能体现艺术张力的器物，都可以拿来充当花器使用。但是传统的插花艺术，依旧十分重视花材和花器的搭配，认为花器的造型与材质，会直接关系到居室整体氛围的营造，是表现插花艺术不可或缺的设计构思。

传统花器的种类很多，按形状分类主要有瓶、盘、篮、钵、缸和筒六大代表花器。根据制作材质，则有玻璃、陶瓷、金属、藤草、竹木、树脂、塑料等多种材料。其中，瓶类花器是东西方艺术插花最常用的花器，由于瓶口较小，适宜表现花材的线条美，具有典雅而飘逸的特色。盘类花器主要指膛浅口阔的扁平类器皿，具有盘面大、容花量多、稳定性好的特点，适宜用于写景式插花。篮类花器泛指以竹、藤、草、麻等材料编织而成的器物，具有形状多样、质地轻便、易于携带等特点，可充分显示提梁和篮沿的弧线之美。钵、缸类花器身矮口阔，高度介乎瓶器与盘器之间，具有内部空间大和外形稳重的特点，适用于容花量多的大堆头插花等。筒类花器多指圆形、方形和多边形等柱型器皿，多用于下垂式或水平式插花构图。

盆类花器插花

钵类花器插花

蓝类花器插花

筒类花器插花

在插花过程中，除了需根据构图选用形状适合的器皿外，花器自身的材质同样具有不可低估的装饰作用。一般来说，玻璃花器的魅力在于它的透明感，可为空间带来通透莹润的视觉感受；陶瓷花器或古朴自然、或典雅华贵，其温润如玉的质感，可为室内环境平添几分意蕴美感；以藤竹编成的花器，善于表现无造作的自然情趣；而金属花器会给人以冷峻的时尚酷感……总之，由于大部分插花作品需要根据陈设环境构思创作，因此不同花器所表现出来的独特质感，都会与花卉造型构成优美和谐的整体，交相辉映相得益彰，在空间中彰显强烈的艺术感染力。

图1
图2

图1：适合摆放在宽敞环境、体现繁茂的竹篮插花；图2：利于装饰在狭小空间、凸显意境的陶器插花。

摆放在居室内的插花，从来都不是一件孤立的作品，因此在进行创作过程中，还需根据空间特点来考虑选用花器。除了要巧妙利用各种器皿的材质外，其造型选择，在花艺的设计中也具有非常重要的作用，有时甚至可以关乎到对室内整体气氛的营造。与此同时，选用花器还要考虑到色彩搭配，如果所插鲜花繁茂，就应选择颜色相对浓重的花器衬托；反之，较淡雅的鲜花，应搭配素雅简洁的花器。另外，根据室内摆放的环境，花器的体积也是插花过程中不可忽略的要素。比如，宽敞的空间，花品通常要插得茂密一些，因此所配的花器体积相对较大；反之，在书房等狭小的室内，花品通常以突显意境为主，选择一些古朴清瘦的小型花器，更利于表现插花的灵动美感。

以木板创意的吊式花篮，与餐桌和谐地融为一体，不但构思巧妙，还为空间带来了与众不同的视觉感受。

居室绿植与摆放宜忌

可为居室营造绿色生机的盆栽植物，如果利用得当，不仅能美化室内环境，给人们带来充满活力的自然气息，还可以通过光合作用释放氧气，有效吸附室内有害物质，净化空气、增加湿度，极大地提高空间舒适度。由于植物的生长习性和所属科类不同，在选择绿植时，除了要考虑植物的形态和家居风格能否相符外，还必须注意它们的生长条件以及品种特性与生活空间是否协调。因为对于家庭来说，并非植物越多越好。只有根据居室环境科学摆放，方能让绿植充分发挥生态保健的功效，为居住者的生活锦上添花。

居室绿植大多属于观叶类植物，原产地以热带及亚热带地区为主，主要分为木本和草本两大类。因其耐阴性能强，比较适宜作为观赏性植物在室内种植养护。据不完全统计，目前全世界已被利用的观叶植物种类已达1400种以上，具有种类繁多、姿态多样、大小齐全和风韵各异的特点，能满足各种场合的绿化装饰需要。通常室内植物按高度可分为大中小三类，小型植物在0.3m以下，中型植物为0.3~1m，大型植物在1m以上。因此从家居装饰角度来说，首先需要在空间中合理搭配植物尺度与家具比例。绿植除了绿化功能外，还能起到调整空间布局、丰富空间层次等重要作用。例如：天花较高的空间可利用蔓垂性植物减弱空旷感；顶棚低矮的房间可用形态整齐的植物彰显高大；形态多变的植物可使单调的空间变得丰富；枝叶较小的植物能让狭窄的空间显得更加宽敞。

绿植除了绿化功能外，还有丰富空间层次的装饰作用。因此根据摆放位置大小搭配，才能充分满足用绿色美化居室的需求。

家居中的绿植并非越多越好。只有根据室内环境进行合理的摆放，才能让它们充分发挥生态保健作用，为居室营造出充满活力的绿色生机。

不少绿色植物通过光合作用，可以吸收分解空气中的有害气体。在进行家居绿化时，如能利用植物这一功效，不仅可以达到美化空间的作用，还会非常有益于家人健康。

在空气污染日益严重的今天，如何改善室内空气质量，一直是困扰现代都市人群的重大问题。据科学研究表明，每人每小时至少要有$30m^3$的新鲜空气，才能保证肺部健康呼吸的需求。在室内合理种植绿色植物，是净化空气的有效方法之一。美国的有关研究报告也曾指出，摆放植物的房间，空气中所含的霉菌和细菌数量，要比没有植物的少一半以上。尤其在新装修的房屋中，建材和家具会不断分解释放甲醛、氟化氢和苯等有害气体，而有些绿色植物可通过光合作用，有效吸收空气中的有毒物质。因此，在室内摆放有此功效的绿植，不仅是消除有害气体的简便方法，还能起到对室内空气杀菌净化的作用，有利于人们的身体健康。

实践证明，许多植物具有祛除有害气体的功效。它们既能吸附空气中漂浮的微尘，又可以在夜间吸收二氧化碳、释放氧气，对人体健康大有益处。例如：绿萝能有效吸收空气中甲醛、苯和三氯乙烯等有害气体；吊兰可吸收室内80%以上的有害气体，除了对甲醛和苯的分解能力超强外，还能祛除香烟中的尼古丁等有害物质，有"绿色净化器"的美称；文竹等植物分泌出的杀菌素，可有效杀死空气中的有害细菌，减少喉炎和感冒等疾病的发生；龙舌兰科及仙人掌科的植物素有"空气中的维生素"之称，在夜间也能吸进二氧化碳并释放氧气。

尽管绿植有诸多好处，但在家居空间摆放时也不能一概而论。由于受光照、温湿度和通风条件等自然条件的限制，选择植物不但要考虑它们的生长习性，还需注意其生态功能与居室环境是否吻合。只有根据空间需求因地制宜地陈设绿植，才能达到美化环境、陶冶情操和净化空气的多重目的。

新装修的视听室音箱旁摆放了一盆水培绿萝，在祛除净化吸音板散发的有害气体的同时，还起到了美化环境的作用。（CTM空间设计事务所作品）

不宜摆放在室内的植物

虽然绿植具有美化空间的作用，但也绝不能把居室当作花房。首先，因为室内通风条件的限制，各种植物如摆放过多，会出现与人"争气"的现象。且夜间居室大多较为封闭，过多的吸氧性植物会使室内空气变得稀薄，引起人体缺氧，对健康不利。其次，科学实验证明，有些花草在室内空间会对人产生一些负面影响。例如，松柏类植物会释放较浓的松油味，闻久了会引发食欲下降、恶心呕吐等病症。还有些花卉虽然具有吸收有害气体、清新空气的功效，但它们所散发的香味或花粉，会使人产生多种不适，甚至会诱发严重的疾病，因此不适宜在室内（特别是卧室）种养。

绿植虽有美化空间的作用，但如果摆放植物过多，会引发与人争吸氧气的现象，因此千万不要把居室（尤其是卧室）当作花房。

中国室内装饰协会的室内环境监测中心曾认定过11种花卉有损人体健康，现将其在生活空间的毒副作用抄录如下，以便大家在居室陈设时有所警示并参考选购。

兰花：其香气会令人过度兴奋而引起失眠。

紫荆花：其花粉与人接触可能会诱发哮喘。

含羞草：其体内的含羞草碱会使毛发脱落。

月季花：其散发的浓郁香味会使人憋闷甚至呼吸困难。

百合花：其香味会使人中枢神经过度兴奋而引发失眠。

夜来香：其夜间散发的刺激嗅觉的微粒会使高血压和心脏病患者病情加重。

夹竹桃：其分泌的乳白色液体，接触时间长会使人昏昏欲睡、智力下降。

松柏：其芳香的气味对人体的肠胃有刺激作用，影响食欲。

洋绣球花：其散发的微粒会使人的皮肤过敏而引发瘙痒症。

郁金香：其花多含有毒碱，接触过久会加快毛发脱落。

黄花杜鹃：其花朵含有一种毒素，一旦误食会引发中毒。

易于过敏瘙痒的洋绣球　　　　有可能引发失眠的兰花　　　　会加重高血压的夜来香

饰品篇

家居中常见绿植一览表

绿植图片	名称产地	生长习性	生态功能
	吊兰 又名蜘蛛草或折鹤兰等；属百合科，原产于南非，为常见垂挂式观叶植物。	吊兰性喜温暖，喜湿润、半阴的环境。它适应性强，怕强光，耐旱不耐寒，适合疏松肥沃的沙质土壤。生长适温为15~25℃。	24小时可杀死10㎡房间内80%的有害物质，能吸收86%的甲醛，还可清除一氧化碳等有害物质，具有绿色净化器的美称。
	虎尾兰 又名锦兰或虎皮兰等；属百合科，原产非洲西部，是多年生草本观叶植物。	虎尾兰耐阴耐旱不耐寒、喜阳光、忌水涝，适合排水性好的沙质土壤。每年1~2月开花，冬季室温不低于10℃可安全越冬。	可吸收屋内的甲醛等多种有害物质，白天还可以释放出大量的氧气。对于新装修的房屋，或购置新家具后，净化效果更为明显。
	芦荟 原产于地中海和非洲，为独尾草科，多年生草本，是花叶兼备的观赏植物。	芦荟喜排水性能好、不易板结的疏松土质。适宜温度为15~35℃，湿度为45%~85%，冬季低于5℃会停止生长。	具有食用、药用、美容观赏等多种用途，药理价值较高。在24小时照明的条件下，可以消灭1㎥空气中所含的90%甲醛。
	龟背竹 又名电线兰或龟背芋等；属天南星科，原产墨西哥，多用于室内盆栽观赏。	龟背竹喜温暖湿润环境，不耐寒，切忌强光暴晒和干燥。生长适温为20~25℃，盆栽以肥沃疏松的微酸性腐叶或泥炭土为佳。	清除甲醛效果比较明显，晚间可吸收二氧化碳，可改善空气质量，提高含氧量。但汁液有毒，家有小孩慎养，以防发生危险。
	常春藤 又名土鼓藤或爬墙虎等；原产于中国，为多年生木本植物，室内可作盆栽。	常春藤喜欢温暖荫蔽的环境，忌阳光直射，较耐寒，抗性强，适合中性和微酸性土壤，生长适温为20~25℃。	可净化室内空气，吸收苯和甲醛等有害气体，叶片能吸收尼古丁中的致癌物质。但果实及叶子有毒，误食会引起腹泻等症状。
	龙舌兰 又名龙舌掌或番麻等；属龙舌兰科，原产墨西哥，为多年生常绿草本植物。	龙舌兰喜温暖干燥和阳光充足环境，稍耐寒，较耐阴，耐旱力强。要求排水良好、肥沃的沙壤土，冬季温度不可低于5℃。	可消灭室内70%的苯、50%的甲醛和24%的三氯乙烯。但其汁液有毒，皮肤过敏者接触后，可能会引起灼痛、发痒、出红疹。
	滴水观音 学名海芋花，又称姑婆芋；原产南美洲，属天南星科，为观赏性草本植物。	滴水观音为喜阴植物，生长适温为25℃，需散射光并通风良好。温度低会停止生长，温暖潮湿条件下，会从叶尖边缘向下滴水。	海芋全株都有毒，虽有观赏价值，可清除空气中的灰尘、净化室内环境，但由于其毒性较强，家有小孩慎养植，防止幼儿误食。
	非洲茉莉 原名华灰莉；原产于东南亚，属马钱科常绿灌木或小乔木。	非洲茉莉性喜湿度高、通风良好的环境，忌阳光直射、不耐寒冷。生长适温为18~32℃，疏松肥沃的土壤最利于生长。	具有杀菌解毒的效果，其产生的挥发性油类具有显著的杀菌作用，可调节体内的荷尔蒙平衡，有利于睡眠和提高工作效率。
	绿萝 又名黄金葛；原产南美，为天南星科常绿藤本植物，水培或土培均可。	绿萝属阴性植物，忌阳光直射，喜散射光，较耐阴。室内栽培可置窗旁，性喜温暖、潮湿环境，要求土壤疏松、肥沃、排水良好。	具有"生物空气净化器"之称，能同时净化空气中的苯、三氯乙烯和甲醛，可释放氧气和负离子，适合摆放在新装修好的居室中。
	散尾葵 又名黄椰子；原产于热带地区，为棕榈科丛生常绿灌木或小乔木。	性喜温暖湿润、通风良好的环境，不耐寒，较耐阴，畏烈日，适宜生长在疏松、富含腐殖质的土壤，越冬温度需在10℃以上。	能有效去除空气中的苯、三氯乙烯、甲醛等有害物质，提高室内湿度，对二甲苯和甲醛等有害物质有十分有效的净化作用。

（续表）

绿植图片	名称产地	生长习性	生态功能
	发财树 又名马拉巴栗；原产于美国等地，属木棉科多年生常绿灌木。	发财树喜阳也耐阴，性喜温暖湿润及通风良好的环境，生长适温为20~30℃。高温高湿利于生长，冬季不可低于5℃。	是联合国推荐的环保树种之一，能有效吸收一氧化碳和二氧化碳的污染，对抵御烟草燃烧产生的废气有一定作用。
	白掌 又名一帆风顺或白鹤芋等；属天南星科，为多年生草本植物。有纯洁祥和之意。	白掌是世界上重要的观叶植物。性喜温暖湿润、半阴的环境，需散射光，忌强光直射。不耐寒，生长适温为20℃，越冬温度为10℃。	是过滤室内废气的能手，对付氨气、丙酮、苯和甲醛都有一定功效。可抑制人体呼出的废气，如氨气和丙酮，防止鼻黏膜干燥。
	垂叶榕 又叫细叶榕或小叶榕等；原产印度等地，是桑科榕属的常绿乔木。	垂叶榕喜高温多湿气候，适合用富含腐殖质的混合土栽培，忌阳光照射，越冬温度不宜低于5℃，生长适温为15~30℃。	是有效的空气净化器。叶片与根部能吸收甲醛、甲苯和三氯乙烯等，净化混浊空气，提高室内湿度，有益于皮肤和呼吸。
	铁线蕨 又名铁丝草或少女发丝等；为多年生蕨类常绿草本植物，适合小盆栽培。	喜疏松石灰质土壤，需保持盆土湿润。喜散射光，忌阳光直射，光线太强时叶片枯黄甚至死亡。生长适温偏低，喜温暖又耐寒。	每小时能吸收约20微克的甲醛，对油漆、涂料和烟雾有净化作用。可抑制二甲苯和甲苯，比较适合办公场所摆放。
	鸭脚木 又称伞树或鹅掌柴；属五加科常绿灌木，是全世界最受欢迎的室内植物之一。	鸭脚木喜温暖、湿度大的环境，忌烈日照射，较耐阴，适合栽植于环境通风良好、肥沃深厚的土壤中。生长适温15~25℃。	能给吸烟家庭带来新鲜的空气。叶片可从烟雾弥漫的空气中吸收尼古丁和其他有害物质，每小时能把甲醛浓度降低大约9毫克。
	仙人掌 又名仙巴掌或玉芙蓉等；属人掌科多肉植物，适合在干燥的环境里种养。	仙人掌喜强光，耐炎热、干旱，生命力顽强，最适于阳台上栽培。生长适温为20~30℃，浇水要掌握"不干不浇，不可过湿"的原则。	是减少电磁辐射的最佳植物，具有很强的消炎灭菌作用。夜间可吸收二氧化碳、释放氧气。晚上放在卧室可补充氧气，利于睡眠。
	文竹 又称云片松或云竹等；原产南非，为百合科多年生常绿藤本观叶植物。	文竹性喜温暖湿润和半阴环境，不耐严寒，不耐干旱，忌阳光直射。适生于富含腐殖的沙质土壤，生长适温为15~25℃。	对精神抑郁有调节作用。除了吸收二氧化氮和氯气等有害气体外，还能分泌杀灭细菌的气体，可减少感冒等传染病的发生。
	巴西木 又名幸福之木或香龙血树等；原产非洲西部，属百合科常绿乔木。	巴西木喜高温多湿气候，耐旱不耐涝。对光线适应性很强，盆栽宜用富含腐殖质的土壤，冬季温度要维持在5~10℃。	具有净化空气的优良特性，十分适于摆放在有机物质挥发性较多的工厂和办公室中，对于三氯乙烯的净化功能尤为突出。
	君子兰 别名剑叶石蒜；原产于南非，属石蒜科多年生草本植物，常在温室盆栽观赏。	君子兰是著名的温室花卉，花叶并美，美观大方。喜半阴，生长气温以10~25℃最宜，适合栽植在疏松肥沃的有机土壤中。	有药用价值，可吸收二氧化碳，吸收尘埃，净化空气。能呼出80%的氧气，夜晚也能带来清新空气，具有"家庭氧吧"之称。
	棕竹 又名观音竹或筋头竹；原产中国，为棕榈科常绿丛生灌木。存活率高，抗虫性强。	棕竹枝叶繁茂、清雅挺拔，是典型的室内观叶植物。耐阴耐湿，长期不见阳光也能保持浓绿的叶色。0℃即可安全越冬。	能消除重金属污染和二氧化硫，可吸收室内80%以上的多种有害气体，曾被美国宇航局评为最能净化空气的植物。

家居饰品的整体陈设原则

如果说家具是空间的灵魂，那么饰品就是室内环境中不可或缺的点睛之笔。居室内恰到好处的饰品搭配，不仅可以衬托出家具的档次，给我们带来感官上的愉悦，更能丰富居家的生活情调，彰显主人与众不同的文化内涵和审美品位。作为点缀空间的配角，家居中所摆放的饰品，既不能过多也不宜太少，过多容易造成喧宾夺主，太少则会显得缺乏生气。因此，对于室内整体陈设来说，如何处理饰品的大小、数量以及风格之间的关系，是呈现家居装饰效果的重要环节。

一般来说，饰品的大小与数量，要根据家具的比例和空间面积来确定，即总体上合适就行，摆放后不能太琐碎，也不要太拥挤。当然，如果二者装饰风格一致，适当多摆一些通常也不会造成凌乱的效果。倘若与家具风格有所差异，则应点到为止、见好就收，否则就会产生不和谐的因素。另外，装饰品之间还要有呼应和变化的关系，其总体把握原则最好是"大的统一、小的变化"。比如，室内大面积风格色彩一致的布艺，与各种造型、质地和颜色不同的小饰品搭配，方能产生既生动又和谐的点缀效果。

由于每个家居空间的装饰风格以及房主个人的兴趣爱好不尽相同，所以家居中的饰品搭配与摆放，很难用什么明确的标准来衡量正确与否。但在实际操作中，要想淋漓尽致地表现出家居饰品的点缀作用，仅凭软装设计师的经验远远不够，还必须遵循一定的科学原则。只有这样，才能较为全面地把握好饰品与空间的关系，利用饰品千变万化的形态，为家居环境打造出完美的视觉效果。

为了更好地使大家掌握家居饰品的搭配方法，笔者结合自己的实际经验，总结出以下七大陈设原则，谨供诸位参考。

丰富的饰品在没有过多家具的客厅中表现出形态各异的美感。精美的油画与茂盛的绿植遥相呼应，营造出美式客厅富有生活气息和文化内涵的空间氛围。（CTM空间设计事务所作品）

和家具风格相呼应

居室中家具所占的比例最大，它的造型与颜色主导着室内环境的基本格调，是家居风格的重要组成部分。而饰品作为空间表现中不可或缺的配角，要想充分体现它与空间界面之间的关系，只有和主体家具搭配得和谐统一、相得益彰，才能呈现出居室的整体美感。因此，在家居中搭配饰品，围绕家具进行陈设已成为一条普遍规律。

根据家具的风格选择和布置饰品，是突显居室装饰主题的关键所在。一般来说，与室内陈设家具风格相协调的饰品，必然会给家具添光增彩，它要么能弥补家具视觉上的不足，要么可以与家具遥相呼应，产生整体的空间美感。比如，在新古典或新中式风格的室内空间陈设一些具有文化内涵的瓷器或画品，高雅的味道则呼之欲出。相反，如果在乡村风格的家居中过多地摆放具有酷感的金属制品，显然会给人带来既不协调也不美观的感觉。

由于饰品是家具陈设效果中不可缺少的组成部分，所以在搭配时一定要考虑周边家具的形状，既要注意方圆搭配的合理性，又要考虑饰品高度上的变化。通常的做法是：家具体态方正，饰品则可高低搭配、灵活摆放；家具曲线圆润，所配饰品最好规整，高低差别不宜过大。另外，根据家具的线条特点进行饰品陈设也是非常不错的选择，比较容易体现饰品与家具之间的整体协调性。例如：简约而现代的家居环境中，搭配设计感强的饰品最容易彰显空间个性；朴素的乡村风格，则适合摆放些自然随意的饰品；而奢华典雅的欧式房间，选用线条烦琐、看上去较为厚重的画框才能与之匹配。

鎏金花鸟屏风、白瓷雕花台灯，客厅内所有陈设的饰品都体现出与家具之间的统一关系，遥相呼应的和谐搭配，使空间呈现出具有传统文化内涵的新中式美感。

具有地中海气息的装饰画及海马摆件，构成了装点客厅的主要元素，烘托着白色的布艺沙发与电视柜的素雅，彰显出清新而淡雅的空间氛围。

与室内色彩相协调

我们都知道，色彩在室内环境中具有超强的表现力和感染力。与物体的造型相比，它往往更能引起人的视觉注意，并产生直接的情绪反应。而作为空间陈设中具有重要装饰作用的饰品元素，其颜色的选择，首先要根据家具和布艺等大面积色彩全面考虑，方能与之形成一个协调的整体。除此之外，再通过调和或对比的方式，使家具和饰品之间、或饰品和饰品之间取得相互呼应、彼此联系的装饰效果。

家居饰品摆放位置的周围色彩，通常是决定饰品颜色的重要依据。一般来说，居室饰品选色主要有两种方法，一种是同类色搭配，另一种为对比色搭配。同类色搭配，指选用与周围色彩相近或相似的饰品，在搭配上力求与室内环境形成和谐统一，进而产生整体的美感。而对比色搭配，是选择颜色反差较大的饰品，利用醒目的对比效果，形成强烈的视觉冲击力，达到突出饰品的点缀功效，营造出生动而鲜明的空间气氛。

选用同类色方法搭配饰品，由于通常只是在物品色彩的明度或纯度上加以变化，所以非常易于达成室内色彩方面的协调。虽然有时会在表现主题方面不够鲜明，但是对于小空间装饰仍有很强的实用效果。而利用对比色搭配饰品，就需要较高的技巧。鉴于各种元素的颜色差异较大，处理不好会产生杂乱无章的感觉。所以在陈设时要避免选色过杂，同一空间内颜色最好不要超过三种，尽量使用黑白灰进行调节，并注意调整各颜色之间的明度比例。

根据鲜艳的室内色调而搭配的饰品，利用黑白灰等低纯度的反差颜色，突出了装饰的表现力和感染力，使空间在洋溢着浓郁异国情调的同时，呈现出协调的视觉美感。

低彩度饰品与室内色调和谐统一，营造出北欧现代家居素雅而简洁的空间氛围。

空间决定规格种类

家居空间中的饰品规格，一般来说，应与所摆放的空间大小以及家具高度成正比关系。比如，在较小的房间摆上个巨大的雕像，或在整面墙的书柜顶部放置几个很小的工艺品等。所有类似这样尺度不合比例的陈设方法，都会让人感觉过于拥挤或空旷，不但会破坏空间的整体协调感，还让饰品失掉了装点空间的作用。因此，根据室内面积和家具体积来决定饰品的规格大小，是直接关系到空间视觉感受的大问题，必须在陈设中予以重视。

地中海风格的客厅中，做旧的白色木制相框墙，恰到好处地装点出返璞归真的居室感受，不仅衬托了木制家具古朴的质感，还营造出清新自然的生活氛围。

另外，由于居室内各空间的使用功能不同，需要依托饰品来表现的装饰主题也有很大区别。因此，根据空间功能来选择饰品种类，同样是室内陈设中不可忽视的要素之一。无论是突显艺术性的观赏类饰品，还是兼具实用性的日用品，只有恰到好处地摆放在相应的位置，才能更好地发挥出其装点空间的作用。否则，不但会给日常生活造成不便，还可能让人感觉不伦不类。比如，在老人房间摆上一尊维纳斯雕像，在主卧墙上挂幅猛虎下山，在狭窄的玄关放置高大绿植，等等。所有这些不恰当的搭配，如果没有特别用意，那么让人接受起来还是有一定困难的。

飘窗窗台上摆放的两件雕塑，与满墙书柜形成错落有致的视觉比例关系，既填补沙发后面的空旷，又为客厅增添了颇有品味的文艺气息。

饰品篇

构图均衡对称摆放

　　无论是在墙上悬挂画品，还是在台面上放置摆件，总之，饰品在陈设过程中，其空间构图同样不可忽视。在进行家居陈设时，通常喜欢将几件饰品组合起来，使之成为室内的装饰焦点，此时构图的对称感和平衡感是决定视觉效果的关键。因为再漂亮的物件，倘若摆放位置不对或高低比例失调，都会让人产生布置无序或呆板平淡的印象，难以营造出空间的美感。

　　家居中的饰品很少有孤立存在的，所以在摆放时一定要整体考虑陈设效果，合理利用室内环境中作为陈设背景的墙壁或作为台面的家具。倘若旁边有大型家具，那么饰品的排列顺序就应该从高到低进行摆放，以免视觉上出现某种不协调感。倘若空间中需要让两个饰品的重心保持一致，那么将两个样式相同的物品并列或对称摆放，这样不仅可以打造出和谐的韵律感，还能给人以祥和温馨的感受。除此之外，如果需要在台面上摆放较多饰品，那么运用前小后大的摆放方法，就可以起到突出每个饰品特色且层次分明的视觉效果。

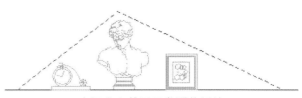

中间突出的正三角形构图法

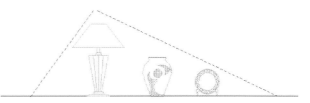

单侧突出的斜三角形构图法

各有突出的双三角形构图法

　　除了对称摆放方法外，三角形配置法也是较为常用的饰品摆放秘诀之一。所谓三角形，指陈设后从正面观看时物品所呈现的形状。这种方法主要通过在陈设过程中对饰品的体积大小或尺度高低进行排列组合，最终形成轻重相间及布置有序的三角装饰形状。无论是正三角形还是斜边三角形，即使看上去不太正规也无所谓，只要在摆放时掌握好平衡关系，不在形式与色彩上出现视觉偏重，那么就基本符合美学的均衡原理，即可产生自然动感，呈现出有个性表情的空间氛围。

欧式客厅中以电视为中心十分舒服的饰品陈设，画品、摆件与花品的尺度和位置，经过整体均衡构图和恰当摆放，呈现出个体突出且层次分明的视觉感受。

突出焦点宜精勿滥

　　根据居室的装饰主题，以饰品打造空间"焦点"，可以说是打破单调室内氛围最有效的办法。所谓"焦点饰品"，就是进门后在视线范围内最引人注目的装饰物品，可以是一件雕塑，也可以是一幅挂画。总之，视觉焦点的确定，不仅能突出居室的主题风格，更利于彰显主人的文化内涵和生活品位，对打造出主次分明的空间氛围十分有益。

　　在居室装饰中，有很多种办法可以打造出空间的视觉焦点。无论是有纪念意义的老照片，还是精心收集的藏品，只要是主人珍爱的"重器"，就可以拿来作为家居环境的装饰重点。装饰有品位的住宅，很多时候并不需要用多么昂贵的物品来进行堆砌，尤其是选择家居饰品时，最好以把握重点为第一原则。即先找对空间的视觉焦点，然后再按主从关系，宜精不宜多地搭配其他饰品。这样不仅有助于体现家居的装饰特点，还可充分满足居室主人的审美情趣，营造出既有视觉冲击力又极富生活气息的居室氛围。

挂在沙发上方略微泛黄的自由女神画像，与室内家具陈设有机地结合在一起，既突出主人的文化品位，又作为视觉焦点营造出具有怀旧感的美式空间格调。

巧用质感营造氛围

质感又称材质肌理，指物体表面的纹理特征。以各种材料制成的饰品由于肌理性不同，给人的视觉和触觉感受会有很大差异，具有截然不同的艺术表现力和感染力。因此，在室内环境中，利用饰品的质感，根据空间表现需求进行合理搭配，不仅可以打造出特定的氛围感受，还能凭借饰品材质的对比变化，来丰富室内空间层次，呈现出更高的艺术品位。

玻璃茶几与不锈钢家具的冷酷质感，和谐地打造出了现代时尚空间的艺术品位。

充满内涵和多感官的家居空间，自然需要丰富的质感设计。要想营造更具品位的家居氛围，在选择饰品时，必须了解不同材料所拥有的独特质感。或许大家都知道，金属的质感是光亮的、玻璃的质感是透明的、石材的质感是坚硬的、织物的质感是柔软的、陶瓷的质感是细腻的、藤草的质感是粗犷的，等等；但如何应用在实际陈设中，还需要花费一些心思来仔细考虑。比如，在选择餐厅的饰品时，可利用金属、玻璃和陶瓷的质感，让饰品与餐桌椅形成软和硬、细腻与光滑的对比，营造出赏心悦目的就餐环境。此外，像书房中的饰品，如果根据家具特点，适当配置些古装书、石材或铜制饰品，让饰品与家具间形成轻与重、软和硬的质感对比，就比较容易体现出主人丰富的文化内涵。

简约时尚的居室内，后现代油画与不锈钢家居搭配得相得益彰，金属材质的画框与通体玻璃台灯，以坚硬的质感彰显现代家居洗炼而前卫的酷感。

灯光提升陈设效果

居室内的灯光除了日常照明的主要作用外，还可以作为辅助工具，在饰品陈设过程中发挥提升装饰效果、渲染情调的重要功效。在前文灯光篇中我们曾谈到过，家居环境中，灯光不仅可用于室内重点区域或主题饰品的光线照射，还能成为一种空间氛围的催化剂，是打造室内视觉焦点的重要手段。而家居中的挂画及饰品，是最能体现出主人艺术品位的所在。因此，针对这些可成为室内焦点的装饰物，运用轨道灯或造型别致的射灯来强调其独具特色的美感，用以提升整体的空间陈设效果，可谓再合适不过的选择了。

人们常说，光线可让万物勃发生机。室内装饰中，倘若缺少灯光的烘托，想必再美丽的饰品摆在暗淡的地方，也彰显不出亮丽的色彩或迷人的质感。因此，在家居空间，如能充分运用局部照明来辅助陈设，不但能烘托被照饰品的立体感，表现其生动造型及纹理质感，还能有引导性地吸引人们的目光，为室内空间打造出具有光影美感的视觉焦点，达到画龙点睛和丰富层次的装饰效果。

LED射灯与地面灯带上下呼应，既烘托出白色墙砖的凹凸质感，又突出了黑色相框墙的艺术感染力，为居室空间演绎出别具韵味的光影美感。（CTM空间设计事务所作品）

台灯、壁灯及棚顶的射灯全方位地提升了玄关的陈设效果，边柜上的摆件以及墙上的挂画在灯光的照射下，呈现出焦点突出且层次丰富的装饰效果。

总之，家居空间的饰品摆放是一个充满想象力的陈设过程，不仅要求设计师要掌握一定技巧，还需充分发挥创意灵感，根据室内风格与功能区域，进行合理且有序的布置。尽管所有的装饰品都有各自不同的特点，但在实际搭配过程中，那些没有视觉效果的饰品、与家居风格相冲突的饰品，以及和主人身份不相匹配的饰品，笔者建议都不要随意摆放。否则就会变成房间内无用的填充和堆砌，不但达不到美化环境的作用，还会画蛇添足地削弱空间的"秩序感"，使点睛之笔成为败笔。只有符合整体装饰风格或具有独特艺术美感的饰品，才能在室内空间表现出较高的艺术品位。

附　录

从CTM案例分析设计前后的差别

家居空间不仅是建筑形式上由墙面、地面、屋顶和门窗的围合，更是人们赖以生存与活动的重要场所。因此，室内设计必须满足居住者物质和精神的双重需求。其中的物质功能，通常体现在对住宅面积大小、通风采光、功能布局、动线通行等方面的安排。而精神需求，则要求设计师以房主的生活方式和兴趣爱好为出发点，在满足空间功能要求的基础上，通过陈设品来美化环境并彰显主人的个性，二者相辅相成、缺一不可。但是，从目前业内的现状来看却不容乐观。绝大多数的家装项目中，装修公司的设计师们所关注的，往往都是室内结构中的墙、地、顶三围一体的装饰施工，而忽略空间上的合理布局，以及房主在使用功能上的潜在需求。

香港顶尖设计大师、IFI（国际室内建筑设计师团体联盟）首位华人主席梁志天先生曾这样说过："好的设计首先要实用。在我的设计里面，平面布局与功能布局都非常非常地重要，没有平面的那个设计不管怎么漂亮，都是一个只能看的设计，一个不太完美的设计。"

由此可见平面布局在室内设计中所呈现的主导地位。对于居住空间而言，合理的布局设计，不仅能给使用者带来温馨和舒适的感觉，从经济的角度来说，它还可以通过科学地功能规划，充分挖掘出户型的潜在优点，扬长避短地弥补原结构上的缺憾，进而前瞻性地满足房主及家人的未来居住需求，大幅度提升房子本身的使用价值。

近几年来，随着网络信息的日益发达，很多房主在装修前都习惯去收集一些漂亮的装修图片，并责成施工人员按图索骥，直接将这些图中场景照搬到家中。殊不知这种过犹不及的拼凑结果，大多是不伦不类、惨不忍睹。还有些房主轻信装修公司的"免费设计"，急于求成地按照几张电脑软件绘制的美轮美奂效果图进行施工，结果枉花了不少的人工费和材料费，最终也没能营造出自己想要的新家感觉。

好的室内设计师，应该像一位经验丰富且有责任心的医生，具有独特的理念与深厚的功力，可根据房主及其家人现在及未来的居住需求，整体把握空间的设计方向，从舒适生活的实用角度出发，帮助他们在合理的预算内完成新居梦想。鉴于室内硬装与软装配饰所涉及的物品种类实在太多，坦率地说，家庭装修时可省的钱基本掌握在设计师手中。如果主创设计师阅历深、见识广，那么他就能运用经验和创意，灵活地选择性价比较高的装修材料，最大程度地减少施工时间与难度，采用最简练并有效的方法，来达成房主心中期待的空间效果。

正所谓"内行看门道、外行看热闹"，由于住宅设计易懂难精，在"免费设计"日益盛行的今天，本书之所以在结尾处增加这篇附录，就是想让诸位了解：什么是居住空间设计之本？平面布局在室内设计中究竟能起多大作用？并且由衷地希望大家从此能够冷静地面对那些华而不实的效果图和PS图片，抛开迷惑自己的花拳绣腿，直击家居设计的本真，找到那把设计生活舒适空间的秘钥。

本篇所展示的案例，是笔者事务所曾经设计的3个颇有代表性的户型。为了便于大家更清楚地了解我们设计前后的空间区别，特将每个案例分为两部分进行解析，并以设计前（Before）和设计后（After）的平面图为主导，来展现整个设计的来龙去脉。其中，前半部分（Before）的内容为：客户房型简介、主要设计要求、原始户型图、户型缺憾分析；后半部分（After）的内容为：新平面布局图、优化设计思路、家居动线规划、功能细节说明，等等。之所以采用平面图而不是用效果图或实景图来展示案例，是为了更好地还原空间的本初状态，让读者一目了然地看出两者格局上的不同；并通过设计前后的局部分析说明，完整地体悟每个空间的设计用意，以及这些处理对房主今后生活所起的潜在作用。

案例一：北京市海淀区/W宅

客户与房型简介

　　该房的委托设计家庭是一对高知丁克夫妇，他们购入这套使用面积约50㎡的二手房后，希望将新居打造成具有北欧简约风格的住所，享受二人世界的温馨浪漫。其中，男主人有居家工作、阅读上网的要求；女主人喜欢烘焙和健身，希望能在家看投影和练瑜伽。

设计期待要求

　　① LDK (客厅/餐厅/厨房) 为开放式布局，橱柜多台面大，可摆很多厨房电器；

　　②平时只有两人就餐，但常有朋友来家做客，希望摆张大餐桌满足多人聚餐；

　　③需要一张独立的书桌，并有大量的书刊需要摆放，最好二人各有一个书架；

　　④洗衣机需方便使用，卫生间内要设泡澡浴缸，淋浴和马桶最好能干湿分区；

　　⑤玄关有换鞋挂衣功能，因行李箱很大，要求家中收纳空间不仅要多还要大；

　　⑥卧室独立且私密性要好，衣柜与梳妆台不能少，最好能满足亲友借宿需求。

▶ **原始平面图及户型缺憾分析**

Before

NG1 ▶ 原始户型设计不合理，多道隔断墙把空间分割得非常零散，很难实现房主开放式布局想法。

NG2 ▶ 客厅位置靠里采光不佳，两个卧室原始间隔无法满足居住需求，家居动线混乱，无活动空间。

NG3 ▶ 卫生间紧邻门口且没有玄关，室内整体空间局促，厨房过于狭小，不符合舒适生活使用比例。

原始平面图

► 改造布局图及优化设计思路

After

OK▶ 六大亮点

OK1▶ 四分离卫浴空间妥善解决了如厕/盥洗/洗澡/洗衣四大需求，既实现了干湿分区，又确保各功能区独立，互不干扰使用方便。

OK4▶ 利用浴室外墙延伸出来的过道收纳柜，为小居室提供了巨大的多功能储藏空间，既巧妙地解决了冰箱的摆放，又凸显了洗炼的布局。

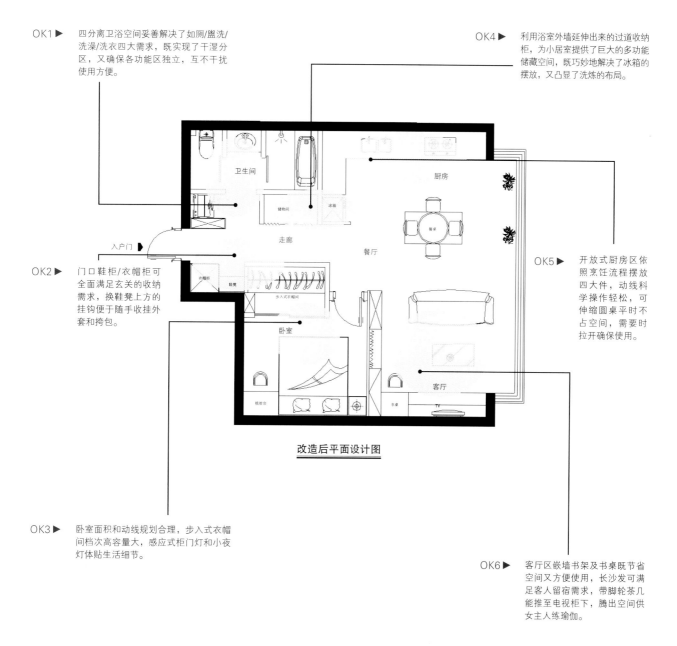

改造后平面设计图

OK2▶ 门口鞋柜/衣帽柜可全面满足玄关的收纳需求，换鞋凳上方的挂钩便于随手收挂外套和挎包。

OK5▶ 开放式厨房区依照烹饪流程摆放四大件，动线科学操作轻松，可伸缩圆桌平时不占空间，需要时拉开确保使用。

OK3▶ 卧室面积和动线规划合理，步入式衣帽间档次高容量大，感应式柜门灯和小夜灯体贴生活细节。

OK6▶ 客厅区嵌墙书架及书桌既节省空间又方便使用，长沙发可满足客人留宿需求，带脚轮茶几能推至电视柜下，腾出空间供女主人练瑜伽。

案例二：天津市河东区/H宅

客户与房型简介

　　该房的委托设计家庭常住人口为五人，一对年轻夫妇、7岁长子、3岁次子和保姆。这套使用面积约90㎡的复式住宅，其单层面积仅40多㎡，而且户型形状很不规整，大斜角的建筑结构使得空间很难有效利用。但因此房位于重点学区附近，房主特别希望能通过妥善设计，为两个孩子营造出从小到大的独立空间，满足一家人享受多种舒适生活的需求。

设计期待要求

① 别让客厅成为过道，希望沙发区相对独立，看电视时不被其他人阻隔视线；

② 家中人口较多，进门处需要较大的换鞋空间，玄关的收纳功能一定要强大；

③ 厨房和餐厅连在一起，摆六人位餐桌，需大台面摆厨电，能放对开门冰箱；

④ 一楼卫生间方便多人使用，洗澡和上厕所最好干湿分区，有保姆睡觉空间；

⑤ 公共区域要考虑孩子活动场所，各卧室都需要衣柜、书桌，以及收纳空间；

⑥ 房间要求：夫妻主卧、长子房、次子房和保姆间，如可能父亲想要个书房。

▶ **原始平面图及户型缺憾分析**

Before

一层原始平面图

二层原始平面图

NG1▶　一层楼梯位置设计很不合理，上下楼时通道会占据客厅中很多空间，客餐厅功能区域难以规划。

NG2▶　窗户虽然很多，但公共区域没有采光，各居室面积分配不合理，楼梯边不规则卧室无法有效利用。

NG3▶　室内格局歪斜不方正，原始间隔比较混乱，空间感觉拥挤凌乱，很难满足全家五口人的居住需求。

NG4▶　卫生间正对入户门，厨房周边无处摆放餐桌；二楼起居室和露台面积浪费，需重新分割功能区域。

NG
问题

▶ **改造布局图及优化设计思路**

After

OK1 ▶ 地台式多功能室中间是升降桌，白天可供孩子们学习玩耍，晚上可兼做保姆或访客卧房，而且打开移动门就能为客厅带来良好的采光。

OK2 ▶ 挪到角落的厨房面积适中，操作台面较大，下厨动线规划合理，外窗既利于采光又便于排烟，隐藏式移动门实用且美观。

OK3 ▶ 利用原卧室拐角处设计的独立餐厅，既临近厨房采光又好，妈妈下厨也能兼顾到在餐桌边写作业的孩子，位置合理功能性强。

OK4 ▶ L形楼梯的改造设计，为整个公共区域创造出灵动的空间，不仅腾出了厨房的位置，还为LOFT住宅打造出丰富的空间层次和景观。

OK5 ▶ 三分离卫生间干湿分区地解决了如厕/盥洗/淋浴三大需求，新增设的小便池对家中男孩非常实用，收纳柜可用于存放保姆被褥。

OK6 ▶ 由于室内动线规划合理，客厅变得方正大气，半围合沙发区让看电视不再被他人通行而打扰，集展示与收纳功能的主题墙成为焦点装饰。

OK7 ▶ 门厅内十分新颖的双玄关设计，巧妙地分出了访客和家务两条动线，中间的双面柜既便于访客使用，又为家人出入增添了灵活的收纳空间。

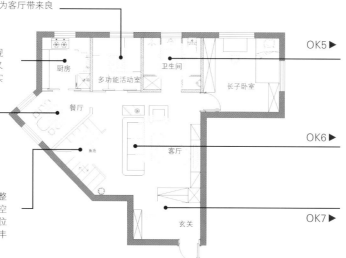

一层改造后平面设计图

OK1 ▶ 利用露台富余面积设计的书房，不仅为室内拓展了功能空间，还满足房主的实用需求。

OK2 ▶ 起居室中分隔出来的次子卧室，面积合理功能齐全，让孩子长大后也能拥有独立空间。

OK3 ▶ 干湿分区的用水空间不仅方便，浴缸还弥补了一层淋浴的缺陷，独立的洗衣区洗涤晾晒动线便捷。

OK4 ▶ 露台虽缩小了面积，但依然保留了室外活动功能，增设的升降晾衣架为家中十分方便的晾晒空间。

OK5 ▶ 延伸到露台的主卧扩大了室内面积，在增加了采光和收纳的同时，窗前软塌还可提高生活舒适度。

OK6 ▶ 改为孩子活动空间的二层起居室，没有摆放过多的家具，矮柜上方的黑板为孩子涂鸦提供了方便。

二层改造后平面设计图

案例三：北京市东城区/L宅

客户与房型简介

　　该房的委托设计家庭是一对新婚夫妇，未来两三年内打算要小孩。他们这套使用面积约65㎡的老房，为20世纪50年代建造的砖混单元住宅。虽说是两室一厅，但户型设计很不合理，不仅结构过于狭长，采光还十分困难，其客厅餐厅充其量就是个昏暗的过道。但由于地理位置较好，房主希望将此房设计成既符合他们现在生活方式又能满足未来三口之家所需的舒适住宅。

设计期待要求

① 希望客厅和主卧都有窗户通风采光，客厅与餐厅合二为一，呈开放式布局；

② 玄关要显得宽敞，有鞋柜和挂衣钩，餐厅或厨房内想摆放对开门大冰箱；

③ 近期打算要小孩，需有保姆或老人照料，夫妻卧室外要有个能睡觉的空间；

④ 卫生间内淋浴和马桶最好能干湿分区，洗衣和晾晒要方便，卧室有梳妆台；

⑤ 从视觉上改变细长格局，合理安排生活动线，需要工作台和较多收纳空间。

▶ **原始平面图及户型缺憾分析**

Before

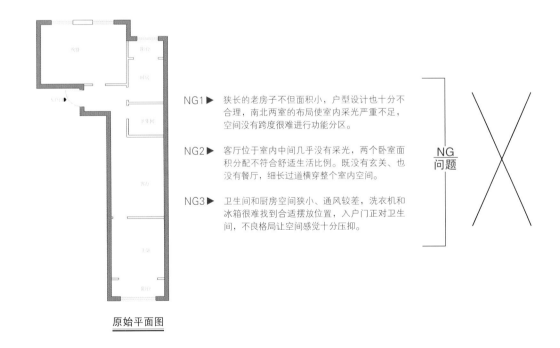

NG1 ▶ 狭长的老房子不但面积小，户型设计也十分不合理，南北两室的布局使室内采光严重不足，空间没有跨度很难进行功能分区。

NG2 ▶ 客厅位于室内中间几乎没有采光，两个卧室面积分配不符合舒适生活比例。既没有玄关、也没有餐厅，细长过道横穿整个室内空间。

NG3 ▶ 卫生间和厨房空间狭小、通风较差，洗衣机和冰箱很难找到合适摆放位置，入户门正对卫生间，不良格局让空间感觉十分压抑。

原始平面图

▶ 改造布局图及优化设计思路

After

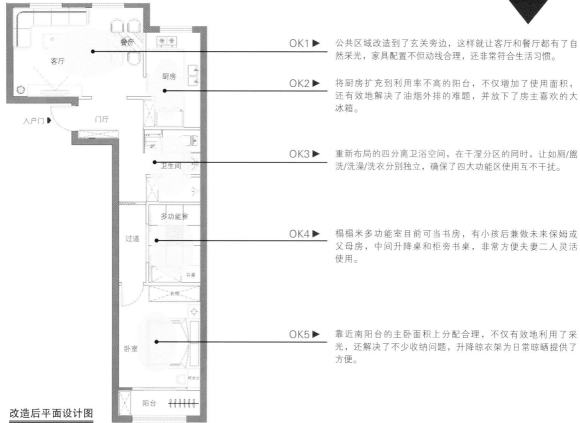

改造后平面设计图

OK1 ▶ 公共区域改造到了玄关旁边，这样就让客厅和餐厅都有了自然采光，家具配置不但动线合理，还非常符合生活习惯。

OK2 ▶ 将厨房扩充到利用率不高的阳台，不仅增加了使用面积，还有效地解决了油烟外排的难题，并放下了房主喜欢的大冰箱。

OK3 ▶ 重新布局的四分离卫浴空间，在干湿分区的同时，让如厕/盥洗/洗澡/洗衣分别独立，确保了四大功能区使用互不干扰。

OK4 ▶ 榻榻米多功能室目前可当书房，有小孩后兼做未来保姆或父母房，中间升降桌和柜旁书桌，非常方便夫妻二人灵活使用。

OK5 ▶ 靠近南阳台的主卧面积上分配合理，不仅有效地利用了采光，还解决了不少收纳问题，升降晾衣架为日常晾晒提供了方便。

　　通过以上三个案例，我们应该不难理解业内一直所强调的重要理念：设计是施工的主导，平面布局决定立面装饰。因此，要想营造一个既舒适又有格调的新家，绝不应该把装饰过程生硬地分成"硬装"和"软装"，更不应该在硬装施工结束之后再考虑软装。正确的流程应该这样：在室内装修之初进行全案设计，先规划出符合房主生活方式的平面布局，再确定空间的装饰风格，然后根据未来家具与饰品的摆放需要，来决定硬装的施工方案，以满足功能的硬装，为呈现效果软装打下良好的陈设基础。这就好比撰写鸿篇巨著，要先构思提纲再进行创作一样，不能反其道而行之。

　　总之，真正到位的家居空间设计，首先要根据房主全家的起居习惯，从功能、格局、动线、色彩、灯光、材质、家具、收纳等方面进行全案规划，通过合理的平面布局，有效弥补建筑结构上的缺陷，并将"功能化硬装"与"个性化软装"全面融入设计之中，为房主提供施工与陈设一步到位的整体化方案。其中包括功能布局、风格定位、施工图纸、预算分配、主材推荐、家具选购、布艺搭配等内容，这样才能最大限度地实现居室功能多样化、空间利用最大化、软装陈设个性化，使房主彻底从烦琐装修和茫然采购中解脱出来，享受整体空间设计为他们带来的方便，满意地拎包入住梦想新家。

后 记

软装误区及设计师必备素质

确切地说，软装陈设是建筑视觉空间的延伸和发展，是赋予室内生机与人文精神的重要元素。在现代家居中，它不仅能丰富空间层次、强化装饰风格，在烘托室内气氛、创造生活意境等方面发挥重要作用，还可以有效弥补建筑结构上的缺陷，改善空间内部环境，彰显居室主人的生活品位。因此合理的软装配饰，应该可以创造出二次空间层次，使人居住起来更加舒适，并在完善功能化的基础上，最大限度地满足人们体现个性和艺术审美的视觉感受。

早在半个世纪以前，欧美日等发达国家就已开始在住宅中推行软装模式，单纯实施硬装的公司业已从家装行业中基本消失，取而代之的个性化软装陈设，则越来越受到居住者的重视和青睐。如今，国外的软装设计产业已发展得非常完善，那些有需求的客户，不但可以直接去一站式的家居馆挑选各种产品，还能方便地邀请专业设计师上门提供整体软装配饰服务。为了使空间陈设最大限度地贴合客户的生活方式，据说美国的设计师在制作方案前，通常会应邀到需要设计的房子里住上两三天，待全面了解客户全家的生活习惯后，再根据其个人偏好和生活需求做出相应的方案供客户选择。

由于国内的软装设计起步较晚，市场的普及度还不是很高，目前很多客户还未形成委托专业设计师来操刀的消费观念。所以硬装结束后，绝大多数房主尚停留在奔波于各种家具卖场、四处随性选购软装元素的阶段。这种自购家居产品的做法，因为事先缺乏整体设计方案，容易造成所购家居产品不配套、难以形成统一风格，或搭配后空间色彩不协调、整体感觉十分突兀的普遍现象。

软装陈设的误区

一般来说，兼具实用和审美双重功效的软装配饰，只有与室内空间形成相辅相成的关系，才能营造出舒适而和谐的居室环境，就像公园里的花草树木，需要依据山、石、溪、径进行布局一样。由于缺乏系统的专业知识，以及大家多年来养成的"我的地盘我做主"的思维模式，目前大部分家居中的软装，都是房主或设计师根据自己的"口味"来搭配陈设的。事实上，因为个人审美水平的差异，加上各类家居产品的整合难度较大，所以无论是已开始推广的精装房，还是业主自行装修的毛坯房，在家居陈设中都会或多或少地出现一些同样的问题。为了纠正这些错误的软装观念，下面就来盘点一下家居中有哪些陈设误区需要规避。

误区之一：人云亦云——照抄卖场陈设

许多消费者在去卖场挑选家具和配饰时，由于缺乏主见及整体性考虑，经常照抄样板房的风格，把单独看起来不错的物品或局部效果较好的店内陈设，原样照搬到自己家中。经实地摆放后才发现，这些东西放到自己的新居内，经常会出现或者无法相互衬托、或者与空间格格不入的现象。殊不知东拼西凑来的东西再好，如果没有根据自家的空间量身设计，很难呈现出良好的视觉效果。

误区之二：比例失调——空间塞得太满

住宅是用于日常起居的空间，只有动线流畅、视觉通透，方能体现出家居的灵动美感。因此，在软装陈设中必须考虑视觉的平衡。由于家具展厅的面积偏大，时常会给消费者造成比例上的错觉，选购时特别容易忽视自家空间与家具的搭配效果。如果事先缺少统筹规划，不按平面图的比例来把握家具尺寸，或者买回来的家电及饰品过大或过多，都会造成所占空间的比例失调。切记，空间拥挤不仅看上去杂乱无章，还会造成生活中的诸多不便。

误区之三：苛求美观——实用功能缺失

样式好看、色彩鲜艳的家具和灯饰等元素，固然是居室中一道亮丽的风景。但如果过分注重外观的视觉效果，一味追求某种风格或个性化装饰效果，将一些缺乏使用功能的物品堆砌在家中，而忽略了对居家生活实用性的考虑，往往会给人以生硬冷峻的疏远感，造成生活不便以及家庭氛围的缺失。居室空间毕竟不是舞台布景，其本质功能还是要满足生活所需，室内陈设只有遵循"先有使用价值后具观赏价值"的原则，才能营造出温馨舒适且优美和谐的家居环境。

误区之四：处处表现——主题过犹不及

虽说主题饰品是体现居室主人个性审美的最好陈设，但如果过度强调、重复表现，极可能会产生适得其反的装饰效果。有关这一点，特别表现在很多房主为新居购买饰品时，习惯于单纯地从自己的喜好出发，恨不得将同类风格的东西统统买回来摆在家中，以期突显自己的爱好和品位。殊不知焦点太多，不但有碍突出主题，还很容易让人视觉疲劳，甚至感到夸张做作。因此，家中饰品陈设宜精不宜多，只有按主从关系有选择地搭配，方能达到突出焦点且多而不乱的装饰目的。

误区之五：滥用灯具——忽视光影层次

很多人误以为居室中只要多设置灯具，就能打造出具有魅力的光影效果。殊不知室内光线效果的营造，并不在于灯具数量的多少，而取决于空间配光的合理性。只有根据空间功能选择灯具种类，才能最大程度地满足居住者的多种照明需求。一般来说，家居空间的灯光效果，通常表现在不同高度所产生的光源层次。因此与其费力地安装很多灯具，还不如巧妙搭配照明方式并利用调光开关，这样更利于营造出温馨的光晕来美化家居氛围。

误区之六：盲目花钱——高档次≠品位

追求档次、华而不实是国内软装陈设中较为严重的误区之一。受开发商样板间以及家居卖场豪华装饰的影响，许多消费者都误以为只要买些昂贵的物件，就能陈设出高档气派的居室环境。殊不知这种想法的出发点就是错误的，先不说有些珠光宝气的产品很容易让家居空间显得庸俗，就是"高档代表品位"这一理念笔者也不敢苟同。因为家居中的软装配饰，最需要重视的应该是居住者的生活方式和审美品位，即与档次无关，也和钱财无关。正所谓真丝地毯有传世的尊贵，棉麻床单有粗布的质朴，只要主人喜欢并感觉舒适，就是成功的室内陈设。

软装设计师必备的素质

随着"轻装修重装饰"家居生活理念的日渐成熟，已有越来越多的城市人群开始重视家居软装效果。对于市场潜力巨大的软装行业而言，除了要想办法提升消费者的认知度外，尽快培养专业设计人员更是当务之急。由于国内的软装行业才起步不久，目前从事室内软装配饰的设计师都比较年轻，因此，存在多数人员生活阅历不足、专业知识匮乏的普遍现象。

鉴于室内空间设计所涉猎的领域非常广泛，作为软装设计师，不仅需要全面掌握专业知识，还应具有丰富的阅历，以及对生活的深刻感悟。这样才能真正了解不同阶层消费者的喜好和需求，在设计方案中将业主内心对家的感觉，通过各种元素淋漓尽致地表现出来。因此，要想成为一名优秀的软装设计师，除了专业知识与技能外，还应具备以下几项基本素质。

掌握完整的室内陈设理念

尽管室内装饰风格各有特点，但出色的软装配饰一定是整体的。在家居陈设中，单件的物品无论多么完美，如果缺乏一脉相承的设计理念，都会出现顾此失彼的陈设效果。由于家居产品种类繁多，如何将这些散而多的产品在有限的空间进行完美整合，对于软装设计师来说同样具有不小的难度。只有从室内格局和客户的生活方式入手，制定出整体的设计方案，才能根据不同的功能需要，主次分明地搭配软装元素及色彩，从而营造出和谐的宜居空间。

具备较强的沟通解说能力

多数房主考虑问题相对片面，缺乏家居整体搭配的想法和审美悟性。这就要求软装设计师在拥有高度责任心和专业素养的基础上，还必须具备一定的沟通能力来引导房主发现美感，并纠正他们观念中的某些装饰误区。只有这样，才能保证自己的设计构思最小限度地受到质疑或被迫修改，最终得以把房主心中对新居的感觉，通过各种元素的合理搭配完整地陈设出来，为房主呈现既不失设计水准又符合消费者品位的作品。

丰富生活阅历及文化修养

设计源于生活。作为需要经常面对高端客户的软装设计师，只有平时多听、多看、多感受，注重加强个人文化修养，了解不同地域的文化差异，以及各种装饰风格的设计原理，才会有对生活产生较深的感悟。在设计时，才能游刃有余地根据客户的需求，将居室的实用性与艺术性有机地结合起来，并通过家具、布艺、饰品等软装元素，赋予家居空间更多的文化内涵；避免造成为片面突出某种理念、单纯为装饰而设计、忽视生活实用性的业内通病。

熟知软装搭配的多维技法

舒适的家居空间一定是风格、色彩、家具及灯光等多种元素协调呈现出来的整体。因此，软装设计师必须具备家居产品的整合能力，全面掌握不同元素之间的搭配技巧，熟知八大元素在表现主流装饰风格中的陈设关系。并通过它们之间的合理搭配来体现自己的设计特点，力求达到运用色彩表达空间情绪、辅助灯光抒发艺术情感、点缀绿植营造室内生机的装饰效果。总之，在家居空间中，只有通过各类元素的多维应用，方能营造出丰富多彩的室内环境。

了解与家居产品有关的知识

选择家居用品除了要考虑视觉效果外，其产品质量也十分重要，因为它会直接影响到房主入住后的使用舒适度。因此，软装设计师还应非常了解市场上家居类产品的材质、尺寸、样式及生产工艺，尤其是有关家具、布艺和灯具的材料特点。选购方法更要重点掌握。养成经常走访大型家居卖场和定制厂家的良好习惯，多与产品导购人员交流学习，这样才能保证选到性价比较高的产品来陈设居室，为客户打造出既讲究又实用的舒适空间。

参考文献

约翰•派尔. 世界室内设计史. 北京：中国建筑工业出版社，2007

CR & LF研究所. 配色全攻略——最能激发创意的配色技法. 北京：中国青年出版社，2006

Larry W. Garnett. 家居规划与设计诊断书. 北京：电子工业出版社，2012

增田 奏. 住まいの解剖図鑑. 日本エクスナレッジ出版社，2009

铃木信弘. 片づけの解剖図鑑. 日本エクスナレッジ出版社，2013

松下希和. 住宅•インテリアの解剖図鑑. 日本エクスナレッジ出版社，2011

大仓祥子. マンション•インテリアの基本. 日本新星出版社，2009

殷智贤. 混搭中产家. 北京：中国人民大学出版社，2005

尾上孝一. 室内设计与装饰完全图解. 北京：中国青年出版社，2013

中西ヒロツグ. 暮らしやすいリフォーム アイデアノート. 日本エクスナレッジ出版社，2014

中山繁信. 住得优雅：住宅设计的34个法则. 南京：江苏科学技术出版社，2014

周颖琪，译. 住宅的设计尺寸解剖书. 上海：上海科学技术出版社，2015

简名敏. 软装设计礼仪. 南京：江苏科学技术出版社，2013

伊拉莎白•伯考. 软装布艺搭配手册. 南京：江苏科学技术出版社，2014

史蒂芬•克拉弗缇. 室内软装藏品. 桂林：广西师范大学出版社，2016

童慧明. 100年100位家具设计师. 广州：岭南美术出版社，2006

奥塔卡•迈塞尔. 坐设计：椅子创意世界. 济南：山东画报出版社，2011

斎藤栄一郎. 世界の楽しいインテリア. 日本エクスナレッジ出版社，2012

刘秋霖. 西方古典家具. 天津：百花文艺出版社，2009

隋怡文，译. 空间设计中的照明手法. 北京：中国建筑工业出版社，2012

尾上孝一. 室内设计与装饰完全图解. 北京：中国青年出版社，2013

原研 哉. 设计中的设计. 济南：山东人民出版社，2006

查尔斯•T•兰德尔. 窗饰设计手册. 南京：江苏人民出版社，2012

《室内设计新思维：探究·体验·影响》

ISBN 978-7-121-22366-2

定价：68.00元

《场所优势：室内设计中的应用心理学》

ISBN 978-7-121-20299-5

定价：69.00元

《室内细节设计——从概念到建造》

ISBN 978-7-121-19711-6

定价：69.00元

《设计师调查研究方法指南：用知识促成设计》

ISBN 978-7-121-29410-5

定价：89.00元

《室内设计实践：商业机制的成功案例研究》

ISBN 978-7-121-20171-4

定价：49.00元

《环境友好型设计：绿色和可持续的室内设计》

ISBN 978-7-121-24379-0

定价：89.00元

《家具设计》（第2版）

ISBN 978-7-121-20346-6

定价：98.00元

《室内设计演义》

ISBN 978-7-121-17430-8

定价：99.80元

《厨房与浴室设计》

ISBN 978-7-121-26795-6

定价：69.00元

《商业室内设计》（第2版）

ISBN 978-7-121-27839-6

定价：128.00元

《室内设计之星：室内设计与装饰的62个当代偶像》

ISBN 978-7-121-21353-3

定价：195.00元

《零通勤住宅：生活工作一体化的规划与设计》

ISBN 978-7-121-25356-0

定价：69.00元